T0259878

Wissenschaftliches Schreiben in
Natur- und Technikwissenschaften

Andreas Hirsch-Weber • Stefan Scherer
(Hrsg.)

Wissenschaftliches Schreiben in Natur- und Technikwissenschaften

Neue Herausforderungen
der Schreibforschung

 Springer Spektrum

Herausgeber
M.A. Andreas Hirsch-Weber
Prof. Dr. Stefan Scherer

Karlsruhe, Deutschland

ISBN 978-3-658-12210-2   ISBN 978-3-658-12211-9 (eBook)
DOI 10.1007/978-3-658-12211-9

Die Deutsche Nationalbibliothek verzeichnet diese Publikation in der Deutschen Nationalbibliografie; detaillierte bibliografische Daten sind im Internet über http://dnb.d-nb.de abrufbar.

Springer Spektrum
© Springer Fachmedien Wiesbaden 2016

Gedruckt auf säurefreiem und chlorfrei gebleichtem Papier

Springer Fachmedien Wiesbaden GmbH ist Teil der Fachverlagsgruppe
Springer Science+Business Media (www.springer.com)

Inhalt

Einleitung

Andreas Hirsch-Weber / Stefan Scherer

Das Schreiben im Studium naturwissenschaftlicher und ingenieurwissenschaftlicher Fächer befindet sich im Wandel. Das liegt u.a. an der vergleichsweise späten Umstrukturierung technischer Studiengänge nach den Vorgaben des Bologna-Prozesses. Die Einführung der Bachelorarbeit als relevanter Textsorte mit eigenen spezifischen Anforderungen hat zur Folge, dass sich Lehrende dieser Fächer vermehrt mit Textprodukten von Studierenden im Hauptstudium, also bereits im dritten Studienjahr auseinandersetzen müssen. Das Verfassen von Texten als prüfungsrelevanten Darstellungsformen war bis dahin auch neben der Bachelorarbeit, etwa in Form von Protokollen oder Berichten, weit weniger üblich als heute. Mit anderen Worten beginnt die wissenschaftliche Schreibsozialisierung von Studierenden nunmehr spätestens in Vorbereitung auf die erste Abschlussarbeit, im Vergleich mit den alten Diplom-Studiengängen also in sehr viel früheren Semestern.

Im Zuge dieser Entwicklung hören wir Schreibdidaktiker/innen vermehrt von Wissenschaftlern der sog. MINT-Fächer die vertraute Klage, dass die Studierenden von heute nicht mehr in der Lage seien, formal korrekt zu schreiben. Bei solchen Gesprächen wird dann auf die heterogene Studierendenschaft oder eben darauf verwiesen, dass die jungen Studienanfänger weitreichende Defizite hinsichtlich Ihrer Schreibkompetenzen aufweisen. Ebensolche Diskussionen führen dazu, dass Hochschulen, ganze Fakultäten, Institute oder Lehrstühle im Rahmen der Kompetenzentwicklung von Studierenden neue Angebote zur Verbesserung von Schreibkompetenzen einrichten, die auf die Belange von beispielsweise Technischen Universitäten fokussiert sind. Erste Schreibzentren, die sich auf die Anforderungen in den natur- oder ingenieurwissenschaftlichen Fächern spezialisieren, erfahren mittlerweile großen Zulauf. Dazu gehört auch das Schreiblabor des Karlsruher Instituts für Technologie (KIT), das 2012 gegründet wurde.

Bei der Einrichtung unseres Schreibzentrums erkannten wir, dass die Schreibforschung und auch das Unterrichtsmaterial der Schreibdidaktik für technikaffine Studiengänge noch in den Anfängen stehen. Als Institution am

House of Competence (HoC), der zentralen forschungsbasierten Einrichtung im Bereich fachübergreifender Kompetenzentwicklung am KIT, ist es unser Bestreben, die gesamten Aktivitäten – wissenschaftlich fundiert – auf die Disziplinen an unserer Universität hin auszurichten. Aus diesem Grund haben wir im Oktober 2013 zur interdisziplinären Tagung *Wissenschaft schreiben* eingeladen, um das Feld zu sondieren und Eindrücke darüber zu gewinnen, wie die allgemeine Schreibforschung und Schreibdidaktik ihre Unterrichtsmodelle für das neue Disziplinspektrum weiter entwickeln und auf welche Weise sich die Natur- und Ingenieurwissenschaftler selbst dazu verhalten.

Bereits die Resonanz auf den Call for Papers zur Tagung überstieg unsere Erwartung. Wir erkannten daher sehr bald, dass wir mit unserem Tagungsthema eine Frage aufgeworfen hatten, die bundesweit auf großes Interesse stößt. Dank der vielen facettenreichen Antworten auf unseren Ausschreibungstext zeichnete sich schnell ab, dass wir mit unserem Aufruf das studentische Schreiben in den MINT-Fächern im deutschsprachigen Raum erstmals in seiner ganzen Breite diskutieren würden. Wir konnten dazu auch jene Experten/innen gewinnen, die das Thema im ganzen Spektrum der Aspekte zu beschreiben wissen. Darunter zählen Nachwuchswissenschaftler/innen, die in sehr erfolgversprechenden Ansätzen das Thema individuell bearbeiten ebenso wie etablierte Forscher/innen und Schreibdidaktiker/innen, die auf jahrzehntelange Erfahrungen in der Schreiblehre zurückblicken können, um daraus wiederum Vorschläge für eine disziplinäre Spezialisierung auf die Natur- und Ingenieurwissenschaften abzuleiten.

Die mit über 150 Personen sehr gut besuchte Tagung (aus Kapazitätsgründen mussten wir die Anmeldung schließen) war durch den Konsens geprägt, dass die Schreibdidaktik an Universitäten und Hochschulen mit natur- und ingenieurwissenschaftlichem Profil weiter an Bedeutung gewinnen wird. Sie war dabei aber auch von der Einsicht getragen, dass die dazugehörige Forschung und Praxis noch in den Anfängen steht. Viele Teilnehmer/innen – ca. 60 % von ihnen waren Schreibdidaktiker/innen und etwa 40 % Fachwissenschaftler/innen aus den MINT-Fächern – zeigten aufgrund dieser Erfahrung durchaus eine gewisse Verunsicherung mit Blick auf ihr eigenes Tun. Die Tagung wurde daher, weit mehr als wir es erwartet hatten, zu einem Ort, um eigene didaktische Ideen, Ansätze und Forschungspositionen auszutauschen. Teilweise erschien es uns sogar so, dass viele Kolleginnen und Kollegen sich – ähnlich wie wir – an einem Punkt befanden, an dem sie nicht mehr sicher sein

konnten, wie weit oder in welcher Form Leitlinien und Leitideen aus der allgemeinen Schreibdidaktik für die Arbeit an Technischen Universitäten anwendbar
sind. Die Fachwissenschaftler/innen wiederum suchten Antworten darauf, wie
sie ihre Betreuungsaufgaben verbessern könnten. Die Redebeiträge wie die
daran anschließenden interdisziplinären Diskussionen verdeutlichten, dass eben
bei weitem keine Einigkeit darüber besteht, wie und in welcher Weise wissenschaftliches Schreiben in den MINT-Fächern zu fördern, zu unterrichten oder
zu betreuen ist.

Aus einer gewissen Distanz betrachtet, muss festgestellt werden, dass bei
diesen Punkten nur über eines Konsens bestand: Es müssen die individuellen
Gegebenheiten vor Ort gewürdigt werden, um in einem weiteren (und womöglich noch nicht ganz absehbaren) Schritt abstrakte und auf die lokal verschiedenen Gegebenheiten übertragbare Routinen ausbilden zu können. Insgesamt hatte die Veranstaltung also sowohl aufklärenden als auch netzwerk-
bildenden Charakter: So entstand aus der Tagung beispielsweise der bundes-
weite Arbeitskreis *Schreiben in Natur- und Ingenieurwissenschaften*, an dem ca. 15
deutsche und schweizerische Hochschulen beteiligt sind. Im Anschluss an die
Tagung gegründet, wird er maßgeblich von der Hochschule Coburg getragen,
wenn er weiterführende schreibdidaktische Modelle für die MINT-Fächer erarbeitet.

Vorliegender Band versammelt die Ergebnisse unserer Tagung in psychologischen und pädagogischen Fachaufsätzen, in metareflexiven Überlegungen aus
der Schreibforschung, in Darstellungen hochschuldidaktischer Methoden oder
in Erfahrungsberichten aus der Sicht von Schreibpraktikerinnen und Schreib-
praktikern sowie Fachwissenschaftlerinnen und Fachwissenschaftlern. Die unterschiedlichen Ansätze und Textformen, die dabei zusammenkommen, erscheinen uns insoweit folgerichtig, weil ein interdisziplinärer Band wie der vorliegende für das neue Gebiet sowohl den fachlichen Hintergrund der Schreibenden als auch den Hintergrund des disziplinären Feldes, für das wir Angebote erarbeiten wollen, behandeln sollte. Gleichwohl beschränken wir uns in diesem
Band nicht auf Beiträge, die das studentische Schreiben in den MINT-Fächern
reflektieren.

Die Überlegungen beginnen vielmehr mit einer allgemeinen Sektion, die
sich der **Schreibforschung und Schreibzentrumsarbeit** widmet. Wenn wir
darauf hinweisen, dass es erforderlich ist, sich den Fachkulturen in ihren spezi-

fischen Voraussetzungen zuzuwenden, auf die unsere Angebote ausgerichtet sein sollen, bedeutet das nicht, dass wir auf diejenige Basis verzichten wollen, die die Schreibdidaktik in den letzten Jahrzehnten im deutschsprachigen Raum geschaffen hat. Andrea Frank und Swantje Lahm eröffnen den Band daher aus Sicht des Bielefelder Schreiblabors, also einer Einrichtung, die auf drei Jahrzehnte Entwicklungsarbeit zurückblicken kann und die sich nun im Prozess, die Schreibzentrumsarbeit verstärkt auf die Fächer zuzuschneiden, befindet. Als ‚lernende Institution' bezeichnen Frank und Lahm bereits in ihrem Titel ihre Einrichtung und geben damit auch für nachfolgende Beiträge die Richtung vor: Schreibforschung und Schreibdidaktik eben nicht als Selbstzweck, sondern als Angebot für Lehrende und Studierende zu begreifen. Otto Kruse, der die Schreibforschung und Schreibdidaktik gleichermaßen im deutschsprachigen Raum über viele Jahre nachhaltig beeinflusst hat, bringt dazu den Aspekt des ‚forschungsorientierten Unterrichtens' ein. Studierende der MINT-Fächer dazu zu motivieren, schreiben lernen zu wollen, ist nicht selbstverständlich. Kruse plädiert dabei dafür, wissenschaftliches Schreiben eng an der Forschung zu orientieren, d.h. eng am zu Beschreibenden zu belassen. Ähnlich wie Frank und Lahm geht auch er davon aus, dass Schreiblehre mit Fachwissenschaftlern gemeinsam ausgerichtet werden muss. Schreiben in den Natur- und Ingenieurwissenschaften hat inzwischen fast immer einen Bezug zur Wissenschaftssprache Englisch. In welcher Sprache geschrieben wird, hat auch Auswirkungen darauf, wie wissenschaftliches Schreiben unterrichtet werden muss. Frank Rabe führt in seinem Beitrag diesen Diskurs fort und analysiert bzw. vergleicht die ‚sprachlichen und fachlichen Anforderungen an Wissenschaftler aus verschiedenen Disziplinen'. Rabes Beitrag ist für diesen Band auch deswegen grundlegend, weil er aufzeigt, dass englische und deutsche Wissenschaftssprache an deutschen Hochschulen in disziplinären Kontexten stehen. Im letzten Beitrag dieser Sektion zeigt Ruth Neubauer-Petzoldt ‚Modelle der Schreibprozessforschung und ihre Relevanz für die Schreibberatung und Schreibpraxis in den Natur- und Ingenieurwissenschaften' auf. Dieser Grundlagenbeitrag entwickelt sowohl theoretisch als auch praktisch, wie die Schreibprozessforschung auf Angebote für die MINT-Fächer angewendet werden kann.

Neubauer-Petzoldts Beitrag dient so auch als Überleitung zur zweiten Sektion **Schreiben unterrichten in den Natur- und Ingenieurwissenschaften**. Die vier Beiträge dieser Sektion zeigen anhand z.T. detaillierter Fallbeispiele, wie wissenschaftliches Schreiben in den betreffenden Disziplinen unterrichtet

werden kann. In je eigener theoretischer Akzentuierung der jeweiligen Schreiblabore in Bielefeld (Kerrin Riewerts), in Coburg (Regina Graßmann), am KIT
(Beate Bornschein) und in der Abteilung Schlüsselkompetenzen und Hochschuldidaktik der Universität Heidelberg (Petra Eggensperger/Sita Schanne)
zeigen die Beiträge praktisch auf, wie die Schreibangebote für einzelne Fächer
entwickelt und in der Lehre umgesetzt werden können.

Die dritte Sektion **Schreiben im Studium** wendet sich der Studierenden-
perspektive zu. Thorsten Pohl eröffnet diese Sektion mit einem Grundlagenbeitrag aus seiner renommierten Forschung zum ‚Studentischen Schreiben in
Geschichte und Gegenwart'. Katrin B. Klingsieck und Christiane Golombek
diskutieren in ihrer empirischen Studie das Phänomen der ‚Prokrastination beim
Schreiben von Texten im Studium'. Die folgenden drei Beiträge zeigen sehr eng
an spezifischen Beispielen, wie die Förderung des akademischen Schreibens
schrittweise verbessert werden kann: bei Burkhard Müller an der Technischen
Universität Chemnitz ganz praktisch und nah am Unterricht, bei Jakob Barth
und Siegfried Ripperger an der TU Kaiserslautern durch die Entwicklung eines
Leitfadens zum wissenschaftlichen Arbeiten, am KIT schließlich durch den
Einbezug von Tutorinnen und Tutoren.

Die vierte und letzte Sektion widmet sich dem Schreiben **Jenseits des
Studiums**. Sie zeigt damit Alternativen im Schreiben über Wissenschaft auf. Je
enger und daher auch normativer wir als Schreibdidaktiker/innen unsere Empfehlungen artikulieren, desto sinnvoller kann es sein, Studierende gerade an
Technischen Universitäten dahingehend zu motivieren, alternative Wege hin
zum wissenschaftlichen Schreiben zu finden. Naturgemäß konnten wir weder
auf unserer Tagung noch im vorliegenden Band die Fülle an möglichen alternativen Schreiberfahrungen vermitteln. Bei der Vorbereitung auf unsere Tagung
– die sich auch an Studierende richtete – fielen uns aber drei bemerkenswerte
Ansätze ein, die wissenschaftliches Schreiben in ungewohnte Perspektiven
brachte: Beatrice Lugger vom Nationalen Institut für Wissenschaftskommunikation (NaWik; am KIT in Karlsruhe) zeigt auf, wie neue Medien Einfluss auf
die Kommunikation insbesondere im MINT-Bereich nehmen. Burkhard Müller
diskutiert anhand seiner praktischen Erfahrung als Rezensent u.a. für die *Süddeutsche Zeitung*, dass das Schreiben über Wissenschaft eine Textsorte darstellt,
die im Schreibunterricht als Übung eine Rolle spielen kann. Ingrid Scherübl
schließt den Band mit der Vorstellung ihrer ‚Klostersimulation *Schreibaschram –
ein Zauberzirkel für Produktivität'*. Scherübl erinnert uns daran, dass Schreiben

eine Tätigkeit darstellt, die bei aller notwendigen formalen Normativität und didaktischen Typisierung individuell gemeistert werden muss.

Wir danken Michael Stolle für sein großes Engagement bei der Etablierung des Schreiblabors am HoC und für seine Unterstützung unserer Tagung. Unser besonderer Dank gilt Gesine Schwan für einen wunderbaren Eröffnungsvortrag, der zur Resonanz der Veranstaltung maßgeblich beigetragen hat. Wir danken Jennifer Brune für die hervorragende Mitarbeit bei der Organisation. Ella Binckli, Marion Glos, Sabrina Golz, Evelin Kessel, Anna Knaus, Lucia Ohnemus und Silvia Woll danken wir für die große Unterstützung rund um die Tagung. Wir danken Sebastian Egle für die Unterstützung bei der visuellen Gestaltung sowie Sarah Gari schließlich für die sorgfältige Arbeit an der vorliegenden Publikation.

Schreibforschung/Schreibzentrumsarbeit

Das Schreiblabor als lernende Organisation

Von einer Beratungseinrichtung für Studierende zu einem universitätsweiten Programm *Schreiben in den Disziplinen*

Andrea Frank / Swantje Lahm

„Ohne zu schreiben, kann man nicht denken: jedenfalls nicht in anspruchsvoller und anschlußfähiger Weise." (Luhmann 1992, 53) Schreiben ist für die Wissenschaft existentiell wichtig. Wissenschaftliche Erkenntnis wird nicht nur schreibend kommuniziert, sondern v.a. auch produziert. Kein Forschender, keine Forschende kann auf die Produktivkraft des Schreibens verzichten. Wie kommt es aber, dass diese Produktivkraft in der Lehre so wenig genutzt wird? Schließlich geht es doch darum, Studierende in die Modi der Herstellung und Darstellung von Wissen im Fach einzuführen. Müsste das Thema Schreiben da nicht „Chefsache",[1] also Kernelement von Lehre sein?

Historisch gesehen ist das Schreiben an Hochschulen seit Erfindung der modernen Universität im 19. Jahrhundert ein Spiegel der Ausdifferenzierung der Disziplinen, die sich im Wettbewerb in Bezug auf Wahrheits- und Geltungsansprüche legitimieren und behaupten mussten (vgl. Russell 1990, 55). Gerade in den Geistes- und Sozialwissenschaften führte die zunehmende Szientifizierung, also die Wissensproduktion nach naturwissenschaftlichem Anspruch, zu breiten Diskussionen um Methoden und Arten und Weisen des Wissens. Paradoxerweise wurde dabei das Schreiben, das bis zu Beginn des 19. Jahrhunderts an Universitäten durchaus Thema war (vgl. Dainat 2015), in den Raum des Impliziten verbannt. Es wurde praktiziert, aber es wurde nicht darüber gesprochen. Als Stilideal setzte sich eine „Rhetorik der Antirhetorik" (Kretzenbacher 1992, 7) durch. Der sog. Window Pane Style

> ist ein Stil, der den sprachlichen Charakter des wissenschaftlichen Textes so weit wie möglich vergessen machen möchte, als ob die Sprache eine klare Fensterscheibe wäre, durch die die Aufmerksamkeit des Lesers oder Hörers nahezu ungehindert auf eine außersprachliche wissenschaftliche Tatsache dringen könne (ebd., 8).

---

1   So der Historiker Valentin Groebner auf der Tagung ‚Schreiben in den Geisteswissenschaften' vom 25.-27.09.2013 am Deutschen Literaturinstitut Leipzig.

Selbstverständlich bedarf diese Form des entpersönlichten, sachorientierten Schreibens einer kunstvollen Rhetorik, die aber aufgrund des Stilideals der Anti- oder Nicht-Rhetorik meist implizit bleibt. Besonders deutlich wird das in Inter- views mit Vertretern natur- und technikwissenschaftlicher Fächer in Formu- lierungen, die eine strikte „Trennung von Inhalt und Text" (Lehnen 2009, 289) nahelegen und „das Schreiben und die Produktion von Texten häufig auf äs- thetische Stilfragen und bloße *Verschriftungs*funktion" (ebd., Hervorh. i. Orig.) reduzieren: „Ich habe da keinen künstlerischen Zugang zu, sondern das ist ein Werkzeug und es wird halt berichtet oder erzählt was passiert ist." (Lehnen 2009, 290) Erst kommt die inhaltliche wissenschaftliche Arbeit, dann das „Zu- sammenschreiben". Der Prozess der Textproduktion wird reduziert auf das ‚Aufschreiben' der Inhalte am Ende. Auch in den Geistes- und Sozialwissen- schaften waren Schreibprozesse als Erkenntnisprozesse lange Zeit weder in Forschung noch Lehre explizit Gegenstand.[2]

Die Vorstellung von der Trennung von Inhalt und Schreiben sitzt tief und ist weit verbreitet – bei Fachwissenschaftlerinnen und Fachwissenschaftlern wie bei Schreibdidaktikerinnen und Schreibdidaktikern. Selbst in den USA, dem aus deutscher Perspektive oftmals gelobten Land der universitären Schreibdidaktik, ist die Geschichte des akademischen Schreibens an der Hochschule durch die Trennung von Fachinhalt und Schreiben bestimmt:

> University teachers often profess themselves able to teach the content but not the form of writing. Often writing experts are expected to teach proper form, which thought to be transversally available for the writing of any content. (Russell 2013, 165)

Aus Perspektive der Forschung zum Schreiben in den Fächern und am Arbeits- platz ist die Dichotomie Schreiben vs. Inhalt lange überholt. Exemplarisch für die zahlreichen Arbeiten (vgl. für die USA Russell 2013, für Deutschland Gir- gensohn/Sennewald 2012) sei an dieser Stelle Anne Beauforts empirisch fun- diertes Schreibkompetenzmodell genannt (Beaufort 2007). Neben der Inhalts- kompetenz sind nach Beaufort Kompetenzen im Bereich des zu schreibenden

---

2   So kritisiert der Historiker Matthias Warstat beispielsweise ein von dem Geschichts- theoretiker Jörn Rüsen entwickeltes Schema für die „nachrangige Position des Dar- stellungsaspekts: Erst in einem späten Stadium des Forschungsprozesses, so suggeriert die Disziplinäre Matrix, wird die Frage wichtig, wie man seine Erkenntnisse der Öffent- lichkeit präsentiert. Es hat den Anschein, als wäre das wissenschaftliche Schreiben als letztes Glied der Kette ganz davon bestimmt, was zuvor theoretisch und empirisch er- arbeitet wurde." (Warstat 2012, 185)

Genres, rhetorische Fähigkeiten, Fähigkeiten zur Prozessgestaltung sowie übergreifend Kenntnisse der Diskursgemeinschaft nötig, d.h. Wissen darum, wie Genres spezifisch genutzt werden und welche kommunikativen Werte und Gepflogenheiten es gibt (vgl. ebd.). Bei der Textproduktion greifen alle genannten Kompetenzen auf komplexe Weise ineinander.

Dennoch begegnet man der Gegenüberstellung von Inhalt und Schreiben immer wieder. Sie wird nach David Russell (2002) unterfüttert von zwei Mythen, dem *myth of transience* und dem *myth of transparency*. Den *myth of transience* beschreibt Russell als die Vorstellung, beim Schreiben handele es sich um die Umsetzung eines fixen Bündels von Fähigkeiten, das einmal erlernt werden müsse (und könne), um eine alle Situationen umfassende Schreibkompetenz zu erwerben.[3] Geprägt von dieser Vorstellung haben amerikanische Universitäten bereits um die Jahrhundertwende Schreibzentren zur Defizitbehebung eingerichtet, die versuchten, Schreibproblemen von Studierenden durch Extra-Kurse zu Beginn des Studiums (*first year composition*) zu begegnen. Schreiben wurde hier als eine Universalkompetenz wie das Fahrradfahren verstanden, das – einmal erlernt – immer und überall praktiziert werden kann. Diesem Verständnis von Universalkompetenz setzt David Russell die Metapher vom Ballspielen entgegen, indem er fragt, ob es so etwas wie eine allgemeine Ballspielkompetenz überhaupt geben könne oder ob nicht jedes Ballspiel (Tennis, Hockey, Fußball, Golf) jeweils eigene Fähigkeiten verlange, die erlernt werden müssten (vgl. Russell 1995, 57f.).

Beim *myth of transparency*, der im bereits angesprochenen Sprachideal des Window Pane Style zum Ausdruck kommt, handelt es sich um die Vorstellung, dass schriftliche Sprache ein transparentes, in seiner Funktionsweise neutrales Medium sei, das Inhalte transportiere. Dieser Mythos führt unmittelbar zu einer Reduktion des Schreibens auf ‚Auf- oder Zusammenschreiben' oder einer Gleichsetzung von Schreiben mit formaler und ästhetischer Gestaltung und der Klage über Defizite in diesem Bereich („Studierende können keine Rechtschreibung").

Beide Mythen, so unsere These, waren und sind nicht nur in den USA wirkmächtig, sondern haben auch die vergleichsweise kurze Entwicklung von

---

3   An deutschen Universitäten zeigt sich dieser Mythos häufig in der Formulierung: „Schreiben lernt man doch in der Schule" oder in der etwas zynischeren Variante „Wenigstens Schreiben sollte man doch in der Schule gelernt haben."

institutionalisierter Schreibunterstützung an deutschen Hochschulen geprägt. Dabei greifen beide Mythen eng ineinander. Wenn Schreiben als eine ‚One-size-fits-all-Kompetenz' verstanden wird, die sich weitgehend auf die Beherrschung von Motorik und formalen Regeln beschränkt, dann kann sie gut extracurricular gelernt werden. In dem Sinne bleibt das Schreiben im wissenschaftlichen Arbeitsprozess auch unsichtbar, denn das erkenntnisgenerierende Schreiben (vgl. Molitor-Lübbert 2002) wird zwar praktiziert, aber nicht thematisiert. In unseren Fort- und Weiterbildungen erleben wir immer wieder, wie erstaunlich es für viele der Teilnehmenden ist, dass das, was sie tagtäglich tun, in Sprache gefasst und damit expliziert und reflektiert werden kann.

Im Folgenden zeichnen wir die Entwicklung des Bielefelder Schreiblabors nach, das 1993 als erstes Schreibzentrum an einer deutschsprachigen Universität gegründet wurde. Wir zeigen, wie sich das Schreiblabor in Auseinandersetzung mit Mythen und unbewussten Konzepten[4] zum Schreiben sowie durch eine kontinuierliche Reflexion der eigenen Wirksamkeit in Hinblick auf die Anforderungen der Gesamtinstitution Universität von einer Beratungseinrichtung für Studierende zu einem universitätsweiten Programm *Schreiben in den Fächern* entwickelt hat. Entsprechend verstehen wir unseren Beitrag auch als kritische Selbstreflexion und als Einladung zur Selbstverortung für Kolleginnen und Kollegen. Die Darstellung gliedert sich in drei Phasen der Entwicklung:

1. Schreibprozesse thematisieren: Entwicklung extracurricularer Angebote (1993-2002),
2. Disziplinspezifiken reflektieren: Zusammenarbeit mit Lehrenden im Zuge der Bolognareform (2003-2012),
3. Schreiben in den Fächern: curriculare Angebote im Fokus (seit 2012).

---

4   Die Auseinandersetzung mit den eigenen mentalen Modellen und Konzeptionen gehört nach Peter Senge zu einer der Disziplinen der lernenden Organisation (vgl. Senge 2011). Dazu passend fordern auch Katrin Girgensohn und Nora Peters (2012) in ihrem Plädoyer für Schreibzentrumsforschung die Reflexion unbewusster Konzepte und mentaler Modelle ein, um Schreibzentrumsarbeit produktiv weiter zu entwickeln.

1 Schreibprozesse thematisieren: Entwicklung extracurricularer Angebote (1993-2002)

Bis in die 1990er Jahre hinein herrschte an deutschen Universitäten ‚Schweigen über das Schreiben' (Haacke/Frank 2006). Das änderte sich mit der Gründung der ersten Schreibzentren und extracurricularen Beratungsangebote in Bielefeld, Marburg und Berlin (vgl. Ruhmann 2014). Ausgehend von der Diagnose, dass zu viele Studierende aufgrund mangelnder Vorbereitung auf die Anforderungen einer wissenschaftlichen Abschlussarbeit ihren Studienabschluss hinauszögern oder sogar ganz scheitern, setzte das Bielefelder Schreiblabor darauf, ein Beratungsangebot zu entwickeln, das die fehlende Vorbereitung und Begleitung im Fach zu kompensieren versprach. Mit dieser Ausrichtung konnten erste finanzielle Mittel zur Gründung der Einrichtung eingeworben werden.

In den zunächst angebotenen Einzelberatungen zeigte sich, dass die größten Herausforderungen für Studierende in der Selbststeuerung im Ineinandergreifen von Forschungs-, Erkenntnis- und Schreibprozess sowie in der Bewältigung von sich überlappenden, rekursiven Arbeitsschritten mit unterschiedlichen Anforderungen lagen. In der Folge entwickelte sich ein prozessorientierter Ansatz, der v.a. das Verfassen von Haus- und Seminararbeiten in den Mittelpunkt stellte.

Diese individuellen und intensiven Beratungen waren für die einzelnen Studierenden sehr hilfreich. Darüber hinaus vertieften sie unser Verständnis von den Prozessen des Schreibens in den Wissenschaften und den damit verbundenen Problemen. Aber es wurde schnell klar, dass dieser Ansatz – kompetente und effektive Beratung für wenige – keine sinnvolle, finanzierbare Strategie für eine Universität mit 20.000 Studierenden darstellen kann.

Um mehr Studierende zu erreichen, entstand deshalb die Idee, Workshops zum Verfassen von Haus- und Abschlussarbeiten anzubieten. Das war leichter gesagt als getan, denn anders als in den USA, in denen Einrichtungen zur Unterstützung beim wissenschaftlichen Schreiben seit Jahrzehnten zur Grundausstattung einer Universität gehörten, mangelte es in Deutschland an didaktischen Materialien und Übungen. Die US-amerikanischen Ansätze konnten nicht ohne weiteres auf den deutschen Kontext übertragen werden, da Studierende im Undergraduate-Studium in den USA v.a. kürzere Texte (Essays) schreiben und sich nicht so früh fachlich spezialisieren müssen. Die deutsche Tradition der Enkulturation von Studierenden in fachliche Denk- und Arbeits-

weisen im Modus der Haus- und Seminararbeiten verlangte einen eigenen didaktischen Ansatz, den Gabriela Ruhmann, die das Schreiblabor in Bielefeld zusammen mit Andrea Frank und Detlef Hollmann aufgebaut hat, mit anderen
Pionieren der Schreibforschung und –didaktik der 1990er Jahre, Otto Kruse
und Gisbert Keseling, entwickelte. Die praktische Erfahrung mit der Beratung
von Studierenden im Schreiblabor spielte dabei eine wichtige Rolle. Durch systematische Dokumentation und Auswertung von Beratungsprotokollen und die
Rezeption der amerikanischen Schreibprozessforschung (vgl. Ruhmann/Kruse
2014) entstand ein Workshop-Konzept zum Verfassen von Haus- und Abschlussarbeiten, das auch heute noch im Schreiblabor regelmäßig für Studierende angeboten wird, allerdings nur noch selten von den hauptamtlichen
Mitarbeiterinnen, sondern meist von ausgebildeten Multiplikator/innen.

Tab. 1: Der klassische Schreiblabor-Workshop: 2 Tage, jeweils von 10.00 bis 16.00 Uhr

Block 1: der Schreibprozess	Block 3: Vom Lesen zum Schreiben
Ankommen, Kennenlernen, eigene Fragen, Arbeitsschritte, Clustern	Auswahl von Literatur und Literaturverwaltung Austausch: eigene Strategien zum Lesen und Auswerten wiss. Literatur Übung: vom Lesen zum Schreiben (Lesen, Para- phrasieren, Referieren)
Block 2: Inhaltliches Planen der eigenen Arbeit	**Block 4: Textüberarbeitung und Textrück- meldung**
Übung: Themeneingrenzung – in Partnerarbeit Arbeit mit Themenklärungs- Checkliste (auf Folie) Feedback auf ein bis drei Themen- klärungen	„Schreiben als Denkinstrument" vs. „Schreiben für Leser/innen" Ebenen des Überarbeitens mit Beispieltexten Übung: einen eigenen Text schrittweise über- arbeiten Textfeedback: Erfahrungen, Bedürfnisse und Regeln Übung: Textfeedback

Der Workshop ist überfachlich angelegt. Studierende dürfen nur dann teilnehmen, wenn sie ein aktuelles Schreibprojekt haben und im Workshop an ihrem
Thema und ihrer Fragestellung arbeiten können. Der Workshop setzt damit an

den konkreten und je spezifischen Erfahrungen der Studierenden mit den Schwierigkeiten wissenschaftlicher Schreibprozesse an.

In der Entwicklung des Profils der Einrichtung war der Fokus auf die Prozessbewältigung beim Schreiben aber auch eine Strategie, die Autorität der Lehrenden für inhaltliche und formale Anforderungen an die Texte unangetastet zu lassen. Die Gründung des Schreiblabors wurde von Fachvertreter/innen nämlich nicht nur positiv gesehen. Man fürchtete Einmischung in ureigenes Territorium, schließlich gehören die Betreuung und Bewertung von Haus- und Abschlussarbeiten zu den Kernaufgaben von Lehrenden. Durch die Konzentration bzw. Beschränkung auf den Schreibprozess konnte das Schreiblabor eine klar definierte Arbeitsteilung kommunizieren: Unsere Aufgabe war es, Studierende durch Workshops und Beratung im Schreib*prozess* zu unterstützen, während Standards, Anforderungen, Normen, Bewertung, fachspezifische methodische Vorgehen etc. weiterhin der Autorität von Fachlehrenden überlassen blieben.

Dieser Ansatz hatte einen Preis: Innerhalb der Workshops konnten wir die Trennung von Inhalt und Schreiben überwinden, indem wir thematisierten, wie Ideen, Gedanken und die Gestalt einer Arbeit beim Schreiben entstehen. „Implizites explizit machen" wurde in dieser Zeit zu unserem Motto. Allerdings beschränkte sich die Aufklärungsarbeit auf den kleinen Kreis von Workshopteilnehmenden. Institutionell und curricular drohte die so etablierte Arbeitsteilung mit den Fächern, die Vorstellung der Trennung von Inhalt und Schreiben zu verfestigen: Hin und wieder wurden wir Mitarbeiterinnen als Handlungsreisende in Sachen Schreiben punktuell in Lehrveranstaltungen eingeladen. Gegenstand der kurzen Inputs oder übungsorientierten Einheiten waren: Prozessdynamiken beim Schreiben, das Geben und Nehmen von Feedback oder Überarbeitungsstrategien. Grundsätzliche Fragen zur Art der Aufgabenstellungen (ist eine Hausarbeit im ersten Semester überhaupt sinnvoll?) und zur Integration von Schreibaktivitäten in die Veranstaltungen wurden nicht gestellt. Die fachliche Lehre blieb traditionell inhaltsorientiert und auch, wenn wir versuchten, Lehrende für eine intensivere Zusammenarbeit zu gewinnen, suggerierte unser Angebot, dass das Schreiben in extracurricular angebotenen Workshops erlernt werden könne. So sinnvoll manchen Lehrenden eine intensivere Beschäftigung mit dem Schreiben erschien, endeten Diskussionen mit ihnen doch meist mit der Feststellung, wenn sie sich um das Schreiben der Studierenden kümmern sollten, sei dies „nur auf Kosten der Inhalte" (also gar nicht) möglich, denn für beides reiche die Zeit nicht aus. Dass das Schreiben selbst fachlicher Inhalt sein könnte, darauf kam zu diesem Zeitpunkt noch niemand:

> [M]any [German] teachers [...] find it hard to talk about how students learn to write successfully in the university. In their perspective writing is a fundamentally transparent activity. It cannot be discussed apart from the work of learning within students' adacemic disciplines. [...] [W]hen I tried to explain my background as a U.S. writing teacher, I usually drew blank looks and puzzlement at first. Why are you interested in writing? Our students are students of the subject, they said, not students of writing – historians (sociologists, literary interpreters), not writers. You really want to ask how we teach our subjects, don't you? Because we don't teach writing. (Foster 2002, 192)

Deutlich wird in Fosters Beobachtungen: Die Spezifik der eigenen Schreib- und Arbeitsprozesse stellt für Fachwissenschaftler/innen häufig einen blinden Fleck dar. Da sie selbst das Schreiben im Modus des Learning by Doing erlernt und dazu keine elaborierte Arbeitssprache entwickelt haben, bleibt ihr Wissen über fachspezifische Schreibprozesse, Konventionen und Anforderungen meist implizit. Als Schreiben wird dann nur das thematisiert, was äußerlich und delegierbar ist: Rechtschreibung und Formales. Entsprechend wurde das Schreiblabor von manchen Hochschullehrenden zunächst als eine Anlaufstelle für Studierende mit Defiziten in basaler schriftsprachlicher Kompetenz wahrgenommen. Diese Wahrnehmung wurde auch dadurch unterstützt, dass wir selbst bis zu diesem Zeitpunkt mit dem allgemeinen Begriff „wissenschaftliches Schreiben" operierten, hinter dem sich i.d.R. ein sehr spezifisches Genre, die Haus- oder Abschlussarbeit, verbarg. Da studentisches Schreiben bis weit in die 1990er Jahre hinein im Wesentlichen von diesem Genre bestimmt wurde, konzentrierten wir uns auf disziplinübergreifende Gemeinsamkeiten in den Arbeitsprozessen und trugen so einmal mehr zur Verfestigung der Vorstellung von der Trennung von Inhalt und Schreiben bei.

2   Disziplinspezifiken reflektieren: Zusammenarbeit mit Lehrenden im Zuge der Bolognareform (2003-2012)

Mit der Einführung von Bachelor- und Masterstudiengängen und dem damit verbundenen Studienreformprozess veränderte sich die Lehre in Deutschland oder zumindest der Anspruch an Lehrende: Man propagierte den ‚shift from teaching to learning'. Die ‚neue' Kompetenzorientierung führte an vielen Universitäten zur Einrichtung von Zentren zur Vermittlung von Schlüsselkompetenzen. Die Universität Bielefeld beschritt von Anfang an bewusst einen anderen Weg und setzte darauf, dass auch sog. Schlüsselkompetenzen fachlich integriert in den regulären Curricula vermittelt werden. Fächer und einzelne Lehrende kontaktierten das Schreiblabor, um sich zur Vermittlung der Schlüsselkompetenz Schreiben beraten zu lassen. Im Laufe der Gespräche zeigte sich, dass die bisherige Arbeitsteilung – Schreiben hier und Inhalt dort – nicht funktionieren würde. Für die fachlich integrierte Vermittlung von Kompetenzen mussten in der Lehre auch fachliche Prozesse der Wissensgenerierung und -darstellung (= Schreiben) thematisiert werden, für die eindeutig die Lehrenden die Expertise besaßen, auch wenn sie aufgrund ihrer impliziten Schreibsozialisation i.d.R. über keine Arbeits- und Vermittlungssprache dafür verfügten, wie sie selbst beim Forschen und Schreiben die fachlichen Arbeitsweisen und Konventionen berücksichtigten. Nach anfänglicher Rollenunsicherheit (womit können wir Lehrende unterstützen?) definierten wir Schreiblabor-Mitarbeiterinnen unsere Rolle vorwiegend als Gegenüber im Reflexionsprozess (vgl. Haacke/Frank 2012). Mit unserer Expertise für Schreibprozesse konnten wir Lehrende unterschiedlichster Fachrichtungen darin unterstützen, Arbeitsschritte und Anforderungen in ihrem Fach zu explizieren und entsprechende Arbeitsaufgaben und Lernarrangements zu entwickeln.

Mit der Einführung von Bachelor- und Masterstudiengängen eröffneten sich weitere Chancen auf eine fruchtbare Irritation der traditionellen Arbeitsteilung Schreiben vs. Inhalt. Die Voraussetzungen für eine bessere Integration der Schreibausbildung in die Fächer änderten sich merklich:

1. Die Umstellung auf studienbegleitende Prüfungen führte dazu, dass Studierende mehr Texte schreiben und diese wesentlich früher abgeben mussten. Lehrende sahen sich dadurch mit einer sehr heterogenen Realität studentischen Schreibens konfrontiert, die vorher nicht sichtbar war. Denn im alten Studiensystem (insbesondere der Geistes- und Sozialwissenschaften) war es möglich, das Schreiben von Hausarbeiten oder Abschlussarbeiten aufzuschieben, bis man sich dazu in der Lage fühlte, oder gar nicht erst abzuschließen, ohne dass es irgendjemandem auffiel. Dies hatte zur Folge, dass Lehrende nur die schriftlichen Produkte zu Gesicht bekamen, die in den meisten Fällen wohl den Anforderungen mehr oder weniger entsprachen. Unter B.A./M.A.-Bedingungen wurde deutlich, dass die meisten Studierenden in den ersten Semestern mit den Anforderungen des wissenschaftlichen

Denkens und Schreibens kämpfen. Schreiben im Fach – das wurde klar –
ist nicht nur für einige wenige schwierig. Der Druck auf die Fächer, Verantwortung für das Schreiben ihrer Studierenden zu übernehmen, stieg.

2. Durch die Fülle der zu erbringenden Studienleistungen erweiterte sich au-
    ßerdem das Spektrum der im Studium geforderten Textsorten. Vor allem in
    den Geistes- und Sozialwissenschaften traten neben die traditionelle Haus-
    und Seminararbeit nun kürzere Texte wie Rezensionen, Protokolle oder
    Essays. Auch dies führte in eine intensivere Auseinandersetzung mit
    Schreibanforderungen: Was macht einen Essay aus? Welche Anforderun-
    gen und Bewertungskriterien lege ich an, wenn ich eine Rezension schrei-
    ben lasse?

3. Mit dem Auftrag, Studiengänge kompetenzorientiert zu gestalten, sahen
    sich Fakultäten damit konfrontiert, zu definieren, welche Fähigkeiten Stu-
    dierende im Laufe des Studiums erwerben sollten. Diese Debatten er-
    öffneten die Möglichkeit, über Kompetenzen zu sprechen, die mit dem
    Schreiben angeeignet und unter Beweis gestellt werden sollen, und zu ver-
    stehen, dass ‚das Schreiben‘ wie auch das wissenschaftliche Arbeiten kom-
    plexe Fähigkeiten sind, die sich in der Auseinandersetzung mit Fachinhalten
    über den gesamten Studienverlauf hinweg (und darüber hinaus) entwickeln.

Ein entscheidender Schritt in der Zusammenarbeit mit Lehrenden war die Konzeption und Durchführung einer 10-tägigen Fortbildung, mit der Stefanie
Haacke und Swantje Lahm 2004 begannen. Die Teilnehmenden der Fortbildung
rekrutierten sich vorwiegend aus dem wissenschaftlichen Nachwuchs (Dokto-
rand/innen und Habilitand/innen) und zunächst überwiegend aus schreib- und
textintensiven Fächern: Geschichte, Literaturwissenschaft, Germanistik, Linguistik, Soziologie, Philosophie, Erziehungswissenschaft, Psychologie – später
auch Chemie, Biologie und Informatik.

Die Fortbildung war bewusster Teil einer Reformstrategie. Sie setzte auf
einen langsamen Bottom-up-Prozess, in dem Veränderung in den Fächern sich
durch einzelne, individuell engagierte Lehrende und ihren veränderten Umgang
mit dem Schreiben in Lehre und Betreuung vollziehen würde. Zunächst ging es
darum, dass an der Fortbildung teilnehmende Lehrende dem Schreiben im Studienverlauf eine größere Beachtung schenken und den Schreibprozess mit all
seinen Arbeitsschritten in den Blick nehmen sollten. Das Ziel bestand im We-

sentlichen darin, Lehrende in die Lage zu versetzen, in ihrem jeweiligen Fach Workshops oder Übungseinheiten durchzuführen, wie das Schreiblabor sie bis dahin fachübergreifend angeboten hatte. Um sicherzustellen, dass sich die Teilnehmenden die erworbenen Konzepte zu Eigen machten, wurde vertraglich festgehalten, dass sie als Gegenleistung für die Fortbildung im Schreiblabor jeweils drei Workshops für Studierende durchführen mussten. Damit konnten wir zwar die Zahl der Schreibworkshops in der Universität Bielefeld erhöhen, und viele Teilnehmer/innen der Fortbildungen berichteten über den großen Nutzen, den die vertiefte Auseinandersetzung mit dem Schreiben für ihre eigene Forschungs- und Publikationstätigkeit hatte. Nach einigen Durchläufen stellten wir jedoch fest, dass die Fortbildung keine Veränderung der grundständigen Lehre bewirken konnte, sondern allenfalls dafür sorgte, dass es oftmals schlecht eingebundene Satellitenworkshops in den Fächern gab. Auch mit dieser Konzeption wurde die implizite Trennung von Inhalt und Schreiben nicht wirksam in Frage gestellt. Das Schreiben im Fach konzentrierte sich weiterhin auf einzelne Punkte im Curriculum (Techniken wissenschaftlichen Arbeitens) und berührte die Vermittlung von Inhalten im regulären Lehrbetrieb nicht. Auch das im Schreiblabor seit 2004 erfolgreich immer weiter entwickelte Projekt *skript.um*, ein Schreibberatungsangebot qualifizierter Studierender für Kommiliton/innen, trug zu diesem Zeitpunkt noch nicht zur Verbreitung der Erkenntnis bei, dass das Schreiben im Studium eine genuin fachliche Angelegenheit ist. *skript.um* konnte aber die Idee stärken, dass Lernen und Schreiben durch Zusammenarbeit und Feedback intensiviert werden können und bot deshalb einen wichtigen Anknüpfungspunkt für die Entwicklung und spätere Verbreitung kooperativer Schreib- und Lernaktivitäten in fachlichen Lehrveranstaltungen.[5]

Angeregt durch eine Kooperation mit der Cornell Universität, an der seit den 1970er Jahren das Schreiben Bestandteil der regulären Fachlehre ist (vgl. Lahm 2010), nahmen wir 2007 eine Neukonzipierung vor: Aus der Fortbildung *Moderation von Schreibwerkstätten* wurde die Fortbildung *Schreiben lehren*, später dann *Forschen – Schreiben – Lehren*. Grundlegend blieb die Reflexion eigener

---

5   Mit der Gründung von *skript.um* nahm die Entwicklung eines wichtigen Schwerpunkts der Studienreform an der Universität Bielefeld ihren Anfang: Peer-Learning. Neben fachübergreifenden Peer-Learning-Räumen, -Qualifikationen und -Initiativen beginnt aktuell auch in den Einführungsveranstaltungen vieler Fächer an der Universität Bielefeld mit dem PAL-Projekt (Peer Assisted Learning) eine Stärkung der Zusammenarbeit im Studium.

Schreiberfahrung im universitären Kontext. Aber im Zentrum steht seitdem, den Teilnehmenden im Rahmen der Fortbildung die Gelegenheit zu geben, Aufgaben, Lehr-Lern-Sequenzen oder ganze Veranstaltungen für ihre eigene Lehre zu entwickeln, in denen das Schreiben als Mittel zum Denken, Vertiefen, Diskutieren, Erkennen und Dokumentieren genutzt werden kann; kurz: Wie man das Schreiben nutzen kann, um Studierenden eine intensive Auseinandersetzung mit Fachinhalten zu ermöglichen.

Die an der Fortbildung teilnehmenden Lehrenden verpflichten sich vertraglich dazu, als Gegenwert für die Fortbildung, eine Veranstaltung(ssequenz) zu konzipieren, in der das Schreiben gezielt für das Erreichen der fachlich definierten Lernziele eingesetzt wird. Sie verpflichten sich ebenfalls, das Konzept dieser Veranstaltung auf der Webseite des Schreiblabors zu veröffentlichen, damit andere Lehrende sich davon anregen lassen können.[6] Seit dem Frühjahr 2011 findet auf Initiative von Lehrenden ein monatlicher Jour fixe zum Austausch über schreibintensive Lehre statt.[7] Die Umstellung der Lehre auf die regelmäßige Arbeit an und mit Texten, die Studierende selbst verfassen, erleben viele Lehrende als sehr befriedigend. Neben der mündlichen entsteht so eine weitere Ebene der Kommunikation. Lehrende erhalten durch die im Laufe des Seminars verfassten Texte der Studierenden unmittelbares Feedback, und die fachliche Diskussion gewinnt an Substanz. Bestärkt durch die positive Resonanz – immer überstieg die Nachfrage zur Teilnahme an der Fortbildung die Anzahl der verfügbaren Plätze – beschlossen wir, die Arbeit an schreibintensiven Lehr-Lern-Sequenzen und Veranstaltungen fortzusetzen und zu vertiefen. Was mittlerweile klar war: Die Entwicklungsarbeit musste in den Fächern selbst strukturell verankert sein. Das würde die Aussicht erhöhen, die Trennung von explizit und anerkannt durch das Fach zu vermittelnden ‚Inhalten' auf der eine Seite und den bisher immer noch nicht allgemein als fachlich anerkannten Recherche-, Forschungs- und Schreibkompetenzen auf der anderen Seite aufzuheben. Als sich mit dem Qualitätspakt Lehre die Chance bot, beantragten wir das Projekt „richtig einsteigen mit literalen Kompetenzen" (*LitKom*) und waren erfolgreich.

---

6   Vgl. www.uni-bielefeld.de/Universitaet/Einrichtungen/SLK/schreiblabor/lehrende/
     lehrkonzepte.html
7   Vgl. www.uni-bielefeld.de/Universitaet/Einrichtungen/SLK/schreiblabor/lehrende/jour
     _fixe.html

3 Schreiben in den Fächern: curriculare Angebote im Fokus (seit 2012)

Das *LitKom*-Projekt ist Teil eines umfassender angelegten Programms zur Verbesserung der Studieneingangsphase (*richtig einsteigen.*). Für das *LitKom*-Projekt konnten in zehn Fächern zwölf Mitarbeiter/innen eingestellt werden. Diese Mitarbeiter/innen sind Fachlehrende mit einer besonderen Zuständigkeit für die Konzeption, Entwicklung und Durchführung von Einführungsveranstaltungen, in denen das Schreiben als Lernmedium genutzt wird. Der fachübergreifende Austausch, regelmäßige Weiterbildungen etc. werden von Mitarbeiterinnen des Schreiblabors organisiert und moderiert. In der konzeptionellen Arbeit orientieren wir uns an der in den USA etablierten Praxis des *assignment design*, der expliziten Integration von Schreib- und Leseaufträgen und -anleitung in die Fachlehre. Studierende profitieren doppelt: Zum einen fördert der Fokus auf das Lesen und Schreiben das fachlich-inhaltliche Lernen. Zum anderen erwerben sie Schreib- und Lesekompetenzen, die sie nicht nur im Studium, sondern später in allen akademischen Berufen brauchen. Die Trennung von Inhalt und Schreiben ist aufgelöst, ‚Schreiben zum Lernen' und ‚Lernen zu schreiben' greifen ineinander. Ziel ist es, die Einführung in fachliche Grundfragen und Themen und die reflektierte Aneignung von Schreib- und Lesekompetenzen zu verbinden.

Der konzeptionelle Hintergrund dieser nun endlich erfolgreichen Aufhebung der Trennung von Schreiben und Fach ist mittlerweile auch State of the Art in der Schreibtheorie und Schreibforschung: Literale Kompetenzen werden umfassend im Sinne einer ‚fachlichen Literalität' (Sprach- und Handlungsfähigkeit im Fach oder jeweiligen Arbeitskontext) verstanden (vgl. Bazerman 2013; Russell 2001). Schreibintensive Lehre zielt darauf, diese Kompetenzen zu fördern, indem sie konsequent schriftlich formulierte Schreibaufträge integriert, deren Gestaltung sich an den Lernzielen der Veranstaltung orientiert, Studierende anleitet und Raum für Erprobung, Experimentieren und Feedback gibt. Im ersten Studienjahr sollen durch schreibintensive Lehre die Grundlagen geschaffen werden, um Studierende zu befähigen, die im „Qualifikationsrahmen für deutsche Hochschulabschlüsse" definierten Ziele zu erreichen.[8] Danach bemisst sich Studienerfolg in Bachelor-Studiengängen daran, ob

• Studierende in der Lage sind, sich selbstständig Problemlösungen und Argumente im Fachgebiet zu erarbeiten,

• fachliche Denk- und Arbeitsweisen kennen, reflektieren und anwenden können,

• für verschiedene Adressaten und Anlässe fachbezogene Positionen vertreten und kommunizieren können und

• alleine und mit anderen Lernprozesse gestalten können.

Schreibintensive Lehre gehört zu den am besten untersuchten Lehransätzen an Hochschulen. Die Wirksamkeit für den Studienerfolg wurde über Disziplingrenzen hinweg nachgewiesen, und zwar sowohl durch kleinere, veranstaltungsbezogene, quasi-experimentelle Studien (vgl. Carter/Ferzli/Wiebe 2004) wie auch in mehreren großen Studien (vgl. Anderson et al. 2009; Arum/Roksa 2011; Astin 1992; Light 2001). Für das *LitKom*-Projekt ist insbesondere die Anderson-Studie (Anderson et al. 2009) relevant. Mit dem *National Survey of Student Engagement* wurden an 80 US-amerikanischen Hochschulen mehr als 70.000 Studierende zu ihren Schreib- und Studienaktivitäten befragt. Die Studie zeigt die positiven Effekte schreibintensiver Lehre auf den Studienerfolg. Sie zeigt darüber hinaus aber auch, dass nicht alle Formen der Integration des Schreibens gleichermaßen erfolgreich sind. Entscheidend für den Lernerfolg durch schreibintensive Lehre sind:

• bedeutungsgenerierende Schreibaufgaben

• klare, schriftlich ausformulierte Schreibanforderungen

• konstruktive Rückmeldungen auf Texte

• Förderung interaktiver Schreibaktivitäten

Die Maßnahmen von *LitKom* zur Erhöhung des Studienerfolgs knüpfen an diese evidenzbasierten Formen der Integration des Schreibens in Lehrveranstaltungen an. Dabei geht es immer um die Veränderung der grundständigen Lehre, denn Schreiben wird nicht verstanden als vom Fach abgetrennte Fertigkeit, die

---

8   Vgl. http://www.kmk.org/fileadmin/veroeffentlichungen_beschluesse/2005/2005_04
     _21-Qualifikationsrahmen-HS-Abschluesse.pdf

es zu erlernen gilt, um Fachinhalte besser abbilden zu können, sondern als Form der Konstruktion disziplinären Wissens sowie disziplinärer Fragen, Probleme, Hypothesen und insofern als Form der Einübung disziplinären Denkens und Handelns. Anders gesagt: Wer lernt, wie ein Chemiker zu schreiben, lernt Chemie als prozedurales und deklaratives Wissen (,knowing that' und ,knowing how'). Mittelfristiges Ziel ist, dass an der Universität Bielefeld keine Zusatzkurse für die Vermittlung von Schreibkompetenz mehr angeboten, sondern dass möglichst viele Fachlehrende dafür gewonnen werden, ihre Veranstaltungen so zu gestalten, dass Studierende durch das schriftliche Bearbeiten von Arbeitsaufträgen gezielt fachliches Wissen erwerben. Es kommt also insbesondere darauf an, dass die fachlich determinierte Schreibkompetenz durch die Anleitung und Begleitung von Fachlehrenden in regulären Veranstaltungen gesichert wird. Die *LitKom*-Mitarbeiter/innen arbeiten mit ihren Kolleg/innen daran, die genannten Elemente schreibintensiver Lehre in Veranstaltungen im ersten Studienjahr zu entwickeln und zu integrieren. Hierfür erarbeiten sie einen Handwerkskoffer mit Materialien und Übungen, die für den jeweiligen fachlichen Kontext angemessen und passend sind. Zusammen mit ihren Kolleg/innen im Fach entwickeln, lehren und verbreiten sie gute Vorgehensweisen für Schreibanleitung, Aufgabendesign und Rückmeldung in den Fächern.

Durch den bisherigen Projektverlauf zeigt sich, wie unterschiedlich die Voraussetzungen in den einzelnen Fächern für die Leitvorstellung der Integration von lernzielunterstützenden Schreibaktivitäten und -aufgaben, Rückmeldung und Interaktivität im Schreibprozess sind. Beispielsweise wird in Bielefeld in der Biologie das Einführungsmodul von sieben Lehrenden unterrichtet; entsprechend schwierig ist es für den dortigen *LitKom*-Mitarbeiter, die Interessen und Vorstellungen aller miteinander zu koordinieren. Er hat aber dennoch eine Lösung für eine sinnvolle Integration gefunden. So bietet er eine freiwillige Zusatzveranstaltung *Schreiben in der Biologie* an, die aber inhaltlich an die Einführungsveranstaltung angebunden ist und durch verschiedene Schreibaufgaben einen roten Faden durch die ansonsten disparaten Lehreinheiten der Einführungsveranstaltung legt.

Die Wege zur Integration sind unterschiedlich, und als ein Ergebnis unseres Lernprozesses in der Zusammenarbeit mit den Fächern können wir festhalten, dass es gut ist, die Ziele hoch zu stecken, also eine Integration in die Fachveranstaltungen zu fordern und dann Ausdifferenzierungen zuzulassen. Wesentlich ist, den Grundgedanken lebendig zu halten, dass das Schreiben kein

Zusatzangebot ist, sondern ein elementarer Bestandteil des Fachstudiums. Im Fach Jura konnten das 700 Studienanfänger/innen erfahren, indem sie an einem verpflichtenden Kurzworkshop zum Gutachtenstil teilnahmen, den Tutorinnen und Tutoren in der dem Semesterbeginn vorgelagerten Erstsemesterwoche angeboten haben. Die Tutor/innen wurden von den *LitKom*-Mitarbeiter/innen geschult und vermittelten den Studierenden in ihrer ersten Woche an der Universität, wie zentral Schreiben für das Jurastudium ist. Die Teilnehmenden bewerteten den Workshop sehr positiv.

Am weitesten fortgeschritten ist der Prozess der curricularen Integration in der Philosophie, die in Bielefeld schon seit den frühen 1990er Jahren Schreibkompetenzen fachintegriert vermittelt. Das Fach hat sich im Rahmen der Entwicklung eines Curriculums für den Bachelor dafür entschieden, im ersten Studienjahr die beiden aufeinanderfolgenden Pflichtveranstaltungen *Handwerk Philosophie* anzubieten, in denen Studierende sich schreibend mit philosophischen Themen (z.B. Gerechtigkeit) auseinandersetzen. Die Aufmerksamkeit richtet sich gleichermaßen auf das philosophische Schreiben und Argumentieren sowie auf die jeweilige inhaltliche Thematik.

Wo sinnvolle Schreibaufträge in der Lehre zur Anwendung kommen, sind Erfolge erkennbar: Studierende berichten nicht nur subjektiv über interessantere und 'tiefere' Lernerfahrung und über mehr Freude, v.a. an kollaborativen Schreibaktivitäten, sondern zeigen auch bessere Leistungen. Dies empirisch zu erhärten und dadurch schreibintensiver Lehre zu einer noch größeren Verbreitung in den Studiengängen der Universität Bielefeld zu verhelfen, ist das Ziel des *LitKom*-Projekts. Um zu zeigen, dass der Einsatz der entwickelten Vorgehensweisen Studierende besser dazu befähigt, Fachinhalte zu verstehen und (schriftlich) zu kommunizieren, setzt sich das *LitKom*-Projekt in den Fächern für eine schriftproduktbasierte Evaluation ein, in der sich Fachlehrende anhand studentischer Texte über Qualität und entsprechende Maßnahmen verständigen. Diese Art von Evaluation, die in den USA erprobt wurde und praktiziert wird (vgl. Carter 2003; Bean/Carrithers/Earenfight 2005; Anson 2006), geht folgendermaßen vonstatten: In einem ersten Schritt verständigen sich Lehrende anhand ausgewählter studentischer Texte auf Qualitätskriterien und entwickeln daraus ein gemeinsames Beurteilungsraster. Mit Hilfe des Rasters analysieren sie die Texte der Studierenden und definieren strategisch wichtige Punkte der Verbesserung, z.B. Studierenden mehr Anleitung und Übungsgelegenheiten zum Entwickeln einer eigenen Fragestellung zu geben. Im Anschluss an das Semester wird in einem weiteren Zusammentreffen wiederum anhand ausgewählter Beispieltexte geprüft, inwieweit sich die Texte aufgrund der durchgeführten Maßnahmen verbessert haben.

Eine weitere Maßnahme zur Evaluation, diesmal basierend auf der subjektiven Erfahrung der Lernenden, zielt darauf, wie Studierende den Beitrag der Schreibaktivitäten im Seminar für das Erreichen der Lernziele einschätzen. In der *Lernzielorientierten Evaluation* erhalten Studierende am Ende des Semesters einen Fragebogen, in dem der/die Lehrende ihre Lernziele definiert hat und Studierende dazu einlädt, ein selbst gesetztes Lernziel zu ergänzen. Dann werden eine Reihe von Aktivitäten angeführt, die im Laufe der Veranstaltung stattgefunden haben (z. B. Lesen von Fachartikeln, One-Minute-Papers am Ende der Veranstaltung, Gruppendiskussionen), und die Studierenden können angeben, wie sehr diese Aktivitäten sie beim Erreichen der Lernziele unterstützt haben. Die Ergebnisse der Evaluation sind Grundlage für die kontinuierliche Verbesserung der Lehrveranstaltung.

4 Ausblick

„Significant change in any workplace occurs when unconscious conceptual models are brought to the surface and replaced with conscious ones." (Grimm 2009, 16, zitiert nach Girgensohn/Peters 2012) Die 20-jährige Geschichte des Schreiblabors zeigt, wie wichtig es ist, die zentralen Hintergrundannahmen der eigenen Arbeit beständig zu überprüfen. Als Mitarbeiter/innen von Schreibzentren sind wir unweigerlich Teil der Diskurse um das Schreiben, Lehren und Lernen an Universitäten und können uns auch deren Engführungen und Sackgassen nicht entziehen. Seit seiner Gründung im Jahr 1993 hat das Schreiblabor eine enge Zusammenarbeit mit den Fächern angestrebt, aber erst durch Veränderungen auf unterschiedlichsten Ebenen – der Studienreform im Zuge von Bologna, durch das veränderte Verständnis von Lehren und Lernen, die Modellierung von Schreibkompetenz als soziale Handlung in einer Diskursgemeinschaft und nicht zuletzt durch die finanziellen Mittel des *Qualitätspakts Lehre* – konnten wir diesem Ziel einen entscheidenden Schritt näher kommen. Und schon jetzt warten neue Herausforderungen. Die *LitKom*-Mitarbeiterinnen und -Mitarbeiter sowie die kooperierenden Kolleg/innen im Fach haben durch die ständige Auseinandersetzung mit Texten von Studierenden einen sehr differenzierten Einblick in die Heterogenität der Fähigkeiten und Kenntnisse von

Studienanfänger/innen. Mit zunehmender Studierendenzahl wird diese Heterogenität weiter zunehmen. Schreibanforderungen sind und bleiben eine der zentralen Hürden, die über den Studienerfolg entscheiden. Wie wollen wir auf die heterogene Studierendenschaft reagieren? Diese Frage ist auch eine zentrale Frage für Schreibzentren. In den ,alten' Studiengängen erfolgte die Überprüfung von Erfolg im Laufe des Studiums wesentlich implizit durch die Bewertung von Haus- und Abschlussarbeiten nach jeweils sehr unterschiedlichen Standards. Dabei konnte es passieren, dass einige Studierende erst im Zuge der Abschlussarbeit mit Schwächen konfrontiert wurden, die sie aufgrund mangelnder Rückmeldung im Studium niemals bearbeitet hatten. Schreibintensive Lehre in den Einführungsveranstaltungen fördert Schwierigkeiten und Entwicklungsbedarf gleich zu Beginn des Studiums zutage. Als Reaktion darauf wäre es wichtig, dass die Fächer in einen Klärungsprozess eintreten, was als angemessene Leistung anzusehen und wie mit Defiziten von Studierenden umgegangen werden soll. Einzelne Lehrende, zumal diejenigen, die mit Deputat hoch belastet sind, sind damit überfordert, allen Studierenden individuell Rückmeldung zu geben und eigene, klare Maßstäbe zu entwickeln, die nicht nur sinnvoll auf curriculare Ziele bezogen, sondern auch transparent und nachvollziehbar sind.

An welchen Maßstäben die Vermittlung von Wissen und Kompetenzen im Studium zukünftig gemessen wird und welche Rolle das Schreiben als Lernmedium und Instrument der Leistungsmessung dabei spielen wird, ist eine politische Frage, auf die im Zusammenspiel von Schreibzentrumsmitarbeiter/innen, Lehrenden, Universität und Studierenden eine Antwort gefunden werden sollte. Das aber wiederum setzt das Hinterfragen weiterer Unklarheiten voraus, z.B. was es heißt, Curricula systematisch zu entwickeln. Wie wir gezeigt haben: Niemand, auch wir selbst nicht, verfügt über die einzig richtige Sichtweise darauf, wie die Dinge sein müssen. Wir alle lernen und sehen vor dem Hintergrund neuer Rahmenbedingungen auch neue Möglichkeiten. Der Lernprozess beginnt bei uns selbst, oder: „Faculty developers not only need to support learning by professors and students, but they also need to be a learning organization." (Fink 2013, 47)

Literatur

Anderson, Paul et al.: Summary: The Consortium for the Study of Writing in College (CSWC), 2009, http://nsse.iub.edu/webinars/TuesdayswithNSSE/2009_09_22_Using ResultsCSWC/Webinar%20Handout%20from%20WPA%202009.pdf (20.08.2014).

Anson, Chris M.: Assessing writing in cross-curricular programs: Determining the locus of activity. In: Assessing Writing 11 (2006), 100-112.

Arum, Richard/Roksa, Josipa: Academically adrift: Limited learning on college campuses, Chicago 2011.

Astin, Alexander W.: What really matters in general education: Provocative findings from a national study of student outcomes. In: Perspectives, 22/1 (1992), 23-46.

Bazerman, Charles: A Rhetoric of Literate Action, Colorado 2013.

Bean, John C./Carrithers, David/Earenfight, Theresa: Transforming WAC Through a Discourse-Based Approach to University Outcomes Assessment. In: The WAC Journal 16 (2005), 5-21.

Carter, Michael: A process for establishing outcomes-based assessment plans for writing and speaking in the disciplines. In: Journal of Language and Learning Across the Disciplines, 6/1 (2003), 4-29.

Carter, Michael/Ferzli, Miriam/Wiebe, Eric N.: Writing to Learn by Learning to Write in the Disciplines. In: Journal of Business and Technical Communication 21/3 (2007), 278-302.

Dainat, Holger: Mitschrift, Nachschrift, Referat, Ko-Referat. Über studentisches Schreiben im 19. Jahrhundert, erscheint in: IASL 40 (2015).

Fink, Dee L.: Innovative Ways of Assessing Faculty Development. In: New Directions for Teaching and Learning 133 (2013), 47–59.

Foster, David: Making the Transition to University: Student Writers in Germany. In: Writing and Learning in Cross-National Perspective. Transitions from Secondary to Higher Education, hg. von David Foster und David R. Russell, Urbana/Mahwah 2002, 192-241.

Girgensohn, Katrin/Peters, Nora: „At University nothing speaks louder than research". Plädoyer für Schreibzentrumsforschung. In: Zeitschrift Schreiben 2012, http://www.zeit schrift-schreiben.eu/Beitraege/girgensohn_Schreibzentrumsforschung.pdf (27.08.2014).

Girgensohn, Katrin/Sennewald Nadja: Schreiben lehren, Schreiben lernen. Eine Einführung, Darmstadt 2012.

Haacke, Stefanie/Frank, Andrea: Den Shift from Teaching to Learning selbst vollziehen! Gedanken zur Selbstverortung einer neuen Kaste an den Hochschulen. In: Einführung in die Studiengangentwicklung, hg. von Tobina Brinker und Peter Tremp, Bielefeld 2012, 225-237.

Dies.: Typisch deutsch? Vom Schweigen über das Schreiben. In: Wissenschaftliches Schreiben in der Hochschullehre. Reflexionen, Desiderate, Konzepte, hg. von Walter Kissling und Gudrun Perko, Innsbruck 2006, 35-44.

Kretzenbacher, Heinz: Wissenschaftssprache, Heidelberg 1992.

Lahm, Swantje: Lehrend in die Wissenschaft. Die Qualifizierung von Doktorand/innen für schreibintensive Lehre am John S. Knight Institute for Writing in the Disciplines, Cornell University, USA. In: Das Hochschulwesen 1 (2010), 21-27.

Lehnen, Katrin: Disziplinenspezifische Schreibprozesse und ihre Didaktik. In: Hochschulkommunikation in der Diskussion, hg. von Magdalène Lévy-Tödter und Dorothee Meer, Frankfurt a.M. 2009, 281-300.

Light, Richard J.: Making the most of college: Students speak their minds, Cambridge 2001.

Luhmann, Niklas: Universität als Milieu. In: Kleine Schriften, hg. von André Kießerling, Bielefeld 1992.

Molitor-Lübbert, Sylvie: Schreiben und Denken. Kognitive Grundlagen des Schreibens. In: Schreiben. Von intuitiven zu professionellen Schreibstrategien, hg. von Daniel Perrin et al., Opladen 2002, 33-46.

Ruhmann, Gabriela/Kruse Otto: Prozessorientierte Schreibdidaktik: Grundlagen und Arbeitsformen. In: Schreiben. Grundlagentexte zur Theorie, Didaktik und Beratung, hg. von Stephanie Dreyfürst und Nadja Sennewald, Opladen 2014.

Ruhmann, Gabriela: Wissenschaftlich Schreiben lernen an deutschen Hochschulen – Eine kleine Zwischenbilanz nach 20 Jahren. In: Mehrsprachige Lehramtsstudierende schreiben. Schreibwerkstätten an deutschen Hochschulen (=FörMig-Edition, Bd. 10), hg. von Dagmar Knorr und Ursula Neumann, Münster 2014, 34-51.

Russell, David R.: Activity Theory and Its Implications for Writing Instruction. In: Reconceiving Writing, Rethinking Writing Instruction, hg. von Joseph Petraglia, Hillsdale 1995, 51-78.

Ders.: Writing across the Curriculum in Historical Perspective: Toward a Social Interpretation. In: College English 52/1 (1990), 52-73.

Ders.: Writing in the Academic Disciplines: A Curricular History, Carbondale/Edwardsville ²2002.

Ders.: Contradictions regarding teaching and writing (or writing to learn) in the disciplines: What we have learned in the USA. In: Revista de Docencia Universitaria 11/1 (2013), 161-181.

Senge, Peter M.: Die fünfte Disziplin. Kunst und Praxis der lernenden Organisation, 11., völlig überarbeitete und aktualisierte Auflage, Stuttgart 2011.

Warstat, Matthias: Schreiben. In: Lehre als Abenteuer. Anregungen für eine bessere Hochschulausbildung, hg. von Matthias Klatt und Sabine Koller, Frankfurt/New York 2012, 185-189.

Wissenschaftliches Schreiben forschungsorientiert unterrichten

Otto Kruse

Ich möchte in diesem Beitrag darauf eingehen, was es heißt, wissenschaftliches Schreiben forschungsorientiert zu unterrichten und es dabei von anderen Lehrkonzepten zum wissenschaftlichen Schreiben abgrenzen. Gerade anwendungsorientierte Fächer, wie sie sowohl an Universitäten als auch an Fachhochschulen vertreten sind, verwenden über das forschungsorientierte Schreiben hinaus eine breite Palette von beruflichen, reflexiven oder prüfungsbezogenen Textgenres, die von Studierenden wie auch Lehrenden unterschieden werden sollten. Denn reflexive und forschungsbezogene Texte, um ein Beispiel zu geben, haben diametral entgegengesetzte Eigenschaften und verlangen ebenso unterschiedliche gedankliche Leistungen. Für die Studierenden bedeutet das, dass sie lernen müssen, sich differenziert auszudrücken und ein gewisses Maß an diskursiver Mobilität zu entwickeln, die ihnen erlaubt, ihre Texte variabel an die jeweiligen Kontexte anzupassen. Für die Didaktik des Schreibens wiederum ergibt sich hieraus die Verpflichtung, mehrere Arten des Schreibens zu vermitteln. Dies hat aber den Vorteil, dass sich z.B. zwischen reflexivem und wissenschaftsorientiertem Schreiben viele Eigenarten des Schreibens pointierter erklären lassen.

Der Hintergrund meines Anliegens besteht in der gewachsenen Nachfrage an begleitenden Schreibkursen zu Studiengängen auf der Master- und Doktoratsstufe. Auch in den Bachelorstudiengängen besitzt der Forschungsanteil einen höheren Stellenwert als früher. Damit verbunden finden wir einen Wechsel von didaktischen zu forschungsbezogenen Textsorten wenn z.B. statt einer monographischen Master- oder Doktorarbeit ein oder mehrere Forschungsartikel für den Studienabschluss verlangt werden. Generell gilt die Vorgabe, dass wissenschaftliche Abschlussarbeiten auf einer eigenen Forschungsleistung aufgebaut sein und dabei die fachlich-methodischen wie auch die textuellen und sprachlichen Leistungen gleichzeitig erbracht werden müssen. Es geht mir also um die Verknüpfung des Schreibens mit der Forschung und den sich daraus ergebenden didaktischen Anforderungen.

Forschungsbasiertes Schreiben lässt sich anhand seiner Funktion im Studium von anderen Arten des Schreibens abgrenzen. Nesi und Gardener (2012) analysierten eine große Zahl von studentischen Texten (BAWE Corpus) aus mehreren englischen Hochschulen und ordneten sie 90 verschiedenen Genres zu, die sie wiederum in 13 Genre-Familien einteilten. Diesen Genre-Familien sehen sie fünf unterschiedliche soziale Funktionen zugrunde liegen, die jeweils mit unterschiedlichen Aufgaben-Typen im Studium verbunden sind:

1. Demonstration von Wissen und Verstehen (Erklärung, Übungen)
2. Fähigkeit zu informiertem und selbstständigem Argumentieren (Kritiken, Essays)
3. Entwicklung von Forschungskompetenz (Literaturberichte, *narrative re-counts*, Forschungsberichte)
4. Vorbereitung für berufliches Handeln (Fallberichte, *design specifications*, Proposals)
5. Schreiben für sich selbst und andere (Erzählende Darstellungen, *empathy writing*)

In den Klammern sind Beispiele für die entsprechenden Textsorten- oder Genre-Familien aufgeführt. Nur die dritte der genannten Funktionen ist direkt mit eigener Forschung verbunden, wiewohl alle anderen ebenfalls in irgendeiner Weise auf Wissen Bezug nehmen, das der Forschung entstammt. Auch wenn unklar ist, ob wir im deutschen Hochschulbetrieb zu identischen Genre-Familien gelangen würden wie diese englische Studie, können wir davon ausgehen, dass die Vielfalt an Genres ähnlich groß ist (vgl. z.B. Kruse/Meyer/Everke-Buchanan 2015). Die Entwicklung von Forschungskompetenz ist nur eine Funktion des studentischen Schreibens unter mehreren, wenn auch eine – an Universitäten zumindest – sehr dominante. Man kann studentisches Schreiben auch als wissenschaftliches Schreiben im engeren Sinne verstehen und dieses von dem weiter verstandenen ‚universitären' Schreiben abgrenzen, ähnlich etwa wie Russell und Cortes (2012) zwischen *scientific* und *academic writing* unterscheiden, wobei allerdings diese englischen Begriffe nicht ganz deckungsgleich mit dem deutschen Begriffspaar vom ‚wissenschaftlichen' und ‚universitären' Schreiben sind. Viele typische Arbeiten im Studium wie z.B. die Essayformen sind eher *academic* als *scientific*. Die Seminararbeit hingegen kann in beide Kategorien fallen und wird am Studienanfang als *academic*, in den höheren Stufen aber als *scientific* eingestuft.

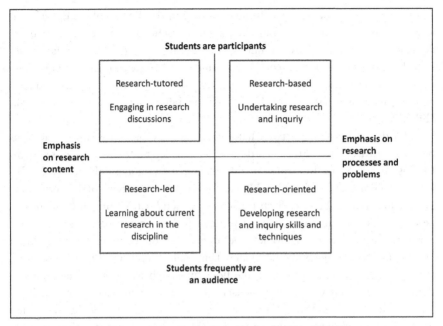

Abb. 1: Arten von Forschungsbezug im Studium (Healey/Jenkins 2009, 7)

Healey und Jenkins (2009, 7) unterscheiden verschiedene Arten der Integration von Forschung in die Lehre (Abb. 1):

- *Research-tutored*: Studierende werden in Forschungsdiskussionen einbezogen,
- *Research-led*: Studierende lernen gegenwärtige Forschung in ihren Fächern kennen,
- *Research-oriented*: Lernen von Forschungsmethoden und
- *Research-based*: Studierende führen eigene Forschung durch.

Nach diesem Schema bezieht sich die vorliegende Arbeit eindeutig auf ein Schreiben, das mit eigener Forschung verbunden ist (*research-based*). Die anderen Formen von Forschungsbezug können sehr wohl ihren Platz im Curriculum haben, sind jedoch (wenn überhaupt) mit anderen Arten des Schreibens verbunden. Es sollte dabei auch bedacht werden, dass Forschung nicht immer Empirie im Sinne quantitativer Untersuchungen bedeutet, sondern dass sie auch in qualitativen Ansätzen, Metaanalysen, systematischen Literaturauswertungen und argumentativen Lösungen von Problemen (wie in der Philosophie oder in den Rechtswissenschaften üblich) bestehen kann. Forschungsorientiertes Lernen ist demnach mit Logik, Normen und Qualitätsanforderungen, die an fachliche Forschungsprozesse gestellt werden, verbunden. Abzugrenzen ist dies von *problem-based learning* oder *equiry-based learning*, die beide als Lernen im Forschungsmodus, nicht aber als eigentliche Forschung betrachtet werden sollten (vgl. Huber 2009).

An deutschen Universitäten hat forschendes Lernen eine lange Tradition (vgl. z.B. Kruse 2006; 2012), wurde aber erst in letzter Zeit – v.a. unter dem Einfluss der Bologna Reformen – didaktisch genauer aufgeschlüsselt (vgl. z.B. Huber, Hellmer und Schneider 2009). Vorher wurde es zwar praktiziert, aber kaum danach betrachtet, wie sich Forschung lernen lässt. Wenn ich forschungsbezogenes Schreiben dennoch nicht primär am Lernen festmache, sondern an der Aktivität des Forschens, so liegt dies daran, dass die Kompetenzentwicklung in studentischen Forschungsaktivitäten kein Selbstzweck ist. Der Zweck forschungsorientierten Schreibens ist die Forschung selbst und der in ihr liegende Beitrag zur Lösung von allerlei menschlichen Problemen. Kompetenzen hingegen sind ein gedankliches Mittel, um besser zu verstehen, welche Wege die besten sind, um Studierende in forschendes Handeln einzubinden. Kompetenzstufenmodelle, wie von Schneider und Wildt (2009) aufgestellt, sind zu abstrakt als dass sie eine Hilfe dabei wären, Studierende mit Forschung vertraut zu machen. Was Studierende lernen müssen, sind sehr viel handfestere Dinge: wie man beispielsweise einen Doppelblindversuch zum Testen eines Medikaments anlegt, ein Computerprogramm zur Simulation von Kniegelenksoperationen entwickelt, Quellen in einer nicht mehr gebräuchlichen Sprache auswertet, Hüftgelenkspathologien mit Hilfe einer Ganganalysematte diagnostiziert oder wie man mehrsprachige Textkorpora in Bezug auf die Verwendung von Tempusformen analysiert. Für alles braucht man entsprechendes Spezialwissen und heute auch die passenden Computerprogramme. Forschung ist konkret und verlangt konkretes Wissen über Methoden, Programme, Statistik und Technik. Die Durchführung von Forschung dient der Spezialisierung von Studierenden auf enge Problembereiche der entsprechenden Wissenschaft und nicht der Vermittlung allgemeiner Kompetenzen.

Was Studierende in erster Linie lernen müssen, wenn sie selbst Forschung durchführen, sind Methoden der Datenerhebung in einem eng umrissenen disziplinären Kontext einschließlich der Begründung und Einbettung in vorhandenes Wissen. Forschungskompetenz zu erwerben, ist gleichbedeutend mit einer Sozialisation in ein komplexes System von Handlungs-, Denk- und Kommunikationsweisen, wofür das Schreiben ein Hilfsmittel ist, auch wenn sich der Sinn von Forschung oft erst im Schreiben erschließt.

Ich werde in diesem Beitrag im ersten Schritt auf die Verbindung von Schreiben und Forschung eingehen. Im zweiten Schritt werde ich die Rolle von Textsorten im Forschungs- und Schreibprozess erläutern. In einem dritten Schritt werde ich auf die Wissenschaftssprache eingehen und darstellen, welchen Unterstützungsbedarf ich dafür in Schreibkursen sehe. Im vierten Schritt gehe ich auf kollaborative Arbeitspraktiken im Forschungs-, Schreib-, und Publikationsprozess ein, und im abschließenden Kapitel werde ich einige Schlussfolgerungen für den Schreibunterricht daraus ziehen.

1 Forschungsorientiertes Schreiben und Wissenschaft

Universitäre Lehre bezieht seit Humboldts Zeiten ihre Legitimität wie auch ihre Autorität daraus, dass sie forschungsbasiert ist. Die Verbindung von Forschung und Lehre war jedoch nie sehr genau definiert. Sie mag sich darauf beziehen, dass die Lehrenden als Forscher qualifiziert sind oder darauf, dass das Wissen, auf das sich die Lehrenden beziehen, auf Forschung beruht, sowie darauf, dass die Studierenden selbst als Forschende qualifiziert werden und lernen, Forschungsmethoden anzuwenden. Heute würde nur die drittgenannte Art als forschungsbasiertes Lernen bezeichnet werden (im Sinne von Healey/Jenkins 2009).

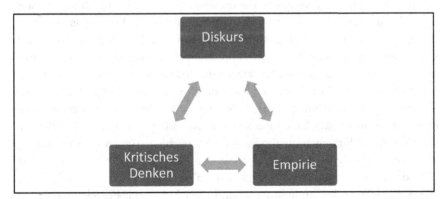

Abb. 2: Prüfung wissenschaftlichen Wissens: Drei Traditionen

Betrachtet man Konzeptionen oder Traditionen von Wissenschaftlichkeit, findet man drei verschiedene Ansätze, die sich in verschiedenen Versionen und Verschränkungen immer wieder finden lassen. Sie lassen sich alle drei als Formen der Prüfung von Wissen verstehen (vgl. Abb. 2). Das kritische Denken ist vermutlich die älteste Form der Wissensprüfung und beruht auf dem Gedanken, dass die Wissenschaften die Struktur von Wissen, seine Voraussetzungen und Begründungen gründlicher durchdenken als dies in anderen Kontexten üblich wäre. Die zweite Form der Wissensprüfung ist der Diskurs, entstanden aus den Formen des dialektischen Denkens, die die Wissensentstehung und -prüfung aus Rede und Gegenrede entstehen sehen. Ursprünglich wurde Wissen in der mündlichen Disputation der Forschenden untereinander entwickelt, während wir heute eher den schriftlichen Diskurs als Bewährung für Wissen ansehen. Die dritte Form ist die Empirie, historisch als letzte Form der Prüfung von Wissen entstanden, die heute aber als Königsweg zu verlässlichem, nutzbarem Wissen verstanden wird.

Für unseren Kontext ist von Bedeutung, dass forschungsbasiertes Lernen auf allen drei Ansätzen beruhen muss. Zwar lassen sich Forschungsmethoden durchaus ohne kritisches Denken oder ohne Blick auf ihre diskursive Verfassung vermitteln, wenn es aber darum geht, über Forschung zu schreiben – zumal über solche, die man selbst durchgeführt hat –, dann muss zu einer passenden Forschungsmethodik auch eine durchdachte theoretische Begründung vorhanden sein, und beides muss in einer Weise kommuniziert werden, die von einer Diskursgemeinschaft nicht nur nachvollzogen, sondern auch akzeptiert werden kann. Diese Verknüpfung der drei Formen von Wissensprüfung kommt dadurch zustande, dass das Schreiben der sinnbildende Prozess in der Forschung ist. Erst durch den Text wird der Sinn von Forschung enthüllt und kommunizierbar. Alle gedanklichen, kommunikativen und empirischen Probleme von Forschung werden im Schreiben nachvollziehbar.

Die Tatsache, dass Schreiben ein Sinnbildungsprozess und nicht nur das Verschriftlichen von Forschungshandlungen ist, macht es zu einem zentralen didaktischen Mittel der Vermittlung von Forschungskompetenz. Im Schreiben stellen sich alle logischen, methodischen und sozialen Aspekte von Forschung als textuelle Probleme und müssen als solche gelöst werden. Sie werden damit auch der Diskussion zugänglich und können besprochen werden. Studierende eigene Forschung durchführen zu lassen ist ein Mittel, um Forschung erlebbar

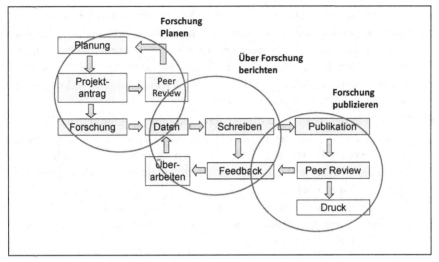

Abb. 3: Forschungsprozess und Schreiben (gelb: vereinfachtes Bild vom Forschungs-/ Schreibprozess)

und diskutierbar zu machen. Allerdings gibt es gute Gründe dafür, von Studierenden nicht zu früh vollständige Forschungsarbeiten zu verlangen, sondern den Umgang mit Theorien, Argumenten und Methoden zunächst separat zu trainieren, etwa in entsprechenden Seminararbeiten.

Richtet man den Unterricht im Schreiben am Forschungsprozess aus, so wird der Schreibprozess stark von diesem bestimmt: Man muss Forschung vorbereiten, planen, Daten erheben, auswerten, zusammenstellen, interpretieren etc. Es ist sinnvoll, das Schreiben bzw. die Aufgaben, die schreibend zu erledigen sind, der Forschungslogik unterzuordnen, nicht andersherum. Abb. 3 zeigt, dass sich drei unterschiedliche Felder isolieren lassen, die jeweils andere Aufgaben beinhalten.

• Forschungsplanung: Für die Darstellung der Forschungsplanung gibt es ein besonderes Genre, das wahlweise ‚Disposition', ‚Exposé' oder ‚Proposal' genannt wird. Es verlangt eine Vorausschau auf den Forschungsprozess, mit der eine verhandelbare Planungsgrundlage gelegt wird. Im (studentischen) Forschungsprozess, der nicht wie in Publikationen von einem Review begleitet ist, muss diese Planungsgrundlage von einem der Lehrenden oder einem Gremium (Doktorarbeit) gebilligt werden.

- Von Forschung berichten: Andere Fähigkeiten sind im zweiten Schritt, der Versprachlichung der Forschungshandlungen selbst, erforderlich. Hier soll berichtet werden, was aus welchen Gründen getan wurde, welche Ergebnisse dies gezeitigt hat und wie die Ergebnisse zu interpretieren sind. Für diesen Arbeitsschritt kommen Genres wie der Forschungsartikel oder -bericht sowie die Abschlussarbeit in Frage.

- Publikation des Textes: Im dritten Schritt kommt die kommunikative, aber auch normative Seite der Forschung besonders zum Tragen. Hier gilt es beispielsweise, die umfangreichen Normen der American Psychological Association (APA) in Bezug auf Manuskriptgestaltung, Zitierkonventionen, Maßzahlen, sprachlichen Ausdruck etc. zu erfüllen, das Layout zu gestalten, die Richtlinien der Herausgeber oder der Zeitschrift zu beachten, der Rechtschreibung Genüge zu leisten und eine konsistente, adressatengerechte Rhetorik einzuhalten.

Auch Abb. 3 zeigt, dass der Anteil des Schreibens am Forschungsprozess größer ist, als oft angenommen wird. Schreiben begleitet den Forschungsprozess von Anfang an; es bereitet ihn vor und schließt ihn ab. Dennoch leistet das Schreiben nur Zuarbeit zur Forschung. Die Logik des Prozesses wird durch die fachlich bestimmten Formen der Datengewinnung und -verarbeitung vorgegeben. Das Schreiben ist dabei der Prozess, der die Logik zum Tragen bringt. Für die Didaktik des Schreibunterrichts in Forschungskontexten ist es wichtig, die unterschiedlichen Aufgaben, die mit der Planung, dem Berichten und dem Publizieren verbunden sind, separat und prozessbegleitend zu unterrichten. Anders als in Ansätzen forschenden Lernens, die primär an persönlicher Motivation, Neugier und dem Erkunden von Themen ausgerichtet sind, ist wissenschaftsorientiertes Schreiben darauf ausgerichtet, einen Beitrag zu einem etablierten Wissensgebiet zu leisten und damit auch die Konventionen und Erwartungen bestimmter Diskursgemeinschaften zu erfüllen. Normative Aspekte der Forschung und der Kommunikation spielen dabei immer eine zentrale Rolle.

2 Wissenschaftliche Genres

Eine Schlüsselrolle für wissenschaftsbasierte Schreibdidaktik nehmen heute Genre- oder Textsortenkompetenz ein. Die beiden Begriffe ‚Genre' und ‚Textsorte' bezeichnen dabei die gleiche Sache, werden aber mit etwas unterschiedlichem theoretischen Unterfutter einmal im internationalen und zum anderen im deutschsprachigen Zusammenhängen verwendet. Die Vermittlung von Genrekompetenz in Forschungskontexten wird heute wesentlich durch die Fächer EAP/ESP (English for Academic/Specific Purposes) geprägt. Beide gehen auf die Arbeiten von Swales (1990; 2004; Swales/Feak 2011) zurück, der den Genre-Begriff für die Analyse wissenschaftlicher Texte zugänglich gemacht und damit Textsorten wie den Forschungsartikel genauer beschrieben hat. Genrewissen gilt seitdem als eine wichtige Grundlage nicht nur des Schreibens in Englisch (als Zweitsprache), sondern auch in diversen Muttersprachen.

Genres in den Wissenschaften sind relativ hoch normiert, werden aber in jedem Wissenschaftsjournal erneut und immer etwas anders definiert. Bestimmte Textmuster, von Swales (1990) ursprünglich als Forschungsergebnisse beschrieben, wurden durch seine eigenen späteren Arbeiten und die vieler anderer zu normativen Vorgaben für wissenschaftliches Publizieren. Er machte das IMRaD-Schema (Introduction, Methods, Results and Discussion) populär und stellte das CARS-Modell („Create A Research Space") auf, in dem „moves and steps" der Einleitung beschrieben werden (Swales 1990, 2004). Beide Schemata sind heute in vielen Unterrichtsmaterialien, v.a. im Zweitsprachbereich zu finden.

Obwohl wissenschaftliche Genres stark konventionalisiert sind, sollte die Vermittlung von Genrewissen mehr als nur eine Ausstattung mit normativem Wissen sein. Genres lassen sich sowohl über ihre Funktion in sozialen Zusammenhängen, ihren Aufbau und ihre sprachliche Beschaffenheit bestimmen als auch über die hinter ihnen stehenden Diskursgemeinschaften samt ihren Denk-, Urteils-, Kommunikations- und Arbeitspraktiken. Hyon (1996) beschrieb drei verschiedene theoretische Ansätze, die in der Genretheorie vertreten werden: den US-basierten New-Rhetoric-Ansatz (Miller 1984), der Genres als typifiziertes rhetorisches Handeln versteht, den auf Swales (1990) zurückgehenden ESP-Ansatz (*English for Specific Purposes*) und den australischen Ansatz (vgl. Martin 1984), der stark von der Systemisch-Funktionalen Linguistik (vgl. Halliday 1978; 2004) beeinflusst ist. Trotz einiger Unterschiede sehen alle drei Ansätze Genres als eine wesentliche Säule von Schreibkulturen und Literacy an (für eine ausführliche Diskussion siehe Chitez/Keller/Kruse 2011; Chitez/Kruse 2012). Im Kontext einer forschungsbezogenen Vermittlung von Schreibkompetenz ist es essentiell, einen Zugang zum Verständnis von Genres zu schaffen und die wichtigsten wissenschaftlichen Genres vorzustellen.

Wichtig für die Vermittlung von Genrekenntnissen ist also nicht allein die formale Struktur oder der Aufbau von Textsorten, wie sich etwa der Forschungsartikel über das IMRaD-Schema beschreiben lässt. Charakterisierungen dieser Art sind zwar notwendig, helfen aber nicht, die hinter dem Schema stehende Logik des Forschungsprozesses zu verstehen oder die einzelnen Bestandteile des IMRaD--Schemas in Abhängigkeit von disziplinären Besonderheiten in der Forschung realisieren zu können. Tiefenwissen über Genres ergibt sich aus dem Verständnis ihrer Verwendung in definierten Fachgemeinschaften und den Funktionen, die ein Genre in ihren Transaktionen einnimmt. In forschungsorientierten Schreibkursen können bzw. sollten folgende Genres vermittelt werden:

- Forschungsartikel: Er ist das bestuntersuchte und am höchsten konventionalisierte Genre; deshalb schreibt Swales (1990) ihm auch eine zentrale Stellung in den Genresystemen der Wissenschaften zu. Zu unterscheiden wäre der Forschungsartikel vom längeren Forschungsbericht, wiewohl der Unterschied eher quantitativ als qualitativ ist. Forschungsberichte umfassen meist mehrere zusammenhängende empirische Untersuchungen samt ihren Begründungen, während der Forschungsartikel sich auf eine Datenerhebung beschränkt.

- Abschlussarbeiten (auf unterschiedlichen Stufen): Abschlussarbeiten sind im Vergleich zum Forschungsartikel insofern funktional anders positioniert, als sie primär der Qualifikation dienen und die durchgeführte Forschung diesem Aspekt untergeordnet ist. Dennoch werden hier analoge Anforderungen wie an originäre Forschung gestellt. Abschlussarbeiten bieten i.d.R. Gelegenheit, vieles im Detail zu explizieren (Theorien, Definitionen, Methoden, Kontexte), was im Forschungsartikel nur angedeutet oder knapp abgehandelt wird.

- Abstract: Trotz ihrer Kürze sind Abstracts ein schwierig zu verfassendes Genre, das mit einer stark verdichteten und formelhaften Sprache aufwartet (vgl. Swales/Feak 2009).

- Exposé und Proposal: Diese Genres dienen der Planung von Forschung und der Beantragung von Mitteln für Forschung. Insofern ist das Exposé oder Proposal ein Schlüsselgenre für die Wissenschaften, das nicht früh genug vermittelt werden kann. Gleichzeitig ist es ein stark variierendes Genre, dessen Anforderungen immer aufs Neue definiert werden (müssen) – entspre-

chend den Entscheidungen, die mit seiner Hilfe getroffen werden und den
Vorlagen, die von Geldgebern dafür bereitgestellt werden.

* Literaturbericht (*literature report*): Sekundäre Auswertungen von Forschung
  sind ein wichtiger Teil der Wissenschaften, für deren Durchführung es viele
  Regeln gibt. Das entsprechende Genre ist der Literaturbericht, der sich als
  systematische (d.h. mit klarem Fokus im Blick auf Evaluationskriterien und
  Literaturauswahl versehene) Analyse von wissenschaftlicher Literatur beschreiben lässt (vgl. Feak/Swales 2009).

Die Vermittlung von Genrekompetenz ist nicht ganz einfach, und es gibt eine
lange Debatte, ob man sie direkt vermitteln, d.h. ihre strukturellen, sprachlichen
Merkmale aufzeigen oder ob man sich auf die Vermittlung von *genre awareness*
beschränken soll (vgl. z.B. Devitt 2004; Johns 2008; Kruse 2011; 2012b). Hilft
man Studierenden dabei, die Struktur des Forschungsartikels zum ersten Mal zu
bewältigen, kann man auf die Hilfen aus Ratgebern zurückgreifen, die vorschlagen, welche Inhalte z.B. in welches Unterkapitel des IMRaD-Schemas gehören. Wo klare Konventionen existieren, sollte man sie den Lernenden nicht
verschweigen. Man tut aber gut daran, sie an einen flexiblen Umgang mit Gen-
remerkmalen zu gewöhnen, der auch, wenn nötig, das Durchbrechen von Konventionen einschließt. Genres sind dynamische Formen der Sprachverwendung,
die einer Art evolutionärem Wandel und insofern ständiger Neubestimmung
und -interpretation unterliegen.

3   Wissenschaftssprache

Ein großes und didaktisch wenig erschlossenes Gebiet ist die sprachliche Unterstützung von Schreibenden. Wenig ‚beackert' ist dieses Feld u.a. deshalb, weil
die dominierende prozessorientierte Schreibforschung in der Tradition von Hayes
und Flower (1980) der Sprache nur eine untergeordnete Rolle als Transport-
mittel für Ideen einräumt, während sie die Ideenproduktion als rein kognitive
(und damit vorsprachliche) Angelegenheit ansieht. Dem ist entgegenzuhalten,
dass Sprache natürlich konstitutiv für die Produktion von Ideen (und damit
auch des Denkens, vgl. z.B. Dörner 2006) ist und dass ohne Sprache keine Sinn-
bildung möglich ist. Sprachen sind mit den Begriffen (Lexik), den Ausdrücken
(Idiomatik), den Regeln der Satz- und Textkonstruktionen (Grammatik) und
den Handlungsmitteln (Pragmatik, Rhetorik), die sie zur Verfügung stellen, an

der Textproduktion beteiligt. Durch die Korpuslinguistik gibt es heute verläss-
liche Informationen darüber, wie Wissenschaftssprache funktioniert (vgl. Hyland 2000; Steinhoff 2007), so dass sich die sprachlichen Mittel des wissenschaftlichen Schreibens weitaus spezifischer erschließen lassen als in traditionellen Ansätzen der Linguistik.

Die meisten sprachlichen Mittel, die für die wissenschaftliche Textproduktion charakteristisch sind, sind bei den Schreibenden automatisiert verfügbar. Grammatische Entscheidungen über Tempus, Genus, Casus, Modus,
Konnektoren etc. werden als Subroutinen der Textkonstruktion weitgehend
unbewusst getroffen (obwohl sie gelernt sind). Auch komplexere Textroutinen
und literale Prozeduren wie Satzgefüge, argumentative Muster, Gliederungen
durch Überschriften oder *sentence templates* im schulischen oder wissenschaftlichen Schreiben sind wiederkehrende Elemente, die automatisiert eingesetzt
(vgl. Feilke 2010; 2012) bzw. im Schreiben erworben und durch Gebrauch rou-
tiniert werden. Schreiben ist nicht nur ein Prozess der Anwendung von Sprachwissen, sondern auch einer seines Erwerbs. Jeder Text, den Studierende schreiben, erschließt ihnen auch neue Formen des Ausdrucks und Wortgebrauchs.
Das ist im wissenschaftlichen Schreiben besonders wichtig, da hier komplexe
und mit dem fachlichen Wissen verzahnte Textroutinen erworben werden müssen, die bei den heutigen Studierenden oft auf ungenügend gefestigte allgemeine
Sprachkompetenzen aufgesetzt werden.

Hilfen beim Bewältigen der sprachlichen Mittel des forschungsbezogenen
Schreibens sind bei den Lernenden sehr willkommen, wenn sie fokussiert und
mit klarem Wissenschaftsbezug vermittelt werden. Wer dagegen versucht, ele-
mentares Grammatikwissen im Schreibkurs anzubringen, wird damit auf taube
Ohren stoßen. Sprachwissen wird akzeptiert, wenn es hilft, Unsicherheiten beim
Formulieren zu reduzieren, nicht aber, wenn es zu sehr ins Detail geht. Die
wichtigsten sprachlichen Elemente, die derzeit sinnvoll in einem Schreibkurs
Eingang finden sollten, sind folgende:

- Verben des Zitierens und Verweisens (*reporting verbs*): Sie helfen dabei, fremde Literatur zu zitieren und Mehrstimmigkeit in Literaturberichten herzustellen (vgl. Hyland 2000).
- Einleitungsrhetorik: Das CARS-Schema von Swales (1990) hilft dabei, die
  eigene Forschung in einem Forschungsfeld zu positionieren (vgl. auch Swales und Feak 2012).

- Integrale und nichtintegrale Zitationen (vgl. Swales 1990; Hyland 2000): Sie sind zwar – linguistisch gesehen – nur ein kleiner Aspekt des Schreibens, haben aber für das Zitieren fundamentale Bedeutung, so dass sie Gegenstand jedes forschungsbezogenen Schreibkurses sein sollten.

- Direkte und indirekte Selbstreferenz: Die Verwendung der Personalpronomina ‚ich' und ‚wir' ist ein immergrünes Thema in jedem Schreibkurs, so dass eine Unterrichtseinheit die Unterschiede von direkter und indirekter Selbstreferenz beinhalten sollte (vgl. Steinhoff 2007; Kruse 2012b).

- Heckenausdrücke *(hedging)*: Hedges sind universelle Mittel um den Wahrheitsgehalt von Aussagen zu präzisieren. Salager-Meyer (1997), Hyland, (1998) und Kruse (2012b) geben Auskunft darüber, wie dies geschehen kann.

- Mittel des Äußerns von Kritik: Kritik ist relativ streng reglementiert (wenn auch nicht oft explizitert), und es ist eine große Hilfe, wenn Novizen des wissenschaftlichen Schreibens erfahren, wie man Kritik konstruktiv äußern kann,. Hilfen geben Steinhoff (2007), Salager-Meyer und Lewin (2010) sowie Swales und Feak (2012).

- Genderneutrale Ausdrucksformen: Das im Deutschen wie in vielen Sprachen vorhandene grammatische Geschlecht stellt die Schreibenden vor große Herausforderungen, wenn es darum geht, geschlechtsneutrale Bezeichnungen zu verwenden. Zwar haben alle Hochschulen Vorschriften für geschlechtsneutrale Ausdrücke, jedoch werden sie selten vermittelt, so dass ein Schreibkurs gut daran tut, ein wenig Zeit dafür aufzubringen (vgl. z.B. Demarmels/Schaffner 2011).

- Metadiskursive Steuerung, Selbsteinbringung und Leseradressierung: Hierunter fallen verschiedene sprachliche Mittel, die nicht zur linearen thematischen Darstellung gehören, sondern Aussagen über die thematischen Aussagen darstellen. Mit ihrer Hilfe können die Aufmerksamkeit der Leserinnen und Leser gesteuert und persönliche Ansichten der Autorin oder des Autoren geäußert werden (vgl. Hyland/Tse 2004).

- Datenkommentare: Darstellung und Interpretation von Daten verlangen eine eigene Sprache, deren Gebrauch für Novizen der Forschung eine Herausforderung darstellt. Swales und Feak (2012) geben einen Überblick über die wichtigsten Darstellungsmöglichkeiten.

Bringt man wissenschaftssprachliche Aspekte in den Schreibkurs mit muttersprachlichen Studierenden ein, muss man nicht viel Grammatikwissen vermitteln. Die sprachlichen Mittel, die beispielsweise zur Konstruktion von Hecken-
ausdrücken oder zur Äusserung von Kritik verwendet werden, sind allen muttersprachlichen Studierenden auf der Bachelor- oder Masterstufe geläufig. Was
für sie aber neu ist, ist die funktionale Beschreibung des Hedging-Phänomens
und die Reflexion dessen, warum Hedging in den Wissenschaften so oft eingesetzt wird: weil es erlaubt, den Grad an Sicherheit, den wir einer Aussage beige-
ben wollen, zu dosieren. Reflektiert man die sprachlichen Mittel, die zum Äußern von Kritik verwendet werden, verbringt man mehr Zeit mit der Diskussion darüber, was Diskursgemeinschaften sind und wie Kooperation in ihnen
stattfindet als mit den sprachlichen Mitteln selbst. Ähnlich ist es mit den anderen erwähnten Punkten: Sie alle erfordern nur kurze Aufmerksamkeit für die
sprachlichen Mittel und eine längere Diskussion über ihren Einsatz in den Wissenschaften sowie eine Reflexion, wie sie mit dem wissenschaftlichen Denken
bzw. Kommunizieren zusammenhängen.

Wissenschaftssprachliche Aspekte kann man in Schreibkursen auf unterschiedliche Weise einbringen. In manchen Fällen genügt es, eine Folie zu zeigen, um auf ein bestimmtes sprachliches Phänomen (z.B. Formen der Selbstreferenz) hinzuweisen und eine Diskussion darüber zu führen. Hat man mehr
Zeit, ist man gut beraten, wenigstens eine kleine aktive Übung anzubieten und
den Teilnehmenden z.B. einen Text zu geben, in dem verschiedene Formen von
direkter und indirekter Selbstreferenz vorkommen, die sie suchen und unter-
streichen sollen. In Kleingruppen können die Teilnehmer dann versuchen, die
sprachlichen Mittel zu systematisieren und im Plenum vorzustellen. Ebenfalls
nützlich sind kurze Umschreibübungen, in denen die Teilnehmenden einen in
direkter Selbstreferenz geschriebenen Text in indirekte Selbstreferenz umwan-
deln oder in denen sie in einem Text ohne Heckenausdrücke passende Hedges
einfügen. Möglich ist auch, die Teilnehmenden ihre Texte gegenseitig untersuchen zu lassen in Bezug auf den Gebrauch von Selbstreferenz, Heckenaus-
drücken, Verben des Berichtens, metadiskursiven Äusserungen etc. Hier lässt
sich dann eine automatische Verbindung mit Feedback herstellen.

4 Feedback und kollaborative Arbeitsformen

Wissenschaftliches Wissen wird arbeitsteilig in Fachgemeinschaften gewonnen, deren Mitglieder an unterschiedlichen Orten arbeiten. Der Austausch zwischen ihnen geschieht vorwiegend über Publikationen, in denen die Akteure sich aufeinander beziehen und aushandeln, was als gültiges Wissen angesehen werden soll (vgl. Hyland 2000). Sowohl Kooperation als auch Konflikt sind Grundbestandteile dieser Diskurse: Kooperation, da alles neue Wissen auf dem aufbaut, was andere publiziert haben; Konflikt, da neues Wissen in aller Regel einen Teil des bereits vorhandenen Wissens entwertet. Eine forschungsorientierte Vermittlung von Schreibkompetenz muss auf diese sozialen bzw. diskursiven Strukturen eingehen, da verschiedene Aspekte des Schreibens (wie die Wahl einer passenden Autorenrolle, die Rhetorik des Schreibens, die Genres und Publikationsformate) nur durch sie erklärt werden können.

Die Einführung eines Mindestmaßes an Kommunikation zwischen den Schreibenden ist in Schreibkursen besonders wichtig, da auf diese Weise diskursive Formen des Umgangs miteinander auch mündlich trainiert werden können. Das zentrale didaktische Mittel dafür ist Feedback, das in verschiedener Weise eingesetzt werden kann und dabei sehr unterschiedliche Funktionen im Schreibkurs wie auch in der Forschung einnehmen kann. Der primäre Zweck des Feedbacks liegt darin, kollaborative Arbeitsbeziehungen aufzubauen, in denen die Schreibenden einander wirkungsvoll und dennoch effektiv unterstützen. ‚Kollaborativ' im Sinne Bruffees (1999) besitzt also nicht die gleiche Bedeutung wie ‚kooperativ' (gemeinsames Verfassen von Arbeiten), sondern bezeichnet eine arbeitsteilige Art des lernenden Entwickelns von Wissen.

Abb. 4 zeigt, dass sich Feedback-Arten anhand von zwei Dimensionen beschreiben lassen: Eine Dimension ist die Unterscheidung von Unterstützung von sprachlichen/textuellen Anforderungen gegenüber der Unterstützung von fachlichen Anforderungen. Die zweite Dimension variiert auf der Ebene von individuellen vs. kollektiven Arbeitsformen, die durch das Feedback unterstützt

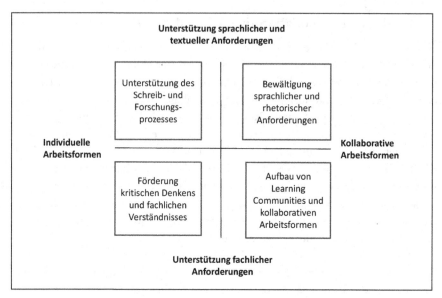

Abb. 4: Funktionen von Feedback

werden sollen. In Abhängigkeit von diesen zwei Dimensionen lassen sich vier verschiedene Funktionen (bzw. Arten) von Feedback unterscheiden:

- Unterstützung des Schreib- und Forschungsprozesses: Feedback kann primär auf den nächsten Schritt im Schreib- bzw. Forschungsprozess ausgerichtet sein. Standortbestimmung und laufende Planung sind davon abhängig, dass Kommunikation über das bereits Geschriebene oder Gedachte existiert und die Schreibenden sich ermutigt fühlen, zum nächsten Schritt überzugehen (oder früher Geschriebenes zu überarbeiten).

- Förderung des kritischen Denkens und fachlichen Verständnisses: Schreiben im Forschungszusammenhang erfordert viel individuelle Denkarbeit. Feedback kann direkt darauf gerichtet sein, Sicherheit in diese Denkprozesse zu bringen. Naturgemäß ist dies nicht ein Feedback, das von Seiten der Schreibdidaktik geleistet wird, sondern Feedback von anderen Fachleuten, seien sie Mitstudierende oder Anleitende.

- Bewältigung sprachlicher und rhetorischer Anforderungen: Sich passend auszudrücken und die Adressaten in einer angemessen Sprache anzusprechen, ist eine Aufgabe, die durch Feedback sehr wirkungsvoll unterstützt werden kann. Hier ist v.a. die gegenseitige Unterstützung der Lernenden oder Schreibenden gefragt, weil diese Art von Feedback sehr zeitintensiv ist. Zudem ist sie wichtig, weil sie die Textbeurteilungskompetenz und Sprachreflexion fördert, die dann wieder dem Schreiben selbst zugutekommen.

• Aufbau von *learning communities*: Schließlich hat Feedback auch den Zweck, die Schreibenden untereinander zu vernetzen und ihnen ein Gefühl dafür zu vermitteln, dass Zusammenarbeit kein Zeitverlust, sondern ein Gewinn ist. Der Austausch zwischen den Teilnehmenden ist in den meisten Schreibkursen diejenige Aktivität, die den größten Gewinn und nachhaltigsten Lernzuwachs für die Schreibenden erbringt.

Feedback folgt Regeln, die sich relativ leicht vermitteln lassen: Positives voranstellen, einen Auftrag an die Feedback-Geber formulieren, eine subjektive Formulierung verwenden etc. Das Wesen des Feedbacks ist jedoch nicht in diesen Regeln enthalten. Der Kern des Feedbacks im Schreibprozess liegt in der Kooperation bei Sinnbildungsprozessen, die so komplex sind, dass wir (d.h. die Schreibenden) sie allein nicht optimal bewältigen können. Der Gewinn von Feedback liegt in Aspekten wie der Reduzierung von Unsicherheit, dem Aufbrechen von festgefahrenen Positionen, der Vermittlung unterschiedlicher Sichtweisen, dem Austausch von Erfahrungen mit bestimmten Methoden oder Prozessen, dem Unterscheiden von offiziellen und inoffiziellen Normen, der Kommunikation über vermeidbare Fehler und natürlich dem Austausch über das, was man im Text expliziert und was man besser verschweigt.

Begleitet man den Forschungs- und Schreibprozess einer Gruppe, so kann man nicht früh genug mit Feedback beginnen. Schon die Themenwahl, die ersten Gedankenskizzen und natürlich das Exposé sollten in Kleingruppen besprochen werden. Variieren sollte man die Form und mediale Unterstützung des Feedbacks. Je offener die Themen sind, desto besser sind mündliche Besprechungen, je mehr Texte ihrer Vollendung entgegengehen, desto besser ist elektronisches Feedback. In meiner Erfahrung ist es wichtig, alle Arten des Feedbacks gut vorzubereiten und dem Feedback ein hohes Gewicht in der Didaktik zu verleihen, auch wenn die Instruktionen selbst nicht sehr komplex sind. Die meisten Teilnehmenden haben negative Erfahrungen mit Feedback gemacht und brauchen Instruktionen, wie es zu handhaben ist, damit sie es als gewinnbringend erleben.

5 Unterrichtssituationen

Wissenschaftliches Schreiben forschungsorientiert zu unterrichten, kann in verschiedenen Settings stattfinden. Ich gehe im Folgenden nur auf solche Modelle ein, in denen typischerweise spezialisierte Schreibdidaktikerinnen oder Schreibdidaktiker involviert sind. Hier sind einige der wichtigsten Unterrichtsgefäße:

Modell ‚Schreibkurs' (z.B. Forschungsartikel schreiben): Offene Schreibkurse für fortgeschrittene Studierende ab Master-Niveau oder für wissenschaftlichen Nachwuchs sind ein beliebtes Format für zusätzliche Angebote im Studium oder in der Weiterbildung bzw. Personalentwicklung. Offene Schreibkurse haben v.a. damit umzugehen, dass Teilnehmende mit sehr unterschiedlichen Anliegen und Vorkenntnissen kommen. Niveau und Schwerpunkte optimal auszurichten, ist daher relativ schwer. Eine gute Herangehensweise für einen zweitägigen Kurs wäre ein Auftakt mit Fragen an das Schreiben in Forschungskontexten sowie eine kurze Übung zum Schreibprozess. Daraufhin kann eine Einheit zu den wichtigsten wissenschaftlichen Genres, etwa dem Forschungsartikel und wahlweise dem Literaturbericht, dem Proposal oder dem Konferenzabstract folgen. Genres zu vermitteln hat vorwiegend den Sinn, den Teilnehmenden eine Ausdrucksform anzubieten, um über Texte sprechen und die getätigten Aussagen mit Sekundärliteratur belegen zu können. Eine dritte Einheit könnte sich dem Zusammenfassen und Zitieren widmen, wie etwa Kruse und Ruhmann (1999) vorschlagen, verbunden jedoch mit Publikationsnormen, wie sie z.B. die APA vorgibt. Eine letzte Einheit sollte dem Feedback dienen, damit die Teilnehmenden mit kollaborativen Arbeitsformen vertraut werden.

Modell ‚Schreibintensives Seminar' (Seminar plus Schreibkurs): Im Studium sind schreibintensive Seminare eine gute Wahl, um Schreiben mit Forschen zu verbinden. In einem solchen Seminar kommt es darauf an, dass eine klare Forschungsaufgabe gestellt wird, die in der gegebenen Zeit bewältigbar ist. Komfortabel sind zweisemestrige Kurse, in denen genügend Zeit für eine thematische Einführung, die Vermittlung von Methodenkompetenz und die Einübung von grundlegenden Verschriftlichungsformen vorhanden ist. An schreibspezifischen Aspekten kann, je nach Niveau der Teilnehmenden, thematisiert werden: Zusammenfassen, Zitierkonventionen, Gliederungsmöglichkeiten, Literaturverzeichnis, Fragestellung formulieren, Exposé verfassen, Methoden beschreiben, Hypothesen aufstellen, Daten darstellen und interpretieren. Die drei unterschiedlichen Aufgabenfelder des wissenschaftlichen Schreibens (Planen,

Berichten, Publizieren) sind zu berücksichtigen. Außerdem sollten stabile Feedbackgruppen installiert werden, um die Auseinandersetzungsintensität zu steigern. Gruppenarbeiten sind vermutlich effektiver als Einzelarbeiten. Tandemveranstaltungen oder Tutorenmodelle können hilfreich sein, um den fachlichen und den schreibdidaktischen Anteil optimal zu gestalten.

Modell ‚Auftaktveranstaltungen für B.A.- oder M.A.-Studiengänge' (forschungsbezogenes Schreiben in Gang setzen): In den B.A.-Studiengängen müssen oft Bachelorarbeiten von mehreren Hundert Studierenden parallel angeleitet werden. Hierfür eignen sich Anleitungsmodelle, in denen in einer Auftaktwoche Kurzveranstaltungen über Forschungsmethoden, Forschungsgebiete, Themenfindung, Projektplanung und Kooperationsmöglichkeiten für einen ganzen Jahrgang von Studierenden angeboten werden. Von der Seite der Schreibdidaktik her können Kurse zur Erstellung von Exposés, zur Themenfindung und –eingrenzung, zur Formulierung von Fragestellungen und zur Literaturrecherche angeboten werden. Vorschläge für Themen können auch von den Studiengangleitungen, Dozierenden oder Partnerinstitutionen aus der Praxis eingebracht werden. Ziel einer Auftaktwoche ist es, den Themenfindungsprozess zu steuern und auf ökonomische Weise den Studierenden bei der Planung ihrer Arbeit zu helfen. Der schreibdidaktische Teil einer solchen Auftaktwoche liegt v.a. darin, die Logik des Exposés und die sich dahinter verbergenden Planungsschritte für eine längere Arbeit zu vermitteln. ‚Forschungskreislauf', Zeitplanung und die Wahl von Forschungsmethoden sind Kernpunkte dafür. Die Abstimmung mit den fach- und studiengangspezifischen Zielsetzungen, Anforderungen, Textformen und Qualitätserwartungen nimmt dabei naturgemäß einen großen Raum ein. Schreibdidaktik wird hier weitgehend in den Dienst der Politik eines Studiengangs gestellt, hat aber auch die Aufgabe, mit den Verantwortlichen die relevanten schreibdidaktischen Dimensionen solcher Veranstaltungen zu eruieren und darauf zu achten, dass neben den normativen Vorgaben die kreativitätsbezogenen und sozialen Aktivitäten nicht zu kurz kommen.

Schreibmodul in B.A.- oder M.A.-Studiengang (Verbindung aus Input und Begleitung): Eine andere Aufgabe stellt sich in Schreibkursen, die begleitend zum Schreibprozess angeboten werden, etwa begleitend zur Bachelor- oder Masterarbeit. Solche Kurse bieten die Möglichkeit, vertieft auf Themen einzugehen, die während des Schreibprozesses auftreten, sind aber auch immer damit konfrontiert, dass die Schreibenden sich nur ungern mit Themen befassen, die sie nicht für die unmittelbar anstehenden Aufgaben brauchen. Wichtig ist in solchen Kursen, dass man zunächst eine gemeinsame Basis über Themen wie Schreibprozess, Planung, Genrewissen, Feedback, Wissenschaftssprache, Gliederungsformen, Textzusammenfassungen und Zitierkonventionen herstellt. In vielen Bachelorstudiengängen sind Textkompetenzen und Reflexionsniveau eher gering, so dass man mit den Grundlagen beginnen kann. In einem zweiten Schritt sollte man dann v.a. Textbesprechungen anbieten. Ich sage hier bewusst nicht Feedback, weil ich die Erfahrung gemacht habe, dass auch ein kurzer Text sehr viel Diskussion über Methoden, Textformen, Inhalte, Ziele, Ethik und andere fachwissenschaftliche Aspekte in Gang setzt, die zu führen die Teilnehmenden sonst kaum Gelegenheit haben und die man nicht unterdrücken sollte. Schreiben geschieht meist in Vereinzelung, und in Textbesprechungen kann ein fachlicher Austausch in Gang gesetzt werden, der dem Ausgleich von Wissensgefällen dienen kann. Günstig für Schreibmodule in Studiengängen ist eine Zweiteilung in ein Auftakt- und ein Begleitmodul, so dass man flexibel zunächst auf die Grundlagen wissenschaftlicher Textproduktion, dann auf die Aufgaben bei der Verschriftlichung und die Publikation der laufenden Arbeiten eingehen kann.

Modell ‚Doktorandenworkshop' (fachübergreifend): Nicht ganz leicht zu gestalten sind offene Doktorandenworkshops, da das Niveau der Teilnehmenden oft so sehr schwankt, dass Leerlauf und Langeweile auftreten, wenn man elementare Dinge anspricht, die in einzelnen Fächern zum kleinen Einmaleins gehören, in anderen aber nie wirklich unterrichtet wurden (z.B. Zitierkonventionen, die in den geisteswissenschaftlichen Fächern beherrscht werden, in den ingenieurwissenschaftlichen Fächern aber oft nur oberflächlich vermittelt wurden). Auch die soziale Situation von Doktoranden ist sehr unterschiedlich, und Teilnehmende, die nebenberuflich promovieren haben andere Bedürfnisse als solche, die in einen Postgraduiertenstudiengang integriert sind oder als Assistierende in einem Institut angestellt sind. Es ist also sinnvoll, Doktorandenworkshops nach Niveau oder Situation auszuschreiben, so dass man homogene Gruppen hat. Gute Bedarfserhebung zu Beginn des Workshops und ein flexibles Angebot als Reaktion darauf sind wichtig. Vertieftes Genrewissen, Wissenschaftssprache und Feedback sind die Themen, die am meisten interessieren. Bei empirisch arbeitenden Gruppen sollte die Verzahnung von Text und Forschung entlang des Forschungsberichts im Vordergrund stehen. Ein Blick auf die soziale Situation, fachliche Vernetzung und das Verhältnis zu den anleitenden Professorinnen oder Professoren ist immer geboten.

Modell ‚Sozialisation in Diskursgemeinschaften' (Unterricht für wissenschaftlichen Nachwuchs und *early-career-researchers*): Ich werde gelegentlich von Instituten oder Einrichtungen für Workshops angefragt, in denen die Mitarbeiter generell zu wenig oder zu wenig international publizieren. Der Auftrag ist dann, Voraussetzungen für die Steigerung des Outputs an Publikationen in ‚gerateten' wissenschaftlichen Zeitschriften zu schaffen. Der Schwerpunkt der Arbeit in solchen Angeboten verschiebt sich vom Planen und Berichten zum Publizieren. Generell stellt sich bei solchen Veranstaltungen die Frage, wie sich denn üblicherweise Publikationskompetenz in wissenschaftlichen Gruppen entwickelt. In den Vordergrund geraten dann Fragen der Forschungsplanung, Kooperation, Anleitung und Mentoring. Publikationsplanung ist etwas, das in den wenigsten Instituten gezielt betrieben wird, und der wissenschaftliche Nachwuchs bleibt beim Publizieren oft sich selbst überlassen. Nicht vergessen sollte man die Frage des Publizierens auf Englisch, da dort oft Schwierigkeiten und mithin großer Anleitungs- oder Unterrichtsbedarf bestehen.

6 Schlussfolgerungen

Die Vermittlung von Schreibkompetenz im Studium kann sich auf unterschiedliche Arten des Schreibens beziehen und dabei verschiedene Aspekte des Prozesses und verschiedene Genres in den Vordergrund stellen. Es gibt Argumente, das Schreiben im Studium am Reflektieren aufzuhängen, wie Bräuer (2000) vorschlägt, oder die Seminar- bzw. Hausarbeit als Anker zu nutzen (vgl. Frank/Haacke/Lahm 2007; Kruse 2007), da sie es erlaubt, flexibel auf verschiedene Aspekte des Schreibens einzugehen.

In diesem Beitrag wurde das Schreiben im Kontext von Forschungsarbeiten in den Vordergrund gestellt. Was dabei besonders ist, ist die Anbindung des Schreibens an wissenschaftliche Forschung und an Textsorten, die keine primär didaktische Funktion haben. Es geht um eine Art des Schreibens, welche in professionellen Kontexten gepflegt wird und den Studierenden zugänglich gemacht werden soll. Der Anteil an normativem Wissen über Ausdruck, Sprachgebrauch, Genres, Textstrukturen etc. ist hier naturgemäß besonders hoch und muss seinen Platz im Schreibkurs finden.

Die Schreibdidaktik hat in diesem Kontext nicht nur Textkompetenz zu vermitteln, sondern muss darüber hinaus (a) das Schreiben als Sinnbildungsprozess der Wissenschaften vermitteln und (b) dafür sorgen, dass kollaborative

Strukturen hergestellt werden, ohne die wissenschaftliches Arbeiten sinnlos ist. Natürlich gibt es Kontexte, in denen die Fachwissenschaftlerinnen und Fachwissenschaftler diese Aufgaben selbst übernehmen, jedoch kann man davon nicht ausgehen. Darüber hinaus hat sich Schreibdidaktik nicht nur darum zu sorgen, dass gute Arbeiten ohne allzu großen Reibungsverlust geschrieben werden, sondern auch darum, dass der Lernertrag gesichert und so ein Transfer von Schreibkompetenz über die Lernsituation hinaus möglich wird. Dafür sind kollektive Reflexionen über Texte, Sprache, Verfahrensweisen, Methoden und Sinn der Forschung besonders geeignet.

Schreiben in Forschungskontexten wird i.d.R. nicht allein von Schreibdidaktikerinnen und Schreibdidaktikern unterrichtet, sondern im Verbund mit fachbezogenen Wissenschaftlerinnen und Wissenschaftlern, die den Takt angeben, was die Inhalte und Forschungsmethoden anbetrifft. Die Vermittlung von Schreibkompetenz hat sich dabei in den Dienst der Forschung zu stellen, kann aber auch kontrapunktisch Aspekte betonen, die in der fachlichen Anleitung zu kurz kommen.

Literatur

Bräuer, Gert: Schreiben als reflexive Praxis. Tagebuch, Arbeitsjournal, Portfolio, Freiburg i.Br. 2000.

Bruffee, Ken: Collaborative Learning. Higher Education, Interdependence, and the Authority of Knowledge, Baltimore ²1999.

Chitez, Madalina/Keller, Jörg/Kruse, Otto: Didaktische Genres und Schreibpraktiken in einem wirtschaftswissenschaftlichen Studiengang. In: Textsorten in der Wirtschaft. Zwischen textlinguistischem Wissen und wirtschaftlichem Handeln, hg. von Sascha Demarmels, Wiesbaden 2011, 121-149.

Chitez, Madalina/Kruse, Otto: Writing Cultures and Genres in European Higher Education. In: University Writing: Selves and Texts in Academic Societies, hg. von Montserrat Castelló und Christiane Donahue, Bingley 2012, 151-176.

Demarmels, Sascha/Schaffner, Dorothea: Gendersensitive Sprache in Unternehmenstexten. In: Textsorten in der Wirtschaft, hg. von Sascha Demarmels und Wolfgang Kesselheim, Wiesbaden 2011, 98-121.

Dörner, Dietrich: Sprache und Denken. In: Denken und Problemlösen. Enzyklopädie der Psychologie, Themenbereich C: Theorie und Forschung, Serie II: Kognition, Band 8, hg. von Joachim Funke, Göttingen 2006, 619-646..

Feak, Christiane B./Swales, John M.: Telling a Research Story: Writing a Literature Review, Ann Arbor 2009.

Feilke, Helmuth: „Aller guten Dinge sind drei" – Überlegungen zu Textroutinen & literalen Prozeduren. In: Fest-Platte für Gerd Fritz, hg. von Iris Bons, Thomas Gloning und Dennis Kaltwasser, Giessen 2010, http://www.festschrift-gerd-fritz.de/files/feilke_2010_literale-prozeduren-und-textroutinen.pdf; (31.8.2014).

Feilke, Helmuth: Was sind Textroutinen? Zur Theorie und Methodik des Forschungsfeldes. In: Schreib- und Textroutinen. Theorie, Erwerb und didaktisch-mediale Modellierung, [Forum Angewandte Linguistik Bd. 52] hg. von Helmut Feilke und Katrin Lehnen, Frankfurt a.M. 2012, 1-31.

Frank, Andrea/Haacke, Stefanie/Lahm, Swantje: Schlüsselkompetenzen: Schreiben in Studium und Beruf, Stuttgart 2007.

Gruber, Helmut et al.: Genre, Habitus und wissenschaftliches Schreiben, Wien 2006.

Halliday, Michael A.K.: Language as Social Semiotic: The Social Interpretation of Language and Meaning, London 1978.

Ders.: An Introduction to Functional Grammar, dritte durchgesehene Auflage., hg. von Christian Matthiessen, London 2004.

Hayes, John R./Flower, Linda: Identifying the Organization of Writing Processes. In: Cognitive Processes in Writing, hg. von Lee W. Gregg und Erwin R. Steinberg, Hillsdale, 1980, 3-30.

Healey, Mick/Jenkins, Alan: Developing Undergraduate Research and Inquiry, New York 2009.

Huber, Ludwig: Forschendes Lernen in deutschen Hochschulen. Zum Stand der Diskussion. In: Forschendes Lernen. Theorie und Praxis einer professionellen LehrerInnenausbildung, hg. von Alexandra Oblenski und Hilbert Meyer, Bad Heilbrunn 2003, 15-36.

Ders.: Warum Forschendes Lernen nötig und möglich ist. In: Forschendes Lernen im Studium. Aktuelle Konzepte und Erfahrungen, hg. von Ludwig Huber, Julia Hellmer und Friederike Schneider, Bielefeld 2009, 9-35.

Hyland, Ken: Hedging in Scientific Research Articles, Amsterdam 1998.

Ders.: Disciplinary Discourses: Social Interactions in Academic Writing, Harlow 2000.

Hyland, Ken/Tse, Polly: Metadiscourse in Academic Writing: A Reappraisal. In: Applied Linguistics 25, 2 (2004), 156-177.

Hyon, Sunny: Genre in Three Traditions: Implications for ESL. In: TESOL Quarterly 30 (1996), 693-722.

Johns, Ann M.: Genre Awareness for the Novice Academic Student: An Ongoing Quest. In: Language Teaching 41, 2 (2008), 237-252.

Kruse, Otto: The Origins of Writing in the Disciplines: Traditions of Seminar Writing and the Humboldtian Ideal of the Research University. In: Written Communication 23, 3 (2006), 331-52.

Ders.: Keine Angst vor dem leeren Blatt. Ohne Schreibblockaden durchs Studium, Frankfurt a.M. [12]2007.

Ders.: Zwischen Kreativität und Konvention: Vermittlung von Genrekompetenz in einem Einführungskurs Textproduktion. In: Textwissen und Schreibbewusstsein. Beiträge aus Forschung und Praxis, hg. von Johannes Berning, Münster 2011, 143-168.

Ders.: Das Seminar: Eine Zwischenbilanz nach 200 Jahren. In: Universität in Zeiten von Bologna Zur Theorie und Praxis von Lehr- und Lernkulturen, hg. von Brigitte Kossek und Charlotte Zwiauer, Wien 2012, 89-110. (=Kruse 2012a)

Ders.: Wissenschaftliches Schreiben mehrsprachig unterrichten: Was ist möglich? Was ist nötig? In: ÖDaF Nachrichten 28, 2 (2012), 9-25. (=Kruse 2012b)

Ders.: The place of Writing in Translation. From Linguistic Craftmanship to Multilingual Text Production. In: Writing Programs Worldwide. Profiles of Academic Writing in many Places, hg. von Chris Thaiss, Gerd Bräuer, Paula Carlino, Lisa Ganobcsik-Williams und Aparna Sinha, Fort Collins, Co 2012. (=Kruse 2012c)

Kruse, Otto/Ruhmann, Gabriela: Aus Alt mach Neu. Vom Lesen zum Schreiben wissenschaftlicher Texte. In: Schlüsselkompetenz Schreiben. Konzepte, Methoden, Projekte für Schreibberatung und Schreibdidaktik an der Hochschule, hg. von Otto Kruse, Eva-Maria Jakobs und Gabriela Ruhmann, Neuwied 1999.

Kruse, Otto/Meyer, Heike/Everke-Buchanan, Stefanie: Schreiben an der Universität Konstanz. Eine Befragung von Studierenden und Lehrenden, Working Papers in Applied Linguistics, Hochschul-Online-Publikationen. Winterthur (ZHAW) 2015.

Martin, Jim R.: Language, Register and Genre. In: Children Writing, hg. von Frances Christie, Geelong 1984, 21-29.

Miller, Carolyn R.: Genre as Social Action. In: Quarterly Journal of Speech 70, (1984), 151-167.

Nesi, Hilary/Gardner, Sheela: Genres Across the Disciplines. Student Writing in Higher Education, Cambridge 2012.

Russell, David R./Cortes, Viviana: Academic and Scientific Texts: The Same or Different Communities? In: University Writing: Selves and Texts in Academic Societies, Montserrat Castelló und Christiane Donahue, Bingley 2012, 3-18.

Salager-Meyer, Françoise: I Think That Perhaps You Should: A Study of Hedges in Written Scientific Discourse. In: Functional Approaches to Written Text: Classroom Applications, hg. von Tom Miller, Washington, DC 1997, 105-118.

Salager-Meyer, Francoise/Lewin, Benjamin: The Word and the Sword: Criticism in the Academy, Bern 2010.

Schneider, Ralph/Wildt, Johannes: Forschendes Lernen und Kompetenzentwicklung. In: Forschendes Lernen im Studium. Aktuelle Konzepte und Erfahrungen, hg. von Ludwig Huber, Julia Hellmer und Friederike Schneider, Bielefeld 2009, 53-69.

Steinhoff, Torsten: Wissenschaftliche Textkompetenz, Tübingen 2007.

Swales, John M.: Genre analysis: English in academic and research settings, Cambridge 1990.

Ders.: Research Genres. Explorations and Applications, Cambridge 2004.

Swales, John M./Feak, Christiane B.: Abstracts and the Writing of Abstracts, Ann Arbor 2009.

Dies.: Navigating Academia: Writing Supporting Genres, Ann Arbor 2011.

Dies.: Academic Writing for Graduate Students. Essential Tasks and Skills, Ann Arbor [3]2012.

Sprachliche und fachliche Anforderungen an Wissenschaftler aus verschiedenen Disziplinen*

Frank Rabe

Englisch ist in vielen Fachgebieten derzeit die vorherrschende Sprache für wissenschaftliche Publikationen. Obwohl dieser Trend in den Geistes- und Sozialwissenschaften weniger ausgeprägt ist, kann auch hier eine Internationalisierung und Anglisierung der Forschungskommunikation beobachtet werden. Diese Tendenzen wurden von einer Vielzahl von Studien aufgezeigt, die sich u.a. mit dem Aufstieg des Englischen als Publikationssprache (vgl. Ammon 2001), mit dem Einfluss dieser Entwicklung auf Forscherkarrieren (vgl. Flowerdew 2007), aber auch mit den Auswirkungen auf andere Wissenschaftssprachen (vgl. Ehlich 2004 für das Deutsche; Hamel 2007 für Portugiesisch und Spanisch) beschäftigen. Ähnliche Entwicklungen finden in vielen industrialisierten Ländern statt (vgl. z.B. Flowerdew/Li 2009 für China; Lillis/Curry 2010 für Portugal, die Slowakei, Spanien und Ungarn; Okamura 2006 für Japan; Bolton/Kuteeva 2012 für Schweden). Deutschland stellt in diesem Zusammenhang keine Ausnahme dar (vgl. Gnutzmann 2008), denn auch hier nahm im letzten Jahrzehnt der Anteil englischsprachiger Publikationen stark zu.[1] Der Übergang zum Englischen als Publikationssprache lässt sich auch daran ablesen, dass die auf Englisch eingereichten Dissertationen, wie z.B. an der Technischen Universität Braunschweig, erheblich zugenommen haben (vgl. Tab. 1).

Die Daten in Tab. 1 legen nahe, dass das Englische nicht nur in internationalen Zeitschriftenartikeln Verwendung findet, sondern immer häufiger auch in die ‚Frühphasen‘ der wissenschaftlichen Karriere fällt. Dass immer mehr Wis-

---

* Dieser Beitrag ist eine überarbeitete und erweiterte Fassung von Gnutzmann/Rabe (2014a).

1 Es kann jedoch aus der Omnipräsenz des Englischen als Publikationssprache nicht auf eine generelle Marginalisierung anderer universitärer Wissenschaftssprachen geschlossen werden, wie die Beiträge einer Sonderausgabe des International Journal of the Sociology of Language nahelegen: „English rarely exists all by itself at the international university, but rather tends to play a role in [a] system in which the local language (or languages) will often also have an important place" (Haberland/Mortensen 2012, 4).

Tab. 1: Anteil englischsprachiger Dissertationen an der TU Braunschweig von 2000-2010[2]

Jahr	Dissertationen gesamt	Dissertationen auf Englisch
2000	281	7,5%
2005	251	29,1%
2010	265	38,1%

senschaftler auf Englisch schreiben und publizieren, hat in der Folge zu einer intensiven Beschäftigung mit den einhergehenden Vor- und Nachteilen für Nicht-Muttersprachler geführt (vgl. z.b. Lillis/Curry 2010; Ferguson 2007; Pérez-LLantada/Pló/Ferguson 2011). Häufig wird dabei jedoch nicht systematisch der Einfluss der Fächerzugehörigkeit auf die Ausgestaltung des Schreib- und Veröffentlichungsprozesses sowie den damit verbundenen sprachlichen Anforderungen berücksichtigt. So kann z.b. der Eindruck entstehen, alle deutschsprachigen Wissenschaftler hätten mit dem Englischen zu kämpfen:

> If even for Germans, who are culturally and linguistically so close to Britain, it seems nearly impossible to master the subtleties of Anglophone scientific text conventions (cf. Clyne 1987), how egregious must then be the difficulties for scientists of culturally or linguistically remote languages. (Ammon 2012, 341)

Andere Autoren konstatieren dagegen keine größeren Schwierigkeiten für Nicht-Muttersprachler beim Schreiben englischsprachiger Veröffentlichungen, die nicht auch bei Muttersprachlern des Englischen auftreten würden:

> The difficulties typically experienced by non-native speaking academics in writing English are (certain mechanics such as article usage aside) *au fond* pretty similar to those typically experienced by native speakers. (Swales 2004, 52, Hervorh. i. O.)

Beiden Analysen scheint eine gewisse Übergeneralisierung gemein zu sein; eine stärkere Berücksichtigung des Zusammenspiels textueller und fachlicher Normen in der Wissenschaftskommunikation könnte daher nützlich sein. Vor diesem Hintergrund untersucht dieser Beitrag die sprachlichen Anforderungen, die an deutschsprachige Wissenschaftler/innen in verschiedenen Fächern gestellt

---

2   Die bibliometrischen Daten wurden mithilfe des OPAC-Katalogs der Universitätsbibliothek der TU Braunschweig erhoben. Der Katalog erlaubt Suchanfragen nach spezifischen Publikationsformen (wie z.B. Dissertationen) und Publikationssprachen, aber keine Kategorisierung der Ergebnisse nach Fächern (https://opac.lbs-braunschweig.gbv.de/DB=1/LNG=DU/).

werden bzw. von ihnen wahrgenommen werden, wenn sie englischsprachige Artikel schreiben. Ausgangsannahme ist dabei, dass – neben Faktoren wie kultureller und sprachlicher Distanz – disziplinäre Praxis eine zentrale Einflussvariable im Sinne der ‚Text-Schreibschwierigkeit' ist.

Der Beitrag ist wie folgt strukturiert: In den nächsten beiden Abschnitten wird der theoretische Rahmen der Untersuchung vorgestellt. Darunter fällt eine Erläuterung zentraler Begrifflichkeiten und Konzepte. Anschließend wird in Abschnitt 3 das Forschungsprogramm, in dessen Rahmen dieser Beitrag entstand, sowie die Methodik der Datenerhebung und -auswertung beschrieben. In Abschnitt 4 werden die Daten und Ergebnisse vorgestellt und vor dem Hintergrund der These diskutiert, dass Wissenschaftler/innen verschiedener Fächer unterschiedlichen sprachlichen Anforderungen genügen müssen. In Abschnitt 5 werden die Hauptergebnisse zusammengefasst und einige Schlussfolgerungen für die Untersuchung wissenschaftlichen Schreibens und Publizierens gezogen.

1   Fachkulturen und Sprache

In Betrachtungen von Wissenschaftssprache wird oft auf geschriebene und veröffentlichte Texte rekurriert. Bei vielen fachlichen und sprachlichen Konventionen handelt es sich jedoch um weitestgehend ‚ungeschriebene Gesetze'. Es kann z.B. nicht durch Textanalyse eruiert werden, welche Korrekturdienstleistungen im Einzelnen bei der Erstellung englischsprachiger Beiträge in Anspruch genommen werden oder welche Schreib-, Kooperations- und Veröffentlichungsstrategien die Autoren einsetzen, um ihre Texte zu gestalten. Solche Einsichten bedürfen im Normalfall der Rekonstruktion durch andere Methoden, die durch einen Fokus auf das soziale Umfeld wissenschaftlichen Schreibens und Publizierens textuelle Perspektiven ergänzen können. Untersucht werden sollen also „activities surrounding the production and reception of texts and how participants actually understand what they are doing with them" (Hyland 2012, 36f.).

Wichtig ist in diesem Zusammenhang das Prinzip der Fachkulturen, wie sie z.B. innerhalb der Natur-, Ingenieur-, Sozial- und Geisteswissenschaften zu finden sind. Der Begriff der Fachkultur stellt ein theoretisches Konzept für die Beschreibung und Analyse wissenschaftlicher und sprachlicher Praxis dar. In einem weiter gefassten Verständnis kann Kultur zunächst wie folgt definiert werden:

It embodies the traditional and social heritage of a people; their customs and practices; their transmitted knowledge, beliefs, law and morals; their linguistic and symbolic forms of communication and the meanings they share. (Becher 1994, 152)

Überträgt man diese zunächst allgemein gehaltene Definition auf einen wissenschaftlichen Kontext, bedeutet dies, dass z.b. erkenntnistheoretische Positionen, Fach- und Sprachideologien,[3] aber auch die Daten, die über bestimmte Methoden produziert werden können, deutlich zwischen Fachkulturen variieren. Gleichzeitig ist die in verschiedenen Fachkulturen verwendete Fachsprache eng mit deren Praxis und Selbstverständnis verbunden:

[L]anguage is intimately related to the different epistemological frameworks of the disciplines and inseparable from how they understand the world. (Hyland 2013, 59)

Die Fachkultur geht über Begriffe wie Fach oder Disziplin hinaus,[4] indem sie eine soziologisch-kommunikative Dimension berücksichtigt, die sich durch das Zusammenkommen von Wissenschaftlerinnen und Wissenschaftlern in Praxis- und Diskursgemeinschaften ergibt (vgl. Wenger 1999; Pogner 2007). Eine Fachkultur beschreibt somit die in einer Wissenschaftlergemeinschaft verbreiteten Einstellungen und Überzeugungen, (Fach-)Ideologien sowie alltägliche Wissenschafts-, Schreib- und Sozialisierungspraktiken.

Nichtsdestotrotz impliziert das Konzept der Fachkultur nicht notwendigerweise Uniformität oder Homogenität. Um die Gefahr einer Übergeneralisierung zu vermeiden, müssen Heterogenität und Individualität innerhalb einer Gruppe berücksichtigt werden (vgl. Prior 2003, 5f.). Beispielsweise unterscheidet sich die verwendete Fachsprache und Methodik häufig innerhalb der großen Bereiche wie der Natur- oder Geisteswissenschaften, da sich immer weitere fachliche Spezialisierungen ausbilden, die wiederum eigene Sozialisierungsmechanismen entwickeln (wie z.b. spezielle Studiengänge, Fachzeitschriften, Methoden etc.). Dennoch lassen sich in den hier untersuchten Fachkulturen durchaus disziplinäre Trends und Tendenzen feststellen. So sahen die untersuchten Geschichtswissenschaftler/innen trotz verschiedener Forschungsschwerpunkte gemeinhin einen weit größeren Bedarf an muttersprachlichen Korrekturlesern als die anderen hier untersuchten Fachgruppen, was auf höhere sprachliche Anforderungen an ihre Veröffentlichungen hindeuten könnte. Das Konzept der

---

3   Fachideologie soll hier wertfrei im Sinne fachbezogener und fachspezifischer Einstellungen und Narrationen verstanden werden.
4   Zu definitorischen Problemen der Begriffe Fach und Disziplin siehe Multrus 2004.

Fachkultur stellt deshalb einen vielversprechenden Ansatz dar, um verschiedene disziplinär geprägte Sichtweisen zu Wissen, Wissenschaft und Sprache(n) mit vorherrschenden Schreib- und Publikationspraktiken sowie sprachlichen Anforderungen zu verknüpfen.

2 Vorstellung des *PEPG*-Projektes und der Methodik

Die Daten, auf die in diesem Beitrag Bezug genommen wird, stammen aus dem von der Volkswagen Stiftung geförderten Projekt *PEPG – Publish in English or Perish in German?*[5] Ziel des Projektes ist es, die mit dem Schreiben und Publizieren auf Englisch verbundenen Herausforderungen, Problemlösungsstrategien und Einstellungen deutschsprachiger Wissenschaftlerinnen und Wissenschaftler anhand von Interviews zu untersuchen. Von besonderer Bedeutung für die Datenerhebung und -auswertung im Projekt sind die beiden Kriterien Fachkultur und Karrierestufe: So liegt der Fokus in diesem Beitrag auf Wissenschaftler/innen aus vier Fachkulturen, d.h. Vertreter/innen aus Biologie, Maschinenbau, Germanistischer Linguistik und Geschichte. Sie wurden stellvertretend für eine Reihe verschiedener Natur-, Ingenieur- und Geisteswissenschaften ausgewählt.[6] Darüber hinaus wurde es als wichtig erachtet, Wissenschaftler/innen auf drei verschiedenen Karrierestufen zu berücksichtigen. Dies ermöglicht einen Fokus auf verschiedene ‚Sozialisierungsstufen' der Forscher/innen – von Doktorand/innen, die sich noch am Anfang ihrer wissenschaftlichen Karriere und an den ‚Rändern' ihrer Fachgemeinschaft befinden, über Postdocs bis hin zu Professor/innen, die im Zentrum der Fachgemeinschaft angekommen sind.

Wie bereits oben kurz dargestellt, können Interviews dazu beitragen, Informationen über die Praktiken und Sichtweisen der Befragten zu erhalten. Das hier zugrundegelegte Korpus besteht aus 24 Interviews mit Wissenschaftlerinnen und Wissenschaftlern aus vier Fächern und drei Karrierestufen. Im Einzel-

---

5   Das Projekt wird von Prof. Dr. Claus Gnutzmann geleitet (Mitarbeiter: Jenny Jakisch, Frank Rabe) und besteht aus den Bereichen Wissenschaftler und Herausgeber. Dieser Beitrag beschränkt sich auf den Teilbereich Wissenschaftler. Weitere Informationen zum Projekt finden sich unter www.tu-braunschweig.de/anglistik/seminar/esud/projekte und in Gnutzmann/Rabe (2014b).

6   Geschichtswissenschaft und Linguistik gelten beide typischerweise als Geisteswissenschaften, unterscheiden sich teilweise aber deutlich, wie auch in der folgenden Auswertung gezeigt wird.

Tab. 2: Interviews im disziplinspezifischen Korpus

	Doktoranden	Postdocs	Professoren	Interviews pro Fach
Biologie	2	2	2	6
Maschinenbau	2	2	2	6
Germanistische Linguistik	2	2	2	6
Geschichte	2	2	2	6
Interviews insgesamt				24

nen wurden sechs Wissenschaftler/innen pro Fach befragt, wobei jeweils zwei einer ähnlichen Karrierestufe zugeordnet werden können, d.h. sie waren zum Interviewzeitpunkt entweder Doktorand/innen, Postdocs oder Professor/innen (vgl. Tab. 2).

Um die Anonymität der Wissenschaftler/innen zu gewährleisten und einen Hochschulbias auszuschließen, wurden die Interviews an mehreren Universitäten in Deutschland durchgeführt. Eine Bedingung für die Teilnahme an der Untersuchung war, dass die Befragten zumindest einen Beitrag in englischer Sprache publiziert hatten. Die Befragung selbst wurde durch einen Leitfaden strukturiert, so dass in den Interviews überwiegend ähnliche Themen angesprochen wurden. Dies hat zum einen den Vorteil, dass ein hohes Maß an Vergleichbarkeit der Interviews gewährleistet ist. Zugleich wurde der Leitfaden aber flexibel gehandhabt, damit sowohl der Interviewer als auch die Befragten jederzeit von der vorab angelegten Strukturierung abweichen konnten, wenn sich neue Themen ergaben. Die durchschnittliche Interviewlänge betrug 48 Minuten. Alle Interviews wurden in deutscher Sprache durchgeführt, digital aufgezeichnet und vollständig transkribiert.[7]

Den Anstoß zur vorliegenden Untersuchung gab ein Fallvergleich zweier Wissenschaftler-Interviews. Bei der Gegenüberstellung der Interviews fiel auf,

---

7   Die Transkription der Interviews orientiert sich an den Regeln der Schriftsprache. Folgende Symbole werden zusätzlich in diesem Beitrag verwendet: [...] gibt eine Auslassung im Zitat an; ... symbolisiert eine Sprechpause unter zwei Sekunden; eine Zahl in Klammern, z.B. (3), gibt die Länge eine Sprechpause an, die zwei Sekunden oder länger andauert.

Tab. 3: Gegenüberstellung von Interviewaussagen hinsichtlich der wahrgenommenen Schreibschwierigkeit

Physik	Politikwissenschaft
Das sind natürlich auch bestimmte Redewendungen, die man dann in einer Tour immer wieder benutzt […][.] Man könnte im Prinzip in manchen Texten fast von Textmodulen ausgehen (lacht), wo man bloß die Substanz austauscht und die Diskussion natürlich austauscht.	Es ist viel, viel schwerer, wenn man einen historischen, theoretischen Aufsatz oder so mit Feinheiten verfasst, wenn man nicht Muttersprachler ist.

dass die Forscher/innen trotz längerer Aufenthalte im englischsprachigen Ausland die Aufgabe, englischsprachige Publikationen zu erstellen, unterschiedlich schwierig bewerteten (vgl. Tab. 3).

Die große Diskrepanz in der wahrgenommenen Schreibschwierigkeit wurde zum Anlass genommen, alle 24 Interviews im fachspezifischen Korpus auf die darin thematisierten sprachlichen und fachlichen Anforderungen durchzusehen. Um das umfangreiche Datenmaterial zu strukturieren und zu kondensieren wurde eine Kombination von Codierung sowie Gruppierung und Kontrastierung von Interviewaussagen angewendet (vgl. Thomas 2006, 238; Kelle/Kluge 2010; Witzel 2000, 25): Textstellen, die sprachliche oder fachliche Anforderungen thematisierten, wurden zuerst markiert und mit einer umschreibenden Bezeichnung (= Code) etikettiert. Dann wurden alle markierten Interviewpassagen aus ihrem Interviewzusammenhang extrahiert und so angeordnet, dass ähnliche Aussagen zusammen gruppiert werden konnten. Dadurch wurden Gemeinsamkeiten, aber eben auch Unterschiede zwischen den Fachkulturen und Karrierestufen sichtbar. Es wurde außerdem verzeichnet, wie häufig bestimmte sprachliche Anforderungen thematisiert wurden. In einem letzten Auswertungsschritt wurden die so erschaffenen Gruppierungen Themenbereichen zugeordnet. Um die im Folgenden vorgestellten Zusammenhänge zu illustrieren, werden neben der quantitativen Verteilung bestimmter Anforderungen auch Interviewzitate herangezogen.

3 Ergebnisse und Diskusison

In diesem Abschnitt sollen die Ergebnisse vorgestellt und diskutiert werden und zwar anhand von vier Themenfeldern, auf die sich die Untersuchung der sprachlichen und fachlichen Anforderungen in verschiedenen Fächern erstreckt hat. Im ersten Themenfeld wird die von den Befragten beschriebene Rigidität bzw. Flexibilität der Textsorte wisssenschaftlicher Zeitschriftenaufsatz inklusive der darin enthaltenen Sprache erörtert und in Bezug zu den damit assoziierten sprachlichen Anforderungen gesetzt.

Genre-Rigidität und sprachliche Formelhaftigkeit

Eine Frage, die allen Wissenschaftlerinnen und Wissenschaftlern im Interview-korpus gestellt wurde, war, ob es einen Grundaufbau von Texten in ihrem Fachgebiet gibt, nach dem sie sich beim Schreiben englischsprachiger Artikel richten. Alle sechs Befragten aus dem Bereich der Biologie wiesen darauf hin, dass sie sich beim Verfassen ihrer Aufsätze an Spielarten des IMRaD-Schemas (d.h. *introduction, methods, results and discussion*) orientierten. Außerdem betonten sie, dass dieses Schema im Allgemeinen von den Fachzeitschriften verlangt werde und sich Variationen hauptsächlich bezüglich formaler Gesichtspunkte wie der grafischen Auflösung von Abbildungen oder der Verwendung von Fußnoten ergeben. Eine ähnliche Dominanz des IMRaD-Schemas fand sich bei den Befragten im Maschinenbau (5/6 Befragten), wobei drei Interviewpartner (M3P[8], M5D, M6D) hier zusätzlich anmerkten, dass der Hauptteil eines Artikels dann relativ frei gestaltet werden könne, wenn es um eher theoretische statt um empirisch-experimentelle Inhalte geht. Für die Germanistische Linguistik spielte die Teildsiziplin, in der die Wissenschaftler/innen aktiv waren, eine wichtige Rolle im Hinblick auf die Genre-Rigidität. Drei von sechs Interviewten (L2PD, L3D, L4P) berichteten, dass Publikationen im Gebiet der theoretisch orientier-ten Linguistik durch mehr Spielraum bei der Organisation von Artikeln gekenn-zeichnet seien, wogegen eher experimentell ausgerichtete Beiträge wie in der Psycholinguistik i.d.R. einer IMRaD-ähnlichen Struktur folgten. Zwei weitere

---

8   Aus den Interviewkürzeln lässt sich das Fach (B = Biologie; M = Maschinenbau; L = germanistische Linguistik; G = Geschichtswissenschaft) und die Karrierestufe (D = Doktorand/in; PD = Postdoktorand/in; P = Professor/in) der Interviewten ablesen. Die Zahlen 1-6 dienen der eindeutigen Zuordnung der Interviewten innerhalb eines Fa-ches.

Germanistische Linguisten (L1P, L6PD) gaben an, dass es kein striktes Muster gäbe, sondern eher eine lose Struktur, die sich an den Gliederungspunkten theoretischer Hintergrund, Analyse und Implikationen orientierte, wobei größere

Tab. 4: Übersicht über verwendete Textschemata und Abweichungen in den untersuchten Fächern

Fachkultur	Schema	Abweichungen/Ausnahmen
Biologie	IMRaD (6/6)	Variation nur bei Regeln zu Fußnoten, Auflösung von Abbildungen etc.
Maschinen-bau	IMRaD (5/6)	3 Befragte: wenn Artikel nicht empirisch, kann Mittelteil variabler sein
Germanistische Linguistik	je nach Forschungsrichtung	3 Befragte: IMRaD wenn psycholinguistisch, sonst flexibler 2 Befragte: Theorie, Analyse, Implikationen
Geschichte	keins bzw. rudimentär (5/6)	Große Variabilität

Abweichungen möglich wären. Im Vergleich zu den anderen Fachkulturen wird die eher geteilte Position der Germanistischen Linguistik sowohl als empirisch-experimentelle als auch eher theoretisch orientierte Disziplin deutlich. Fünf von sechs Befragten im Fach Geschichte führten aus, dass es keine verbindliche bzw. lediglich eine sehr lose Struktur (Einleitung, Hauptteil, Fazit) gebe, die, abhängig von Faktoren wie der Publikationssprache der Adressatengruppe und persönlichen Vorlieben der Autoren, variieren kann:

> Man bekommt nachher oft hinterher noch Auflagen, aber so, dass ich nicht sagen kann, es gibt sozusagen ein Schema. Eigentlich hätte ich das ganz gerne, weil eigentlich für jede Veröffentlichung eine andere Struktur auch erwartet wird. [...] Das ist sehr, sehr unterschiedlich, finde ich (G6PD).

Tab. 4 fasst diese Ergebnisse zusammen.

Nachdem die Genre-Rigidität beschrieben wurde, soll nun die sprachliche Rigidität bzw. Formelhaftigkeit in den hier untersuchten Fachkulturen genauer betrachtet werden. Formelhafte Sequenzen, wie z.B. Kollokationen, sind fester Bestandteil von Sprache (vgl. Aguado 2002), spielen aber auch in der Wissenschaft eine herausragende Rolle:

Lexical bundles, or frequently occurring word sequences [...] are a key way that particular disciplines produce community specific meanings and contribute to a sense of distinctiveness and naturalness in a register. (Hyland 2013, 64)

Ohne dass diese Frage im Interview gestellt wurde, gaben fünf Biologen (B1PD, B2P, B3P, B5D, B6PD), zwei Maschinenbauer (M1PD, M3P), ein Linguist (L4P), aber kein/e Geschichtswissenschaftler/in an, dass die in ihrem Feld verwendete Sprache sehr formelhaft sei. Ein Doktorand aus der Biologie beschrieb dies wie folgt:

> Also, wenn ich eine Publikation lese und ich wüsste nicht, ob das deutsche Autoren sind oder asiatische oder amerikanische, könnt' ich es vom Stil her, glaub' ich, kaum unterscheiden, weil die Stile einfach so gleich sind. Jedes Paper liest sich fast gleich, also natürlich stehen da andere Werte und andere Bilder, aber der Stil ist immer sehr ähnlich. (B5D)

Viele der gerade aufgezählten Befragten erwähnten darüber hinaus, dass die Tendenz zur Verwendung rigider Sprachmuster eine gewisse Erleichterung für das englischsprachige Schreiben und Publizieren darstelle. Vertiefend soll hier auf eine besonders im Biologiekorpus weit verbreitete Praxis eingegangen werden: die systematische Wiederbenutzung von Sprache, auch „language re-use" (Flowerdew 2007, 19) genannt. Die von den Befragten beschriebenen Praktiken umfassten dabei u.a. das Kopieren kompletter sprachlicher Sequenzen aus veröffentlichten Artikeln anderer Autor/innen, bei dem lediglich enthaltene Werte bzw. Daten ausgetauscht wurden, oder auch das systematische Sammeln formelhafter Sequenzen, die später als Unterstützung beim Schreiben englischsprachiger Artikel herangezogen werden können. Einige Interview-Ausschnitte können dazu beitragen, die Alltäglichkeit und Normalität dieser Copy-and-paste-Praxis im Bereich der Biologie zu illustrieren:

> Wenn man genügend von diesen Papern gelesen hat, da weiß man halt, dass man manche Sachen so nicht sagen kann, sondern da gibt es so einen feststehenden Termini und den hat man so oft gelesen, da schreibt man einfach, das übernimmt man im Prinzip, ja? Das ist ... auch nur ein Satz, der da steht. Der muss da stehen, weil das so gemacht wurde [...] Also, einfach das nehmen, was da, was immer dort steht, und dann ist gut. (B1PD)

> Ich habe also zum Beispiel eine Sammlung von Phrasen, die man aus dem Kontext herausnimmt, die in allen Papern immer wieder aufkommen, die mir dann, wenn mir irgendwas nicht einfällt, einfach weiterhelfen. (B3P)

Also man wird natürlich besser und schneller, weil man dann die Satzbausteine halt hat. [...][A]lso für mein erstes Poster hab' ich zwei Wochen gebraucht, jetzt schreib' ich das in drei Tagen. (B5D)

Am anderen Ende des fachlichen Kontinuums, zumindest im hier untersuchten Korpus, befinden sich die Geschichtswissenschaftler/innen. Sie berichten überwiegend von größerer Freiheit bezüglich der Strukturierung von Artikeln (s.o.). Dieses größere Maß an Freiheit bedeutet jedoch auch, dass sie im Allgemeinen weniger Orientierung hinsichtlich der Genre-Strukturierung erhalten und wahrscheinlich nur in geringem Umfang formelhafte Sprache verwenden können, was auf höhere sprachliche Anforderungen hindeutet, denen diese Wissenschaftler/innen genügen müssen.

Zusammenfassend kann als Erklärungsansatz angeboten werden, dass ein höherer Grad an Genre-Rigidität und sprachlicher Formelhaftigkeit weniger ‚sprachliche Kreativität' beim Schreiben wissenschaftlicher Artikel erfordert. Dies kann, besonders unter Nutzung bestimmter Strategien wie *language re-use*, zu niedrigeren sprachlichen Anforderungen führen. Die hohe Rigidität der Textsorte Artikel und in der Folge die formelhafte Sprachnutzung in der Biologie – und ansatzweise auch im Maschinenbau – steht wahrscheinlich mit einer experimentellen Ausrichtung (s.u.) in Verbindung. Die daraus resultierende rhetorische Struktur von Artikeln ist in der Biologie somit eine andere:

In hard knowledge fields [...] argument is more highly standardised and less discursive, drawing on semiotic resources which are graphical, numerical and mathematical rather than simply textual. (Hyland 2013, 64)

Im nächsten Abschnitt geht es um verschiedene Formen der Schreibkooperation unter den befragten Wissenschaftlerinnen und Wissenschaftlern und die sprachlichen Anforderungen, die mit dieser Art der Zusammenarbeit einhergehen.

Schreiborganisation

Alle sechs Interviewten aus der Biologie gaben an, dass sie in Arbeitsgruppen arbeiten, die aus Doktorand/innen, Postdoktorand/innen, Professor/innen und (Labor)Techniker/innen bestehen. Die Arbeit in diesen Teams wird im Allgemeinen je nach Spezialisierung und Hierarchie-Position verteilt und die jeweiligen Verantwortlichkeiten sind klar abgegrenzt. Doktorand/innen erledigen dabei hauptsächlich Laborarbeit und schreiben häufig nur wenig (vgl. auch

Pérez-Llantada et al. 2011, 24), Postdoktorand/innen erledigen einen Großteil
der Schreibarbeit zusätzlich zur Koordination von Projekten und zu dem Ertei-
len von Rückmeldungen an die Doktorand/innen, während die Professor/innen
an Artikeln häufig erst dann arbeiten, wenn diese sich bereits in einem fortgeschrittenen Stadium befinden: „Wenn sie eine größere Gruppe haben, so wie
das bei mir der Fall ist, dann kriegen sie einen 80 Prozent Entwurf und müssen
nicht von Null anfangen" (B3P). Ihre Aufgabe liegt also eher darin, sich – bedingt durch ihren größeren Überblick und ihre Erfahrung – der ‚strategisch
wichtigen' Teile eines Artikels, wie etwa der Einführung und der Diskussion der
Ergebnisse, anzunehmen. Obwohl dies wohl nicht in allen Biologie-Instituten
der Fall ist, beschreiben alle Interviewten im Korpus einen dem folgenden Zitat
ähnlichen Aufbau:

> Das Institut bei uns ist so aufgebaut, es ist ein relativ großes Institut, wo eine Professo-
> rin am Kopf sitzt sozusagen und dann gibt es darunter ja mehrere langjährige wissen-
> schaftliche Mitarbeiter, die dann Doktoranden betreuen oder die jungen Postdocs be-
> treuen, so. Und das heißt, die sind erst mal der erste Ansprechpartner, wenn man dann
> (3) ja, also zum Beispiel die Reihenfolge des Ergebnisabschnitts, wenn man sich da was
> überlegt hat, dann will man es erst mit demjenigen diskutieren, dann schreiben, dann
> wird der es korrigieren. Und je nachdem, wie viel Zeit und wie hoch das Interesse an
> genau diesem Projekt bei der Professorin ist, kommt sie dann entweder dann auch
> schon rein oder ganz am Ende, bekommt sie es einmal zu lesen. (B6PD)

Eine Form der Arbeitsteilung existiert ebenso im Bereich des Maschinenbaus,
auch wenn sie sich teilweise von dem in der Biologie vorgefundenen Muster
unterscheidet. So sagten alle Befragten, dass sie regelmäßig in Teams arbeiten
und schreiben; diese waren aber i.d.R. kleiner (nicht mehr als zwei bis drei Autoren) als in der Biologie und die Verteilung der Schreibaufgaben war nicht so
spezifisch. Ein Schreibmodus, der von vier Maschinenbauern beschrieben wurde (M2P, M3P, M4PD, M5D), war dahingehend ähnlich zu dem der Biologie,
dass ein Doktorand hauptsächlich die Daten und einzelne Elemente des Textes
lieferte, während Postdoktoranden und Professoren den Großteil der Schreib-
und Koordinationsarbeit übernahmen. Ein weiteres Schreibmodell wurde von
zwei Interviewten beschrieben (M1PD, M6D): Hier arbeiten jeweils zwei Wissenschaftler auf gleicher Hierarchieebene an verschiedenen Teilen eines Artikels; anschließend korrigieren und verbessern sie die Text-Teile des jeweils
anderen. In den als theoretisch bezeichneten Gebieten im Bereich der Germanistischen Linguistik wird das Schreiben englischsprachiger Aufsätze häufig

allein, gelegentlich aber auch in Zweiergruppen bewältigt (L1P, L5D, L6PD), insbesondere wenn ein Doktorand involviert ist. Im eher empirisch-experimentell ausgerichteten Bereich der Germanistischen Linguistik dagegen wurden gleich drei verschiedene Schreibmodi beschrieben (siehe Tab. 5 unten). Es erscheint wenig überraschend, dass vier von sechs Befragten im Fach Geschichte

Tab. 5: Übersicht über typische Schreibmodi in den untersuchten Disziplinen

Fachkultur	Schreibmodi
Biologie	6/6 Befragten: hierarchischer Schreibmodus auf mehreren Ebenen; Arbeitsteilung nach Karrierestufe und Spezialisierung
Maschinenbau	4/6 – ähnlich wie in Biologie 2/6 – 2er Team: jeder schreibt eigene Textteile, dann Durchsicht durch jeweils anderen
Germanistische Linguistik	Verschiedene Organisationsformen: allein bzw. im Verbund mit Doktorand/in (3/6); jede/r Autor/in hat Expertise in einem Feld (L2PD); hierarchische Organisation (L3D); kapitelweise Aufteilung (L4P)
Geschichte	4/6 Befragten schreiben überwiegend alleine Die zwei Doktoranden erhielten auf Entwürfe Feedback von Betreuern.

(G1PD, G2P, G4P, G6PD) angeben, überwiegend allein zu schreiben. Es finden sich nur wenige Ausnahmen im Korpus und diese beziehen sich lediglich auf die inhaltliche Koordination eines Sammelbandes oder auf professionelle Korrekturdienstleistungen, die von den Befragten vor der Fertigstellung des Manuskripts in Anspruch genommen werden. Beide Doktoranden (G3D, G5D) berichten jedoch, dass sie auf ihre englischsprachigen Entwürfe Rückmeldungen von ihren Betreuern erhalten. Man kann in diesem Sinne eigentlich nicht vom „solitary researcher" (Becher 1994, 158) sprechen, denn die Befragten stehen durchaus in regem inhaltlichen Austausch mit anderen Wissenschaftler/innen – dennoch scheint der Typ des *solitary writer* besonders nach der Doktorandenphase unter den Geschichtswissenschaftler/innen stärker verbreitet zu sein als in den anderen hier untersuchten Disziplinen. Die Darstellung in Tabelle 5 fasst die verschiedenen Schreibmodi zusammen.

In einigen Fachkulturen, hier besonders in der Biologie und im Maschinenbau, ist das Schreiben in (größeren) Teams der übliche Schreibmodus (vgl. auch Becher 1994, 158; Pérez-LLantada et al. 2011, 24). Eine Frage, die sich in diesem Zusammenhang aufdrängt, ist, inwiefern z.B. Geschichtswissenschaftler von einer engeren Schreibkooperation mit Kollegen profitieren könnten, d.h. ob sich höhere sprachliche Anforderungen dadurch eher kompensieren ließen. Es wurde darüber hinaus deutlich, dass Doktoranden im Bereich der Biologie völlig andere Aufgaben und möglicherweise geringere sprachliche Anforderungen zu bewältigen haben als im Fach Geschichte. Dies soll nicht implizieren, dass eine Promotion für Biologen weniger anspruchsvoll oder herausfordernd ist; sie scheinen jedoch das Schreiben auf Englisch selten als gewichtiges Problem wahrzunehmen. Studienergebnisse zu den Herausforderungen des Schreibens auf Englisch, in denen befragte Naturwissenschaftler/innen häufig angeben, dass die Einführung oder Diskussion der am schwierigsten zu verfassende Teil eines Artikels sei (z.B. Moreno et al. 2012, 168; Pérez-Llantada et al. 2011, 24), könnten durch Informationen über die in den Disziplinen üblichen Schreibmodi in neuem Licht erscheinen. Die teilweise hochdifferenzierte Schreib- und Arbeitsteilung müsste bei der Interpretation solcher Ergebnisse berücksichtigt werden, denn viele Wissenschaftler/innen schreiben nicht allein bzw. alle Teile eines Aufsatzes.

Sprachliche Zielnormen von Fachzeitschriften

Ein weiterer Erklärungsansatz für die unterschiedlichen sprachlichen Ansprüche, denen Wissenschaftler genügen müssen, liegt vereinfacht ausgedrückt in der Relation zwischen Mutter- und Nicht-Muttersprachlern des Englischen in einem Fachgebiet. Nehmen viele Muttersprachler am Diskurs teil, sind die Sprachnormen tendenziell muttersprachlich ausgerichtet; sind es dagegen viele Nicht-Muttersprachler, kann dies in veränderten, toleranteren sprachlichen Zielnormen resultieren. Dafür ist jedoch nicht ausschließlich die schiere Anzahl nicht-muttersprachlicher Diskursteilnehmer ausschlaggebend, zusätzlich müssen diese sich in ,privilegierten' Positionen befinden – also z.B. Herausgeber und Gutachter englischsprachiger Fachzeitschriften sein – um eine Anpassung der sprachlichen Zielnormen zu ermöglichen (vgl. Tardy 2004 zum Thema Gatekeeping in englischsprachigen Fachzeitschriften). In der vorliegenden Untersuchung waren diese Bedingungen am ehesten im Bereich Maschinenbau erfüllt: So gaben vier von sechs Interviewten (M1PD, M2P, M4PD, M6D) an, dass in ihrem Fachgebiet international eine Mehrheit der Wissenschaftlern ebenso wie die Herausgeber und Gutachter Nicht-Muttersprachler des Englischen seien:

„So viele englische Muttersprachler auf dem Gebiet gibt es nicht. Also, deswegen sind die Gutachter sehr häufig auch wieder Deutsche oder auch andere Europäer." (M1PD) Eine Praxis, die in zwei weiteren Interviews (M2P, M3P) besprochen wurde, könnte man als ‚Neuverhandlung von Korrektheitsnormen' interpretieren:

> Zum anderen aber auch vielleicht an vielen Stellen einfach mal sagt: ‚Ok, jetzt lass' mal sein, an dem Satz feile ich jetzt nicht noch drei Mal.' Ich bin halt Deutscher, wenn der jetzt nicht hundertprozentig geschliffen ist, dann sei es drum. Die wissen ja auch, wenn sie auf meine Adresse gucken [...] wo ich herkomme. Die können von mir eigentlich keinen hundertprozentig korrekten Text erwarten in dem Sinne (M3P).

Diese Interviewten gaben zu verstehen, dass sie aufgrund ihres Status als Nicht-Muttersprachler/innen des Englischen nur ein begrenztes Zeitkontingent in die sprachliche Verbesserung ihrer Manuskripte investieren und auch Texte einreichen, von denen sie wissen, dass sie muttersprachlichen Ansprüchen möglicherweise nicht vollständig genügen. Dies spiegelt sich auch in der Nutzung muttersprachlicher Korrekturdienstleistungen wider: Drei Maschinenbauer (M1PD, M2P, M6D) sagten, dass sie ohne muttersprachliche Hilfe erfolgreich auf Englisch publizieren können. Drei weitere Befragte (M3P, M4PD, M5D), die sich in einer Arbeitsgruppe befinden, nehmen nur in besonderen Fällen muttersprachliche Hilfe in Anspruch. Ein weiteres Beispiel dafür, dass ein Übergewicht nicht-muttersprachlicher Herausgeber und Gutachter gültige Korrektheitsnormen beeinflussen könnte, findet sich in Interview M4PD. Obwohl der Befragte äußerte, dass die Vorgaben des IEEE (Institute of Electrical and Electronics Engineers) *de facto* als Standard in seinem Fachgebiet gelten, weicht er von den darin beschriebenen Angaben bewusst ab:

> Das heißt dann, ja machen Sie kurze Sätze, schreiben Sie nicht passiv und Tradition ist aber ‚here are to be found', also alles eben möglichst passiv zu machen. So, das heißt, wenn man sich nach den Richtlinien oder den Empfehlungen hält, steht man da, als ob man kein Englisch könnt', weil es halt alle anderen, weil die meisten auf den Konferenzen sind halt keine Amerikaner, sind halt auch Deutsche oder Inder oder was weiß ich was, und das hat sich da irgendwie so ein bisschen so eingebürgert. (M4PD)

Wenn man diese ‚Beweisstückchen' zusammenführt, so scheint es, als ob die Gruppe der Maschinenbauer/innen sich das in Fachpublikationen verwendete Englisch für ihre eigenen Zwecke zu einem gewissen Grad ‚angeeignet' und auf ihre Bedürfnisse angepasst hat. Eine Interviewte aus dem Bereich Maschinenbau drückt dies wie folgt aus: „Das ist einfach unsere Sprache. Also, die benutzen wir halt in der Wissenschaft. Das ist ok" (M2P).

In den Interviews mit Vertreterinnen und Vertretern der Geschichte ist eine andere Situationsbeschreibung vorzufinden. Die Befragten streben überwiegend Veröffentlichungen in Fachzeitschriften und Sammelbänden an, die von Muttersprachlern des Englischen herausgegeben und begutachtet werden, was zu einer Durchsetzung muttersprachlich orientierter Zielnormen beitragen könnte. Dieser Fokus hat u.a. mit den Arbeitsthemen der Befragten zu tun, die sich in Bereichen wie amerikanischer, britischer, Migrations-, Militär- oder Kolonialgeschichte bewegten. Daher sahen die meisten Interviewten es als wichtig an, in angloamerikanischen Kontexten zu publizieren. Drei von ihnen (G1PD, G4P, G6PD) berichteten darüber hinaus, dass es nur wenige oder überhaupt keine einschlägigen deutschen Fachzeitschriften oder Konferenzen gäbe, so dass sie in internationalen Foren publizierten, um so ihre Forschung ‚sichtbar' zu machen:

> Weil ich sonst in der Forschungsdomäne, in der ich wahrgenommen werden will, nicht wahrgenommen werde. Also, das heißt, man kann es auch umdrehen und sagen, also die englischsprachigen Kollegen lesen kein Deutsch, egal was man da, welche sensationellen Dinge man da publizieren kann. (G4P)

Einschränkend sollte hinzugefügt werden, dass die von den Befragten beschriebenen Schreib- und Publikationspraktiken nicht für das Fach Geschichtswissenschaft generell gelten, sondern eher typisch für jene Wissenschaftler sind, die sich mit stärker international diskutierten Themen beschäftigen.[9] Vier der befragten Geschichtswissenschaftler (G1PD, G3D, G4P, G5D) merkten an, dass das Fach teilweise noch stark in nationalen Grenzen denke, was sie nicht für gut hießen, da

> die Grenzen von Nationalstaaten nicht unbedingt Ereignisse definieren, sondern dass alles auch mal mit anderen Dingen zusammenhängen kann, die hinter diesen Grenzen liegen (G3D).

Es kommt somit eine Verkettung mehrerer Faktoren im Hinblick auf die sprachlichen Anforderungen zusammen: Erstens gab es für die Befragten weni-

---

9   Eine Auswahl eher international orientierter Wissenschaftler/innen könnte dadurch begünstigt worden sein, dass zumindest ein englischsprachiger Beitrag bei jeder Interview-Teilnehmerin bzw. jedem Interview-Teilnehmer vorliegen musste.

ge einschlägige deutschsprachige Publikationsforen, oder diese wurden in ihrer Ausrichtung nicht als ‚international' genug empfunden; zweitens mussten die Wissenschaftler/innen aufgrund dessen den relativ hohen Ansprüchen hauptsächlich angloamerikanischer Fachzeitschriften nachkommen, die in ihren Forschungsbereichen stark vertreten sind. Dass vier von sechs Geschichtswissenschaftlern (G2P, G4P, G5D, G6PD) angaben, auf eine muttersprachliche Korrektur ihrer Manuskripte für deren Veröffentlichung angewiesen zu sein, könnte als ein weiterer Indikator für die relativ strikte Orientierung an muttersprachlichen Sprachnormen dienen:

> Ich muss aber dazu sagen, dass es mir eigentlich nie gelingt, in keiner dieser ... Versionen also ein wirklich abgabefähiges Manuskript zu erstellen, selber. Das geht immer nochmal sozusagen zur Sprachkontrolle in die Hände irgendeines muttersprachlichen Editors. (G4P)

Obwohl die Englischkompetenzen der Befragten offensichtlich eine Rolle spielen, legt der Umstand, dass drei dieser vier Befragten längere berufliche Aufenthalte im englischsprachigen Ausland vorzuweisen hatten, nahe, dass dies als Erklärung für diese ‚obligatorischen' Duchrsichten allein nicht ausreicht. Zusätzlich könnten u.a. bereits erörterte Faktoren wie ein geringer Anteil wiederverwendbarer formelhafter Sprache, wenig Schreibkooperation sowie die soeben beschriebene Verortung der Publikationsorgane im angloamerikanischen Wissenschaftsraum von Bedeutung für die hohen sprachlichen Anforderungen an die Geschichtswissenschaftler/innen sein.

Im Biologie-Korpus fand sich dagegen eher die Auffassung, dass ein Fokus auf sprachlicher Korrektheit kontraproduktiv für den Fortgang der eigentlichen wissenschaftlichen Arbeit wäre (vgl. Airey 2012 zu ähnlichen Einstellungen schwedischer Physiker), wie das folgende Zitat anschaulich illustriert:

> Das ist aber wirklich mittlerweile [...] immer mehr zum Usus geworden, dass man halt auch Sachen durchwinkt – ich bin selber ja auch Editor von drei Journalen – wo man sagt: Ach komm, das Englisch ist zwar jetzt nicht perfekt [...] aber dafür, wenn dann halt die wissenschaftlichen Ergebnisse ganz faszinierend und interessant und gut sind und so, dann will man natürlich auch nicht von uns aus irgendwie jetzt so arrogant sagen: ‚Lernt erst mal Englisch, dann könnt ihr wiederkommen.' (B2P)

Wie oben bereits dargelegt, nehmen die Biologinnen und Biologen ihre Fachsprache als stark formelhaft wahr, was im Gegenzug das Schreiben und Publizieren auf Englisch vergleichsweise einfacher gestaltet. Gleichzeitig scheint es

jedoch eine starke Ausrichtung auf englischsprachige Länder zu geben. So erwähnten drei Interviewte (B2P, B5D, B6PD) die große Bedeutung eines Post-
doc-Aufenthaltes in einem englischsprachigen Land, vorzugsweise in den USA,
für eine wissenschaftliche Karriere. Weiterhin zeigen einige Aussagen der Befragten die enge Verbindung von fachlichen Ansprüchen (d.h. von und mit den
Besten lernen und arbeiten) und sprachlichen Erwartungen auf:

> Weil die USA einfach so eine, ... also die Leute sind ehrgeizig und die Leute ... haben
> eine gute Idee und versuchen die dann auch umzusetzen, [...] und das ist glaub' ich so
> das Wichtigste, was man da mitkriegen kann und dabei eben natürlich dann auch den
> sprachlichen Teil. (B2P)

Obwohl also die USA für diese drei Biologen (und sicherlich viele weitere) als
fachliches und sprachliches ‚Vorbild' fungieren, heißt dies jedoch offenbar nicht
automatisch, dass die deutschen Wissenschaftler muttersprachliche Zielnormen
auf sich selbst übertragen. Dies könnte darüber hinaus bedeuten, dass die oben
dargelegte Sichtweise auf sprachliche Korrektheit durchaus von anglophonen
Herausgebern und Gutachtern toleriert, wenn nicht sogar geteilt wird, was im
Fach Geschichte nicht der Fall war. In diesem Zusammenhang ist es aufschluss-
reich, wem die Biologinnen und Biologen die Durchsicht ihrer Manuskripte
anvertrauen. Zwei Biologie-Professoren (B2P, B3P) geben explizit in den Interviews an, keinerlei muttersprachliche Hilfe beim Korrekturlesen in Anspruch zu
nehmen. Dies gilt auch für zwei Doktoranden (B4D, B5D), die in denselben
Arbeitsgruppen arbeiten. Eine Biologin nutzt die Möglichkeit muttersprachlicher Durchsicht bei besonders wichtigen Veröffentlichungen:

> Die Publikationen, die zu, ja ... besonders (5) relevanten Journalen, sag' ich jetzt mal,
> gehen [...] die wurden nochmal zu so einer *scientific writerin*, die halt Muttersprachlerin ist
> [...] geschickt, die das dann nochmal durchgelesen hat auf Sprache. (B6PD)

Ein weiterer Biologe (B1PD) greift nur dann auf muttersprachliche Hilfe zurück, wenn ein eingeschicktes Manuskript von den Gutachterinnen oder Gutachtern als sprachlich verbesserungswürdig eingestuft wird. Es zeichnet sich im
Biologie-Korpus somit eine relativ starke Unabhängigkeit gegenüber muttersprachlichen Durchsichten ab.

   In der Germanistischen Linguistik ist die Position der Muttersprachler des
Englischen weniger stark als in der Geschichtswissenschaft – zumindest für diejenigen, die empirisch-experimentell arbeiten:

> Wir Linguisten sind ja eigentlich eher ein bisschen bescheidene Menschen, was die sprachliche Präsentation angeht. [...] Und ob jetzt irgendwas mit dem letzten rhetorischen Feinschliff rübergebracht wird, interessiert eigentlich in der Linguistik niemanden. Wir haben ja meistens eine empirisch-analytische Wissenschaft. Man hat ein Problem und möchte das analysieren und so machen das die Kollegen auch. (L4P)

Auch in diesem Zitat wird – ähnlich zur Aussage des Biologen weiter oben – das Primat des fachlichen Fortschritts über eventuelle Korrektheitsansprüche betont. Es ginge vorwiegend um linguistische Problemstellungen, nicht um sprachlichen „Feinschliff". Dennoch sahen die Linguist/innen Muttersprachler des Englischen als sprachlich bevorzugt an und schrieben ihnen u.a. die folgenden Eigenschaften zu: grammatische Intuition, Idiomatizität (L3D); nur das Wissenschaftliche zählt, da die Sprache perfekt beherrscht wird (L5D); brillanter Ausdruck, Fähigkeit zum Spielen mit Sprache (L2PD); bessere Textkohärenz (L1P). Trotz dieser Wahrnehmung muttersprachlicher Überlegenheit gibt es einen gewissen Konsens darüber, dass das Erreichen muttersprachlicher Zielnormen in Artikeln nicht vordergründig ist:

> Der [Beitrag, F.R.] ist dann sicher rhetorisch nicht das Highlight, das er wäre, wenn es jetzt ein berühmter englischer Linguist geschrieben hätte, aber er erfüllt dann, glaube ich, alle Standards einigermaßen gut. (L4P)

Obwohl die Befragten also Muttersprachler des Englischen durchaus als sprachlich überlegen charakterisieren, reicht es für ihre Publikationen aus, wenn ihre Veröffentlichungen „grammatisch korrekt [...,] stilistisch nicht ganz blöd" sind, und „es muss auch nicht brillant sein" (L1P). Nichtsdestotrotz verlassen sich zumindest einige der interviewten Linguisten auf muttersprachliche Korrekturleser: So vertrauen zwei der sechs Befragten ausschließlich auf Muttersprachler des Englischen (L1P, L3D), zwei (L2PD, L4P) entscheiden je nach Wichtigkeit der Publikation, ob ein Muttersprachler hinzugezogen werden soll und zwei weiteren (L5D, L6PD) genügte dagegen nicht-muttersprachliches Feedback.

Zusammenfassend kann festgehalten werden, dass in der Biologie zwar eine starke Ausrichtung an anglophonen Ländern vorherrscht, fachlicher Inhalt aber dennoch erheblich wichtiger als die Form erachtet wird, in der dieser präsentiert wird. Obwohl in der Germanistischen Linguistik ein großer Teil der Diskursteilnehmenden Nicht-Muttersprachler des Englischen sind und die sprachlichen Eigenansprüche auf ein realistisches Maß begrenzt sind, ist eine muttersprachliche Korrektur immer noch relativ verbreitet. Ein anderer Trend konnte im Maschinenbau beobachtet werden, wo Nicht-Muttersprachler in der Überzahl waren und in Folge dessen sprachliche Normen neu verhandelt werden bzw. sich teilweise von muttersprachlichen Normen wegentwickeln. Die Geschichtswissenschaftler/innen dagegen nehmen an einem von Muttersprachlern des Englischen dominierten Diskurs teil; ihre Publikationen müssen dementsprechend muttersprachlichen Anforderungen genügen. Vergleicht man diese unterschiedlichen Diskursausprägungen mit Mauranens (2012, 10) optimistischer Hypothese, dass muttersprachliche Herausgeber und Gutachter an Einfluss über den Zugang von Nicht-Muttersprachlern zu internationalen Journals verlieren, so scheint dies im Interviewkorpus zumindest für die Maschinenbauer/innen der Fall zu sein. Ein toleranter Umgang mit Abweichungen von muttersprachlichen Standards ist somit noch längst nicht der Regelfall. Im vierten und letzten Themenfeld werden nun die in den verschiedenen Fachkulturen verwendeten Datenformen und ihr Einfluss auf die sprachlichen Anforderungen genauer untersucht.

Beschaffenheit der Daten

Die Beschaffenheit der in einer Fachkultur verwendeten Daten ist ein wichtiger Einflussfaktor hinsichtlich der sprachlichen Anforderungen an die Autoren. Stark vereinfacht ausgedrückt, gibt es ein Kontinuum zwischen Datenformen, die ‚für sich selbst sprechen' wie z.B. Abbildungen experimenteller Ergebnisse, und Datenformen, die im Rahmen der Verschriftlichung sorgsam interpretiert und erörtert werden müssen (vgl. Hyland 2009, 63 zum Kontinuum der Wissensdomänen). Die Interviewten der Biologie konzeptualisierten das Schreiben überwiegend „als nachgeordnete Tätigkeit, die der ‚eigentlichen' Arbeit folgt" (Lehnen 2009, 281), womit die Datenerhebung und -auswertung gemeint ist. Diese Sichtweise kann in vielen Interviews rekonstruiert werden, besonders an Stellen, an denen die Biologinnen und Biologen ihr Vorgehen beim Schreiben englischsprachiger Artikel beschreiben. Eine Annahme ist, dass es beim Schreiben lediglich um „Fakten, Fakten, Fakten" (B1PD) oder um „Fakten aneinander gereiht" (B4D) gehe, so dass es sich beim Schreiben lediglich um die Vertextung objektiver, sprachunabhängiger Ergebnisse handele.[10]

---

10   Diese Wahrnehmung stellt darüber hinaus einen Teil der Fachideologie der experimentell arbeitenden Biologinnen und Biologen dar und ist Teil ihrer beruflichen Identität. Diese Identität wird u.a. über die Abgrenzung zu anderen Fachkulturen verdeutlicht,

Einschränkend muss hier hinzugefügt werden, dass es auch Teildisziplinen der Biologie gibt, wie z.b. die Botanik, in denen weder eine experimentelle Ausrichtung noch eine Orientierung am IMRaD-Schema vorherrscht (vgl. auch Samraj/Swales 2000, 42). Die oben zitierten Beispiele beschränken sich also auf die Fachkultur experimentell arbeitender Biologen, zu denen die im Rahmen des *PEPG*-Projekts befragten Biologinnen und Biologen zählen. Diese Wissenschaftler/innen führen üblicherweise Experimente im Labor durch und erstellen im Rahmen der Auswertung Tabellen, Chromatogramme sowie andere Visualisierungsformen und kontextualisieren diese später durch das Hinzufügen eines Fließtextes. Alle sechs Biologen beschreiben einen typischen Publikationsablauf, dem zufolge die Planung und Durchführung von Experimenten der erste Schritt ist. Dies bedeutet jedoch nicht, dass der Schreibprozess als linear gesehen wird, da die Wissenschaftler/innen ebenfalls angaben, Experimente wiederholen oder Textteile neu schreiben zu müssen. Dennoch bilden experimentelle Daten den Ausgangspunkt des Schreibprozesses, wie die folgenden Zitate verdeutlichen:

> Im Prinzip ist es bei uns auch so, dass wir um Abbildungen herum schreiben. [...] Das heißt, wir haben irgendein Tabellenchart oder eine Abbildung oder irgendein Bild, was wir gemacht haben, oder irgendwelche Chromatogramme oder so was. Und das sind Abbildungen im Text und die stellen eigentlich schon mal das dar, was wir gemacht haben. Und um diese rum müssen wir noch quasi Fülltext schreiben, dass man erklärt, was das ist und wie man sie deuten kann und so. Aber im Prinzip sind die Abbildungen das Wichtige aus dem Paper. (B1PD)

> Dann [d.h. nach den Experimenten und der Erstellung der Abbildungen, F.R.] habe ich den Ergebnisteil drum rum geschrieben und dann die Einleitung. (B6PD)

Im Bereich Maschinenbau finden sich einige Ähnlichkeiten bezüglich des Verhältnisses von Daten und sprachlichen Anforderungen wie die ausgeprägte Orientierung an experimentellen Daten und mathematischen Darstellungsformen. Wie in der Biologie wird das Schreiben in dieser Fachkultur als nachgelagerte Aktivität gesehen (M1PD, M3P, M4PD, M5D), mit der erst nach dem Vorliegen von empirischen Daten begonnen wird:

---

wie im Fall zweier Interviewten (B1PD, B3P), die ihren Schreibstil als nüchtern und funktional beschreiben, im Gegensatz zu dem als ‚Prosa' oder ‚blumig' bezeichneten Stil anderer Disziplinen.

Wenn die Ergebnisse alle da sind, also die Diagramme, die gezeigt werden sollen, und die Gleichungen, die rein sollen, wenn die alle da sind, dann muss man ja ‚nur noch‘ den Text drum rum schreiben. Und da kann dann eigentlich nichts mehr schief gehen. (M3P)

Wie bereits oben angedeutet wurde, ist die Germanistische Linguistik methodisch und datentechnisch variabler als die anderen hier einbezogenen Fachkulturen. Während einige Interviewte berichten, dass sie sich experimenteller Methoden bedienen (L2PD, L3D, L4P), hatten andere eher theoretische Arbeitsschwerpunkte. Zwei Interviewte (L1P, L2PD) betonten in den Interviews, dass sie im internationalen Diskurs von ihrem Wissen über die deutsche Sprache (z.B. vom Zugang zu psycholinguistischen Sprachdaten) profitieren könnten. Obwohl die eher experimentell ausgerichteten Linguist/innen überwiegend auf Englisch veröffentlichten, wurde dem Deutschen als Wissenschaftssprache dennoch eine gewisse Bedeutung beigemessen: So berichteten drei Interviewte (L2PD, L4P, L6PD), dass Stellen für Linguisten häufig an Germanistik-Instituten ausgeschrieben werden und einige deutschsprachige Publikationen hier nützlich wären, um zu zeigen, dass man „nach wie vor auch die Fähigkeiten [hat], wissenschaftliche Sachverhalte auf Deutsch rüberzubringen" (L4P). Trotz der Übermacht des Englischen als Publikationssprache können also institutionelle Anforderungen, wie z.B. der Wunsch nach einer bestimmten Veröffentlichungssprache, Einfluss auf die Sprachwahl haben (vgl. Petersen/Shaw 2002, 372 für weitere Überlegungen zu diesem Thema).

Die interviewten Wissenschaftler/innen im Bereich der Geschichte verwenden hauptsächlich sprachliche Daten, d.h. Texte wie historische Quellen. Eine Interviewte beschrieb besonders anschaulich, welche Auswirkungen diese Datenform auf die sprachlichen Anforderungen für Publikationen mit sich bringt:

Weil Geschichte eben auch so stark über die Sprache vermittelt wird und einfach die Beherrschung dieser Sprache ganz essentiell ist, um seine Gedanken und Argumente rüberzubringen. Es ist halt wenig mit Zahlen, es ist wenig mit irgendwie Statistiken oder so, dass man da sozusagen hauptsächlich sowieso eine andere Sprache verwendet und das dann nur kurz kommentiert oder sowas, sondern das ist wirklich, ja hauptsächlich Sprache. Und wenn man das dann halt nicht so beherrscht als Nicht-Muttersprachler, dann ist man da immer im Nachteil. (G1PD)

Ähnliche Nachteile wurden auch von anderen Geschichtswissenschaftler/innen wahrgenommen, wie auch der regelmäßige Einsatz und die Notwendigkeit mut-

tersprachlicher Korrekturleser nahelegen. Deutlich vorteilhafter für die Geschichtswissenschaftler erscheint dagegen die von vier Befragten (G1PD, G4P,
G5D, G6PD) genannte Praxis, deutsche Primärquellen in den internationalen
Diskurs einzubringen – ein ‚Alleinstellungsmerkmal' deutschsprachiger Wissenschaftler. Zwar erlaubt die vorhandene Zweisprachigkeit den Geschichtswissenschaftlern somit, deutschsprachige Quellen – in englischer Übersetzung natürlich – im internationalen Fachdiskurs zu verbreiten. Die dafür nötigen Übersetzungskompetenzen erhöhen allerdings wiederum die sprachlichen Anforderungen.

Zusammenfassend kann festgehalten werden, dass die Beschaffenheit der
Daten, auf die eine Fachkultur sich überwiegend bezieht, einen wichtigen Einflussfaktor hinsichtlich der gestellten sprachlichen Anforderungen darstellt. Das
Vorhandensein experimenteller Daten wie z.B. in der Biologie und im Maschinenbau könnte außerdem zur Einstellung der Befragten beitragen, dass der
Inhalt (z.B. in Gestalt von Abbildungen) wichtiger als die Form ist, was neben
einer relativ standardisierten Beschreibungssprache auch zu geringeren sprachlichen Anforderungen an die Forscher/innen führt. Im Gegensatz dazu wird das
Schreiben in der Geschichtswissenschaft als elementarer Bestandteil der Wis-
sensschaffung angesehen, wobei Sprache sowohl als kognitives Instrument als
auch als Forschungsobjekt dient. Die Arbeits- und Sichtweisen der Germanistischen Linguistinnen und Linguisten waren weniger homogen als in den anderen
hier untersuchten Fachkulturen, so dass einige der Befragten eher als experimentell arbeitend charakterisiert werden können, andere dagegen eher in geis-
teswissenschaftlicher Tradition schreiben.

4 Fazit

Ziel dieses Beitrages war es, herauszufinden, welche sprachlichen Anforderungen an Wissenschaftler, die auf Englisch publizieren, in verschiedenen Fachkulturen gestellt werden. Es wurde aufgezeigt, dass die Fachkultur – als Sammelbe-
griff für fachlich orientierte Schreib- und Veröffentlichungspraktiken, verbreitete Einstellungen und Sichtweisen sowie institutionelle Besonderheiten – ein
nützlicher Erklärungsfaktor im Hinblick auf die gestellten sprachlichen Anforderungen ist. Weiterhin wurde festgestellt, dass die tatsächlich benötigte Sprachkompetenz für Veröffentlichungen in englischer Sprache zwischen den hier
untersuchten Fächern, aber auch abhängig von der Karrierestufe, variiert. Dies

bedeutet letztendlich, dass die fortschreitende Anglisierung der Wissenschaften
unterschiedliche Auswirkungen auf Wissenschaftler verschiedener Fachkulturen
hat.

Präzisierend muss hinzugefügt werden, dass die hier vorgestellten Ergebnisse nicht für ganze Disziplinen gelten, da diese in manchen Fällen eine Reihe
von teildisziplinären Fachkulturen beinhalten, wie hier im Fall der Geschichts-
wissenschaftler/innen und Biolog/innen bereits dargelegt wurde. Dennoch ist
das zugrundegelegte Interviewkorpus in zweierlei Hinsicht ausgewogen: Erstens
integrierte es Wissenschaftler/innen mehrerer deutscher Universitäten und ver-
ringerte so die Wahrscheinlichkeit eines universitätsspezifischen Bias, zweitens
wurden die verschiedenen Status der Wissenschaftler/innen innerhalb ihrer
Fachkultur berücksichtigt, indem die Karrierestufe Berücksichtigung fand. Als
besonders sinnvoll erwies sich dies bei den Doktorandinnen und Doktoranden,
die häufig in ähnlichen Untersuchungen unberücksichtigt bleiben (z.B. Pérez-
Llantada et al. 2011, 20; Moreno et al. 2012, 162). Es ist jedoch bereits in der
Phase der Promotion eine Zunahme englischsprachiger Publikationen zu ver-
zeichnen, und in einigen Fachgebieten wird die Veröffentlichung in englischsprachigen Fachzeitschriften inzwischen sogar als Voraussetzung für den Abschluss der Promotion verlangt (vgl. Hyland 2012, 38). Wichtiger ist jedoch,
dass Doktoranden einen Teil von ‚Schreibteams' bilden, was je nach Fachkultur
zu variierenden sprachlichen Anforderungen beim wissenschaftlichen Schreiben
und Publizieren führt. Die Hauptergebnisse für die einzelnen hier untersuchten
Fachkulturen können wie folgt zusammengefasst werden:

- Die Geschichtswissenschaftler/innen im Korpus mussten den höchsten
  sprachlichen Anforderungen gerecht werden und sind daher überwiegend
  von muttersprachlichen Korrekturlesern abhängig. Ihre zweisprachige Arbeitsweise ermöglicht es ihnen zwar, sowohl zum deutschen als auch zum
  englischsprachigen Diskurs beizutragen, dies verlangt aber wiederum aus-
  gebaute Übersetzungskompetenzen. Weiterhin arbeiten sie überwiegend
  mit sprachlichen Daten und publizieren hauptsächlich in thematisch einschlägigen Publikationsorganen angloamerikanischer Provenienz, was häufig an Muttersprachler angelehnte Sprachnormen zur Folge hat. Sie kooperieren kaum beim Schreiben und können wenig bis gar nicht von der Ori-
  entierungsfunktion eines rigiden Textschemas und direkt wiederverwendbarer Textbausteine profitieren.

- Die Biologinnen und Biologen schreiben innerhalb sehr rigider Genre- und Sprachmuster und kommen überwiegend ohne Hilfe von Muttersprachlern aus. Es herrscht eine hierarchische Form der Schreibkooperation und Arbeitsteilung vor, bei der Wissenschaftler verschiedener Karrierestufen unterschiedlich verantwortungsvolle und anspruchsvolle Schreibaufgaben übernehmen. Obwohl eine klare Karriere-Orientierung zu englischsprachigen Ländern (insbesondere den USA) besteht, führt dies scheinbar nicht zu strikteren Sprachnormen. Vielmehr wird häufig der Primat von Inhalt über Form betont.

- Die befragten Maschinenbauer/innen profitieren von einer Übermacht nicht-muttersprachlicher Gutachter und Herausgeber in ihrem Feld, was in Ansätzen zu ‚Verhandlungen' über gültige sprachliche Normen geführt hat. In der Regel kooperieren sie beim Schreiben englischsprachiger Beiträge. Wie bei den Biologinnen und Biologen ist die Genre-Rigidität und sprachliche Formelhaftigkeit relativ hoch, was mit einer überwiegend experimentell-mathematischen Arbeitsweise zusammenhängen dürfte.

- Die Germanistischen Linguist/innen bilden eine eher heterogene Fachkultur,[11] in der sich sowohl experimentelle als auch sprachtheoretische Ansätze finden. Je nach Teildisziplin gibt es verschiedene Formen der Schreibkooperation. Einige der Befragten konnten zwar von ihren Deutschkenntnissen profitieren, es wird von ihnen aber auch verlangt, in beiden Sprachen zu veröffentlichen, was einen höheren sprachlichen ‚Wartungsaufwand' als z.B. für die einsprachig publizierenden Biologen bedeuten könnte. Sie sehen Muttersprachler des Englischen zwar als sprachlich überlegen an, weisen aber zugleich darauf hin, dass ihre eigenen Beiträge nicht unbedingt muttersprachlichen Ansprüchen genügen müssen.

Abschließend soll noch einmal deutlich gemacht werden, dass individuelle fremdsprachliche Fähigkeiten und insbesondere Schreibkompetenzen ohne Zweifel eine wichtige Rolle beim englischsprachigen Publizieren spielen. Dies festzustellen war jedoch nicht das Ziel dieses Beitrages. Vielmehr ging es darum, herauszufinden, wie die Verortung in bestimmten Fachkulturen entweder relativ

---

11 Möglicherweise bilden die hier untersuchten Linguistinnen und Linguisten auch zwei Fachkulturen, die durch ihre institutionelle Verortung an Germanistik-Instituten zwar gewisse Eigenschaften gemein haben, wie z.B. die wichtige Rolle des Deutschen, aber hinsichtlich sonstiger diskursiver Muster relativ heterogen sind (vgl. Shaw 2008, 6).

höhere oder niedrigere sprachliche Anforderungen für die involvierten Wissen-
schaftler/innen zur Folge hat. Während also Sprachkompetenz ein wichtiger
Einflussfaktor für erfolgreiches englischsprachiges Publizieren bleibt, sollte anerkannt werden, dass einige Wissenschaftler deutlich höheren sprachlichen Anforderungen gerecht werden müssen als andere, um erfolgreich auf Englisch zu
publizieren. Diese Differenzierung muss auch bei Analysen über die Auswirkungen der zunehmenden Anglisierung der Wissenschaften berücksichtigt werden.

Die von den Maschinenbauerinnen und Maschinenbauern beschriebenen
Sprachnormen sind bereits erste Anzeichen für eine Entwicklung hin zu nicht-
muttersprachlichen Normen des Englischen, bedingt durch eine starke nicht-
muttersprachliche Präsenz und die weitestgehend geteilte Annahme, dass es
beim Schreiben wissenschaftlicher Aufsätze in erster Linie um das Verbreiten
von Forschungsdaten, d.h. Fachinhalten, ginge. Die Neuverhandlung vorherr-
schender Sprachnormen durch Nicht-Muttersprachler in englischsprachigen
Diskursen (vgl. Mauranen 2012, 10) wäre ein wichtiger Schritt in Richtung *inter-*
nationale Diskurse, die diesen Namen auch verdienen. Eine solche Entwicklung
ginge allerdings über zu Recht gestellte Forderungen – wie z.B. eine größere
Toleranz gegenüber „linguistic peculiarities" nicht-muttersprachlicher Wissenschaftler (Ammon 2000, 111) – weit hinaus. Letztendlich hängt es jedoch von
den Diskursteilnehmenden ab, insbesondere den Herausgebern und Gutachtern
sowie den Verlagen, welche Standards sie in ihrem Fachgebiet etablieren möchten. Der Beitrag hat deutlich gemacht, dass Schreib- und Veröffentlichungspraktiken sowie Einstellungen gegenüber dem Englischen (und Deutschen) als
Wissenschaftssprache aus der Perspektive der jeweiligen Fachkultur verstanden
werden müssen.

Literatur

Aguado, Karin: Formelhafte Sequenzen und ihre Funktionen für den L2-Erwerb. In: ZfAL
     37 (2002), 27-49.

Airey, John: "I don't teach language". The linguistic attitudes of physics lecturers in Sweden.
     In: AILA Review Vol. 25. Integrating content and language in higher education, hg. von
     Ute Smit und Emma Dafouz, Amsterdam/Philadelphia 2012, 64-79.

Ammon, Ulrich: Towards more fairness in international English: linguistic rights of non-native speakers? In: Rights to language. Equity, power, and education, hg. von Robert Phillipson, New Jersey 2000, 111-116.

Ders. (Hg.): The Dominance of English as a Language of Science. Effects on the Non-English Languages and Language Communities, Berlin 2001.

Ders.: Linguistic inequality and its effects on participation in scientific discourse and on global knowledge accumulation – With a closer look at the problems of the second rank language communities. In: Applied Linguistics Review 3 (2012), H. 2, 333-355.

Becher, Tony: The significance of disciplinary differences. In: Studies in Higher Education 19 (1994), H. 2, 151-161.

Bolton, Kingsley/Kuteeva, Maria: English as an academic language at a Swedish university: parallel language use and the ‚threat‘ of English. In: Journal of Multilingual and Multicultural Development 33 (2012), H. 5, 429-447.

Clyne, Michael: Cultural differences in the organization of academic texts. In: Journal of Pragmatics 11 (1987), 211-247.

Ehlich, Konrad: The future of German and other non-English languages. In: Globalization and the Future of German, hg. von Andreas Gardt und Bernd-Rüdiger Hüppauf, Berlin/New York 2004, 173-184.

Ferguson, Gibson: The global spread of English, scientific communication and ESP: questions of equity, access and domain loss. In: Iberíca 13 (2007), H. 1, 7-38.

Flowerdew, John: The non-anglophone scholar on the periphery of scholarly publication. In: AILA Review Bd. 20: Linguistic inequality in scientific communication today, hg. von Augusto Carli und Ulrich Ammon, Amsterdam/Philadelphia 2007, 14-27.

Flowerdew, John/Li, Yongyan: English or Chinese? The tradeoff between local and international publication among Chinese academics in the humanities and social sciences. In: Journal of Second Language Writing 18 (2009), H. 1, 1-16.

Gnutzmann, Claus (Hg.): English in academia. Catalyst or barrier? Tübingen 2008.

Gnutzmann, Claus/Rabe, Frank: ‚Theoretical subtleties‘ or ‚text modules‘? German researchers’ language demands and attitudes across disciplinary cultures. In: Journal of English for Academic Purposes 13 (2014a), 31-40.

Dies.: „Das ist das Problem, das hinzukriegen, dass es so klingt, als hätt’ es ein Native Speaker geschrieben.“ Wissenschaftliches Schreiben und Publizieren in der Fremdsprache Englisch. In: Fachsprache/International Journal of Specialized Communication 36 (2014b), 31-52.

Haberland, Hartmut/Mortensen, Janus: Language variety, language hierarchy and language choice in the international university. In: International Journal of the Sociology of Language 216 (2012), 1-6.

Hamel, Rainer Enrique: The dominance of English in the international scientific periodical literature and the future of language use in science. In: AILA Review Bd. 20: Linguistic inequality in scientific communication today, hg. von Augusto Carli und Ulrich Ammon, Amsterdam/Philadelphia 2007, 53-71.

Hyland, Ken: Academic discourse. English in a global context, London/New York 2009.

Ders.: ‚The past is the future with the lights on': reflections on AELFE's 20th birthday. In: Ibérica 24 (2012), 29-42.

Ders.: Writing in the university: education, knowledge and reputation. In: Language Teaching 46 (2013), H. 1, 53-70.

Kelle, Udo/Kluge, Susann: Vom Einzelfall zum Typus. Fallvergleich und Fallkontrastierung in der qualitativen Sozialforschung, Wiesbaden 2010.

Lehnen, Katrin: Disziplinenspezifische Schreibprozesse und ihre Didaktik. In: Hochschulkommunikation in der Diskussion, hg. von Magdalène Lévy-Tödter und Dorothee Meer, Frankfurt a.M. 2009, 281-300.

Lillis, Theresa/Curry, Mary Jane: Academic writing in a global context. The politics and practices of publishing in English, London 2010.

Mauranen, Anna: Exploring ELF: Academic English shaped by non-native speakers, Cambridge 2012.

Moreno, Ana Isabel et al.: Spanish researchers' perceived difficulty writing research articles for English-medium journals: The impact of proficiency in English versus publication experience. In: Ibérica 24 (2012), 157-183.

Multrus, Frank: Fachkulturen. Begriffsbestimmung, Herleitung und Analysen, phil. Diss. Konstanz 2004.

Okamura, Akiko: Two types of strategies used by Japanese scientists, when writing research articles in English. In: System 34 (2006), H. 1, 68-79.

Peréz-Llantada, Carmen/Plo, Ramón/Ferguson, Gibson: ‚You don't say what you know, only what you can': The perceptions and practices of senior Spanish academics regarding research dissemination in English. In: English for Specific Purposes 30 (2011), H. 1, 18-30.

Petersen, Margrethe/Shaw, Philip: Language and disciplinary differences in a biliterate context. In: World Englishes 21 (2002), H. 3, 357-374.

Pogner, Karl-Heinz: Text- und Wissensproduktion am Arbeitsplatz: Die Rolle der Diskursgemeinschaften und Praxisgemeinschaften. In: Zeitschrift Schreiben, 2007, http://www.zeitschrift-schreiben.eu/Beitraege/pogner_Diskursgemeinschaften.pdf (09.06.2015).

Prior, Paul: Are communities of practice really an alternative to discourse communities? Paper presented at the American Association of Applied Linguistics, Washington 2003.

Samraj, Betty/Swales, John: Writing in conservation biology: searching for an interdisciplinary rhetoric? In: Language and Learning Across the Disciplines 3 (2000), H. 3, 36-56.

Shaw, Philip: Chapter one. Introductory remarks. In: Language and discipline perspectives on academic discourse, hg. von Kjersti Fløttum, Newcastle 2008, 2-13.

Swales, John: Research genres: Explorations and applications, Cambridge 2004.

Tardy, Christine: The role of English in scientific communication: Lingua franca or Tyrannosaurus rex? In: Journal of English for Academic Purposes 3 (2004), H. 3, 247-269.

Thomas, David: A general inductive approach for analyzing qualitative evaluation data. In: American Journal of Evaluation 27 (2006), H. 2, 237-246.

Wenger, Etienne: Communities of practice: Learning, meaning, and identity, Cambridge 1999.

Witzel, Andreas: Das problemzentrierte Interview. In: Forum Qualitative Sozialforschung 1, 2000, http://nbn-resolving.de/urn:nbn:de:0114-fqs0001228 (09.06.2015).

Modelle der Schreibprozessforschung und ihre Relevanz für die Schreibberatung und Schreibpraxis in den Natur- und Ingenieurwissenschaften

Ruth Neubauer-Petzoldt

„Ich wollte nie wieder Texte schreiben müssen – und habe deshalb Medizin studiert", so eine Doktorandin der Humanmedizin; „Was ist hier eigentlich von mir und was von anderen – mir kommt mein Text vor wie eine Collage"; „Ich weiß nicht, wie ich mit dem Schreiben anfangen soll." Solche und ähnliche Äußerungen höre ich in meinen Workshops zum wissenschaftlichen Schreiben für Studierende und für Graduierte in den Natur- und Ingenieurwissenschaften.[1] Dies sind die ganz praktischen Anliegen, von denen ich ausgehe und die ich in meinem Beitrag in die generellen Anforderungen wissenschaftlichen Schreibens in den Natur- und Ingenieur- oder Technikwissenschaften einordnen will. Welche Angst vor dem oder Unkenntnis über den Schreibprozess als solchen liegt diesen Aussagen zugrunde? Wie nimmt die vorliegende, meist linguistisch ausgerichtete Forschung darauf Bezug? Und welche konkreten Hilfen kann die Schreibberatung geben?

Die Schreibprozessforschung scheint mir einen vielversprechenden Ansatz zur Verbindung von Theorie und Praxis zu bieten, die neben den Phasen des Schreibens auch den ‚Zieltext', die wissenschaftliche Arbeit mit ihren extrinsischen Vorgaben und Formalien, berücksichtigt.

In den ersten drei Abschnitten meines Beitrags gebe ich einen Überblick über verschiedene Modelle und den Stand der Schreibprozessforschung und gehe kurz auf die unterschiedlichen Aspekte dieser Modelle ein, die sich als Prozess vs. Projekt, Linearität vs. Zirkularität, Norm vs. Individualität umreißen

---

1   Ich arbeite seit 2010 u.a. als Schreibberaterin und Leiterin von Workshops zum ‚wissenschaftlichen Schreiben' für Geistes- und Sozial-, aber auch v.a. Natur- und Ingenieurwissenschaftler/innen an verschiedenen Universitäten und Hochschulen für Angewandte Wissenschaften; ich habe durch Abfragen dokumentiert, worin die wichtigsten Anliegen und Probleme beim Verfassen einer Abschluss- oder Doktorarbeit liegen. Auch in meinen Seminaren für die Betreuung von Abschluss- und Projektarbeiten in den Ingenieurwissenschaften sind diese Ansätze relevant.

lassen. Ich skizziere dann mein favorisiertes Schreibprozessmodell, diskutiere die spezifischen Voraussetzungen und Kriterien der Schreibpraxis in den Natur- und Ingenieurwissenschaften, um zum Schluss exemplarisch die Verbindung von Theorie und Praxis des Schreibprozesses für die von mir praktizierte Schreibberatung als Anleitung zur Selbstreflexion der Schreibenden aufzuzeigen.

Der Fokus meines Beitrages richtet sich speziell auf diese Fächer, die für die Technischen Universitäten besonders relevant sind – und für die es außerdem vergleichsweise wenig ‚Ratgeber'-Literatur mit konkreten Anleitungen zum Schreiben gibt; die meisten Fächer orientieren sich an den APA-Normen,[2] und es gibt die große ‚Bibel' für die Naturwissenschaften (Ebel/Bliefert/Greulich 2006) und einige fachspezifische Schreibratgeber (Grieb/Sleymeyer 2008; Theuerkauf 2012).[3]

1 Die kognitionspsychologische Schreibprozessforschung seit Hayes/Flower

Ausgehend von den aktuellen Forschungsansätzen der v.a. prozessorientierten, meist kognitionspsychologisch ausgerichteten Schreibforschung (vgl. Hofer 2006) zeige ich, dass hier sowohl für den Schreibberater (und auch für den Betreuer von Arbeiten) als auch für jeden Schreibenden das produktivste Potential für die gemeinsame und die individuelle Reflexion in der Anleitung zur individuellen Schreibarbeit liegt.

Schreibprozessmodelle erweisen sich als mehr oder weniger praxisnah, sie adaptieren Prozesse und Produktplanungen aus anderen Bereichen oder versuchen, die Vielfalt individuellen (wissenschaftlichen) Schreibens vor dem Hinter-

---

2 Vgl. die Richtlinien der American Psychological Association (APA): http://www.ahsdg.be/PortalData/13/Resources/downloads/apanormen.pdf; außerdem sind die DIN 1505-2 und ISO 690-2 relevant.

3 Diese Ratgeber gehen mehr oder weniger ausführlich auf Textsorten, auf die Schreibtechnik mit Textverarbeitung und ihre Formate, auf die Gestaltung von Formeln, Abbildungen, Tabellen und fachspezifische Formalia sowie auf das Sammeln und die Zitiertechniken von Fachliteratur und auch auf die Wissenschaftssprache Deutsch ein. Die konkrete und ausführliche Reflexion des Schreibprozesses fehlt; implizit wird dieser thematisiert, wenn die Bestandteile einer Dissertation (Ebel/Bliefert/Greulich 2006, 52ff.), „Kreatives Schreiben" und die „drei Durchgänge" (Grieb/Sleymeyer 2008, 65f.) der Bearbeitung eines Textes behandelt werden.

grund eines zwangsläufig normierenden Modells durch verschiedene Schreibtypen aufzubrechen. Vor allem die Reflexion der eigenen Schreiberfahrung, das
Thematisieren von Ängsten und antizipierten Problemen, etwa von Prokrastination oder Schreibblockaden, initiieren – notgedrungen – die Auseinandersetzung mit dem Schreibprozess. Der Austausch im Schreibseminar, die Entlastung durch die gemeinsamen Erfahrungen und die Erkenntnis der ‚Normalität'
dieser Probleme sowie konkrete Problemlösungsstrategien sind wichtige emoti-
onale Faktoren, die meine Seminare begleiten.

In der Praxis müssen die konkreten subjektiven Erfahrungen durch objektiv nachvollziehbare Informationen aus der Schreibprozessforschung ergänzt
werden – und die Prüfung durch das jeweils spezifische Anforderungsprofil für
eine wissenschaftliche Arbeit bestehen. Dabei werden sowohl formale wie stilistische, argumentative als auch praktische Fragen geklärt und hier die jeweiligen Schwierigkeiten erfragt und behandelt. Außerdem ist mir auch eine stilistisch ansprechende und verständliche Wissenschaftssprache ein zentrales Anliegen, so dass hier rhetorisch und stilistisch reflektiertes ‚kreatives' Schreiben und
Überarbeiten relevant sind – auch wenn dies im vorliegenden Beitrag nicht
weiter verfolgt werden kann, sondern unter Fragestellungen zur Fach- und Wissenschaftssprache näher untersucht werden müsste.

Das Basismodell von John Hayes und Linda Flower (1980; vgl. Abb. 1)
wurde seit den 1980er Jahren weiter spezifiziert, indem umfassend versucht
wird, Person und Umfeld des Schreibenden zu berücksichtigen; andere gehen
verstärkt auf die Zusammenhänge zwischen Schreibprozess und Problemlö-
sungshandlungen ein und beziehen das Verhältnis von Schreiben und Wissen
mit ein oder betonen den kommunikativen Aspekt (vgl. Merz-Grötsch 2005).

Hayes und Flower verorten den Schreibprozess des Planens, Formulierens
und Überarbeitens in das soziale Aufgabenumfeld, den von außen gegebenen
Schreibauftrag (Thema, Adressat, extrinsische Motivation), der sich dann mit
den individuellen Voraussetzungen, der intrinsischen Motivation und dem Vorwissen um den Text und Kontext, hier als Langzeitgedächtnis der Autorin bzw.
des Autors bezeichnet, verbindet. Im Zentrum steht das ‚Arbeitsgedächtnis', das
auf der semantischen, phonologischen und strukturierenden Text- und Sprachebene arbeitet, visuelle und andere Informationen kurzzeitig speichert und das
mit den genannten Bereichen sowie kognitionspsychologisch in Interaktion mit

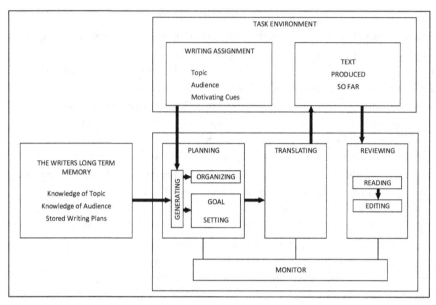

Abb. 1: The Writing Process (nach Hayes/Flower 1980, 11)

dem Text steht (vgl. Hayes 1996). Das Schreiben geschieht hier zielgerichtet, steht also nicht in einem rekursiven Austausch und folgt einem hierarchischen Ablauf.

Die ständige Rückkopplung und das allmähliche, prozedurale Verfertigen des Textes müssen immer auch in Verbindung mit dem Lesen gesehen werden, das hier relativ marginal und nur implizit unter den Kategorien Langzeitgedächtnis sowie visuelle und kognitive Prozesse auftaucht (vgl. Abb. 2): Der eigene Text wird in den verschiedenen Produktionsstadien immer wieder unter verschiedenen Aspekten und individuell abgestimmten Aufgabenstellungen gelesen, überarbeitet, revidiert, gekürzt, erweitert und zugleich durch Lektüre wissenschaftlicher Quellen an diese angebunden. Über die üblichen wissenschaftlichen Formalien des Zitats, der Paraphrase, des Verweises und zuletzt über den Paratext der Fußnoten und des Literaturverzeichnisses wird er in dieses Textuniversum eingespeist und in diesem Netzwerk verankert – was bereits die weitere Rezeption bzw. die Rückkopplung über die ‚Impact-Punkte' als Qualifikationskriterium andeutet.

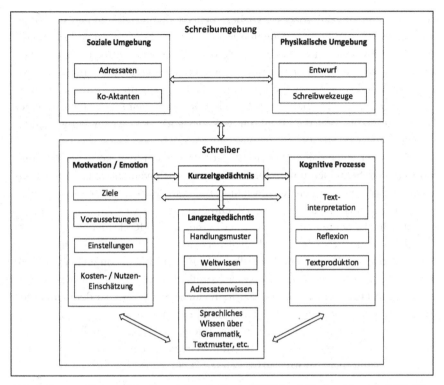

Abb. 2: Das modifizierte Schreibmodell nach Hayes (1996) (nach Becker-Mrotzek 2007, 43).

Im früheren Modell galt die Kontroll- und Steuerungsinstanz, der ‚Monitor', der sich auf Normen, Vorgaben, Vorbildtexte, auf Empfehlungen, Gespräche mit Betreuern oder die Lektüre von Schreibratgebern bezieht, als besonders wichtig; dieser tritt nun im überarbeiteten Modell (vgl. Hayes 1996; Abb. 2) ganz zurück hinter die aufgeschlüsselten individuellen kognitiven Prozesse.

Der Text wird i.d.R. mehr als einmal auf verschiedenen Ebenen überarbeitet und kontrolliert, z.B. auf stilistischer Ebene gemäß der fachwissenschaftlichen Sprachkonvention und im Hinblick auf die formale, argumentative und inhaltliche Formulierung. Hayes spricht beispielsweise von der Genauigkeit der Meinungsdarstellung etwa beim Ersetzen von nicht passenden oder missverständlichen Wörtern erst im Arbeitsgedächtnis und dann im Text und dies alles im Hinblick auf den eigenen Schreibplan (Hayes 1996, 14f.). Hayes unterscheidet zwischen dem Teilprozess des Überarbeitens, der gezielt und geplant vorgenommen wird, und der permanenten Revision und Arbeit an der Mikrostruktur des Textes, welche oft in der Formulierungsphase selbst erfolgen, die jedoch auch geradezu ‚unbewusst' ablaufen können; der bereits geschriebene Text, „text produced so far" (vgl. Abb. 1), gehört für Hayes dann zur physischen Aufgabenumgebung. Das Ganze wird noch potenziert beim Schreiben in einer Nicht-Muttersprache, i.d.R. Englisch, was hier aber nicht weiter berücksichtigt werden soll.

An dieser Stelle soll kurz zwischen kollaborativem bzw. kooperativem und individuellem Schreiben unterschieden werden. Auch wenn in den Naturwissenschaften nach bestimmten Regeln häufig mehrere Autoren aufgeführt werden, ist es, so die Aussage der Seminarteilnehmer/innen, meist ein Hauptautor, der das tatsächliche Schreiben ausführt, aber immer wieder Rücksprache mit seinem Forschungsteam hält bzw. im Idealfall nach jeder Schreibphase innerhalb des Schreibprozesses kompetentes Feedback, d.h. den Blick von außen auf die Textproduktion und kommunikative Selbstreflexion, einfordert. In diesem Sinne konzentriere ich mich hier auf das individuelle Schreiben, bei dem ein Autor für einen Text alleine verantwortlich ist und Feedback in seiner Peergroup bzw. vom Betreuer seiner Arbeit, auch in den unterschiedlichen Schreibphasen, einholt, aber nicht gemeinsam und gleichberechtigt an einem Text geschrieben wird (vgl. Beißwenger/Storrer 2010; Lehnen 2000).

5   Weitere Modelle der Schreibprozessforschung

Das Modell von Otto Ludwig (1983) knüpft an die Phasen der Problemlösung und ihre Rückkoppelung an (vgl. Abb. 3).

Ludwig betont, wie man dieser Abbildung entnehmen kann, dass der Schreibprozess iterativ auf verschiedenen Ebenen abläuft: Motivation, sprachliche Prozesse, konzeptionell und zielgerichtet auf das Produkt ausgerichtete Phasen wie auch motorische, routinierte Prozesse und ständiges Redigieren bis zum Schluss können sowohl nacheinander als auch parallel und wiederholt ablaufen. Dies beinhaltet wiederum vier Tätigkeiten: Das Korrigieren sprachlicher Fehler, das Emendieren als stilistische Verbesserung, das Redigieren im Hinblick auf Schreibziel, Adressatenbezug, Verständlichkeit und appellative Funktion sowie das Anlegen einer neuen Fassung, wenn der gesamte Prozess erneut durchlaufen wird.

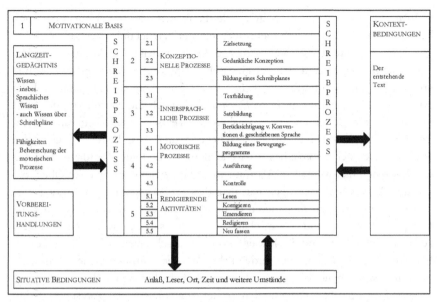

Abb. 3: Der Schreibprozess nach Otto Ludwig (1983, 46)

Ludwig charakterisiert diese *multilevel*, also die hierarchisch auf verschiedenen Ebenen ablaufenden Prozessphasen als sukzessiv; sie können aber auch zugleich iterativ und rekursiv erfolgen, z.t. metakognitiv bewusst und selbstreflexiv gesteuert werden oder auch ganz automatisiert bzw. intuitiv ablaufen (vgl. Ludwig 1983, 69, Abb. S. 52). Interaktivität bedeutet, dass jede Phase auf die anderen Phasen wirken kann, eine konzeptuelle Änderung also Rückwirkungen auf die Überarbeitung hat: dass „die einzelnen Komponenten miteinander reagieren und aufeinander wirken – und dies oft simultan –, macht die Dynamik des Schreibprozesses aus" (Merz-Grötsch 2005, 92).

Auch das Modell von Robert de Beaugrande (1984) betont die Komplexität des Schreibprozesses, wobei er vom linguistischen Sprachsystem mit seinen Teildisziplinen ausgeht, die aus seiner Sicht die Arbeit am Text bzw. an der Textproduktion prägen und die er als parallel verlaufende Gedächtnis- und Arbeitsprozesse beschreibt. Der Text ist hier als aktuelles Schreiben wie ein ‚Flaschenhals' eingespannt zwischen gespeichertem Wissen und dem idealen zukünftigen Text: Die kompetente sprachliche Verarbeitung von Informationen wie Satzbildung und Ausdruck wird erweitert um die etwas unscharfen Kontexte Idee und Ziel auf beiden Seiten. Alle diese Informationsverarbeitungs- und Textplanungsprozesse laufen mehr oder weniger parallel und interaktiv ab.

Eine auf älteste Quellen zurückgehende modellhafte Beschreibung des Schreibprozesses bedient sich der klassischen Rhetorik (vgl. Trappen 2003) und arbeitet mit drei Grundphasen: 1. *Inventio* als Phase der Stofffindung und der grundlegenden Argumentation; 2. *Dispositio* behandelt die Anordnung des Stoffes unter Berücksichtigung von Vorgaben und Textsorte, die Gliederung; 3. *Elocutio* als die sprachlich-stilistische Darstellung und Ausarbeitung. Die beiden letzten Phasen der *memoria*, des Auswendiglernens, und der öffentlichen Präsentation können hier wegfallen. Als Initiierung zum zielorientierten Schreiben, das v.a. den Adressaten vor Augen hat, mag dies funktionieren, aber um den Prozess des Schreibens zu reflektieren ist diese überlieferte Form der Textproduktionsplanung zu eng und zu pauschal – auch wenn sie zeigt, wie lange diese Prozesse des Schreibens und der Präsentation des Geschriebenen den Menschen als Kulturtechnik begleiten, und verdeutlicht, dass diese immer wieder aktualisiert werden und es neue Medien und Produktionsbedingungen des Textes (vgl. Molitor-Lübbert 1995, 48-66 zu den, so der Titel, neuen „elektronischen Bedingungen") zu berücksichtigen gilt.

Andere Modelle konzentrieren sich auf Einzelaspekte, z.B. auf den Umgang mit Wissen: Carl Bereiter und Marlene Scardamalia (1987) unterscheiden zwei grundsätzliche Schreibstrategien: das *knowledge-telling* als Mitteilen dessen, was der Schreiber weiß, was meist von eher unerfahrenen Schreibern praktiziert wird, und das *knowledge-transforming*, d.h. das Umformen von Wissen des Schreibenden, so dass es bestimmte Adressaten erreicht und von ihnen verstanden wird. Auch erfahrene Schreibende wenden jedoch häufig zunächst *knowledge-telling* an, um sich ihres eigenen Wissens bewusst zu werden. Schreiben wird hier v.a. als Prozess der Informationsverarbeitung verstanden, der sich erst in einem zweiten Schritt der Vermittlung durch das Medium gezielt bedienen kann und dann als Problemlösungsprozess den Fokus auf den Inhalt (Vorstellungen, Meinungen, Wissen) und auf die rhetorischen Strategien (Textsorte und Adressat) richten kann. Im *knowledge-transforming* wird das reflexive Denken beim Schreiben wichtig, indem neues Wissen und neue Texte einander bedingen und Schreiben selbst als epistemisch, als erkenntnisfördernd, verstanden wird.

Sylvie Molitor-Lübbert (1989 und 1996) betont, welch kognitive Herausforderung es ist, die Gesamtgestalt des Textes im Blick zu haben; sie differenziert zwischen den zwei grundsätzlichen Herangehensweisen des *top-down* und *bottom-up*: *Top-down*-Schreibende entwickeln zunächst eine Gliederung und produzieren anhand dieser ihren Text; dieser Schreibprozess ist eng verwandt mit der Deduktion, deren Argumentation vom Allgemeinen zum Besonderen oder von der Regel zum konkreten Beispiel voranschreitet; umgekehrt entsteht bei *bottom-up*-Schreibern die Textstruktur erst während des Schreibens. Dieses Modell knüpft an die Kognitionspsychologie und an Theorien zur Selbstorganisation der Schreibenden an. Häufig wenden Verfasser von Texten auch Elemente beider Strategien an. Molitor-Lübbert signalisiert in ihrem hier gezeigten Modell (vgl. Abb. 4), dass die Wissensvermittlung zwischen Leser und Schreiber (wobei der Schreiber auch immer Leser ist) in einem kommunikativen Rahmen stattfindet; sie fasst den Schreibprozess im Begriff der „Schreibstrategie" zusammen, auf die ich im nächsten Teil näher eingehe, da hier die individuellen Varianten innerhalb des Schreibens stärker berücksichtigt werden.

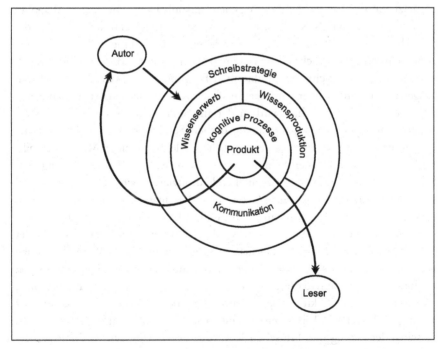

Abb. 4: Inhaltlicher und kommunikativer Rahmen wissenschaftlicher Textproduktion (entnommen aus Molitor-Lübbert 1995, 282)

6   Schreiben als kreativer, selbstreflexiver Zugang zur (wissenschaftlichen) Welt

Die letzten hier vorgestellten Modelle entfernen sich von einem produktorientierten Arbeitsprozess und sehen das Schreiben (und Lesen) wissenschaftlicher Texte in einem ganzheitlicheren Zusammenhang, den auch schon Otto Kruse mit dem Hinweis auf die kulturellen und individuellen Kontexte und auf die Rolle des Schreibens als Zugang zur Welt und das Erschließen neuer „symbolischer Interaktionsfelder" (Kruse 2010, 13) aufzeigte.

Peter Elbows expressiv orientiertes Konzept des Schreibens arbeitet in seinem Buch *Writing without Teachers* (1973, 1998) mit zwei Metaphern für den Schreibprozess: Die erste Metapher beschreibt das Schreiben als Wachsen, das bestimmte Phasen durchlaufen muss, den Text von den ersten Wörtern an sich entfalten lässt und nur begrenzt von außen steuerbar ist. Dieses *growing* ist eng vernetzt mit der Entwicklung der eigenen Persönlichkeit. Die zweite Metapher zeigt das Schreiben als Kochen, bei dem Ideen vor sich hin ‚köcheln', bis der Schreibende bereit ist, sie zu Papier zu bringen (vgl. Kornmeier 2009, der seine Anleitung zum wissenschaftlichen Schreiben analog zum Backen eines Gugelhupfes beschreibt). Schreiben funktioniert für Elbow interaktiv, d.h. dass Ideen ausgetauscht werden (hier wird das Feedback zentral) und zugleich auch ruhen müssen, um zu reifen – hier wird wieder an die erste Metapher angeschlossen. Auch wenn dieser Zugang der linguistischen Schreibprozessforschung relativ intuitiv erscheint, kann dieses anschauliche Reflektieren über Metaphern hilfreich sein, um den eigenen Schreibprozess zu analysieren. Dieser Zugang zum Schreiben kann auch ungeübte Schreibende motivieren, Schreiben *per se* als ‚persönliches Lernen' und als relevant für seine Auseinandersetzung mit der Welt bzw. der Welt der Wissenschaft zu begreifen. Die individuelle Bedeutsamkeit steht hier im Zentrum. Dem *freewriting*, das Elbow als einer der ersten in der Schreibprozessforschung zur Diskussion stellte, kann eine größere Bedeutung zukommen als nur als Mittel zur Überwindung anfänglicher Schreibhemmungen zu fungieren; es kann darüber hinaus auch intrinsisch motivieren und einen individuellen und direkten Zugang zum Schreiben eröffnen. Die Kontrollinstanz greift für Peter Elbow erst wieder beim sog. *editing*, also der bewussten Auseinandersetzung und kritischen Kontrolle des Textes. Durch die Fokussierung auf das Individuum bleiben hier jedoch u.U. die sozialen und kommunikativen sowie intertextuellen Aspekte des Schreibprozesses und -produktes unberücksichtigt (vgl. Hofer 2006, 100).

Das Einlassen auf den kreativen Prozess und die Erkenntnis seiner Vorzüge für die Persönlichkeitsentwicklung auch beim wissenschaftlichen Schreiben können hilfreich sein, um sich in den verschiedenen Phasen des Schreibprozesses intrinsisch zu motivieren. Oft wird der kreative Prozess zu wenig berücksichtigt oder gewürdigt und zu sehr vom Schreiben abgegrenzt bzw. nicht als Teil des Forschens und der schreibenden Auseinandersetzung gesehen: Die Ideensammlung und der Einstieg ins Schreiben, das Suchen und Finden der Frage wird zwar immer wieder als mühsam erfahren, doch ich habe hier mit Übungen aus dem kreativen Schreiben wie *freewriting*, dem freien und gelenkten Assoziieren beim Schreiben, gute Erfahrungen gemacht. Auch entlastet es die Schreibenden von der rein handwerklichen und rational zu durchdringenden Seite, wenn die Motivation und individuelle Vorgeschichte mitberücksichtigt wird und dieses ‚irrationale' Moment eigener Lebenserfahrung als Schreiberfahrung und die Entwicklung der Persönlichkeit durch Schreiben als reflexive Praxis mit in den Schreibprozess integriert wird. Dazu gehört beispielsweise die positive Erfahrung des Flows, das ganz automatisierte, scheinbar mühelose Schreiben innerhalb des Prozesses, das erst in einem zweiten Schritt wieder an die rückkoppelnde Phase des Überarbeitens eingebunden wird. Das Schreiben sollte nicht nur als zielführender Prozess begriffen werden, sondern ist selbst als Medium des Denkens und Reflektierens, als „reflexive Praxis", so Gerd Bräuer (2003 und Bräuer/Haist 2004; vgl. Berning 2002), angelegt, die auch die Metaebene der Selbstreflexion des Tuns miteinschließt, wie und auf welche Weise im Schreiben Wissen erfahren, umgesetzt und generiert wird. Auch Gerd Bräuer unterscheidet zwischen Strukturfolgern und Strukturschaffern. Seine praxisnahe Darstellung des Schreibprozesses[4] legt großen Wert auf regelmäßiges Feedback auch als Chance der Selbstreflexion. Bräuer baut gezielt Elbows kreative Schreibanlässe mit ein und öffnet das Modell für einen kreativen, epistemischen Schreibprozess.

---

4   Vgl. den anschaulichen ‚Spielplan' von Gerd Bräuer: Mein Schreibprozess:
    http://schreibzentrum.ph-freiburg.de/zisch/Mein%20Schreibprozess.pdf

7   Der Schreibprozess als kreatives Zusammenspiel von Schreiben, Lesen, Reden

Das nun vorgestellte Modell des Schreibprozesses zeigt eine Möglichkeit, die kognitive und die kommunikative Schreibprozessforschung sowie die Schreiberfahrungsdidaktik (vgl. Bräuer 2003) zu verbinden. Ich habe es in Anlehnung an jenes von Katrin Girgensohn und Nadja Sennewald (2012) entwickelt, um Lesen, Schreiben und Sprechen (und Forschen) enger zusammen wirken zu lassen. Ich diskutiere in meinen Workshops zunächst das Schreiben als Zusammenspiel aus den individuellen Voraussetzungen (physische und soziale Umgebung), Schreiblust, Vorwissen, intrinsischer Motivation und Interesse, verbunden mit den Vorgaben von außen: Schreibanlass, Zeitvorgaben und Adressat. Dann stelle ich die fünf Phasen vor, die jeweils Lesen, Schreiben und Reden vernetzen und deutlich machen sollen, dass ja immer schon Text da ist, mit dem und an dem gearbeitet wird. Das zyklische Moment soll trotz der Nummerierung in I bis V verdeutlichen, dass der Schreibende sich gleichzeitig in den unterschiedlichen Teilen des Texte in verschiedenen Phasen befinden kann und auch auf Phase III bei manchen Phase V folgt – oder zu Phase II zurückgekehrt wird (vgl. Abb. 5).

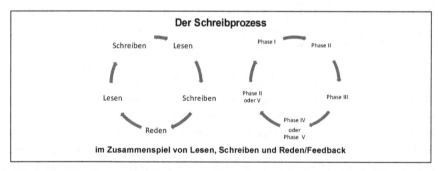

Abb. 5: Der Schreibprozess im Zusammenspiel von Lesen, Schreiben und Reden/Feedback.

In der Praxis werden trotz aller Betonung der Rekursivität die Phasenübergänge als besonders schwierig erlebt. Das heißt, dass der Beginn des eigentlichen Schreibens als ‚Sprung‘ erfahren wird; es wird nicht wahrgenommen, dass der Schreibprozess schon viel früher einsetzt, dass Schreiben ein kreativer Akt ist, Geschriebenes auch ‚immer schon‘ vorliegt, gelesen wird und dann im Gespräch weiter entwickelt werden kann, um in eigenen und fremden Worten (weiter-)geschrieben zu werden. Durch Üben wird eine Schreibkompetenz ausgebildet, die das intuitive mit dem reflektierten Schreiben produktiv verbindet.

Die Fokussierung auf das Endprodukt, den viele Seiten umfassenden Text, ist oft abschreckend. Um die Angst vor dem ‚großen Text' zu nehmen, hat es sich in der Praxis als hilfreich erwiesen, jenseits der Textsorte und der vorgegebenen Gliederung in vier bis fünf Hauptteile sich als Schreiber noch kleinere überschaubare Texteinheiten vorzunehmen und diese jeweils der Makrostruktur des Textprozesses folgend niederzuschreiben. Dazu gehört auch, dass ganze Texteinheiten collagenartig zusammengesetzt werden, wenn etwa das Exzerpt aus der Phase der Einarbeitung in ein Thema und der Lektüre von Quellen und ausformulierte Teile der Planung und der Textgliederung direkt in den fertigen Text einfließen: also z.B. als Ein- und Überleitung funktionalisiert werden – Hauptsache, das leere Blatt wird gefüllt und der Schreiber produziert auch redundanten Text, der dann auf vielfältige Weise und nach unterschiedlichen Intentionen überarbeitet werden kann.

Tab. 1: Der Schreibprozess im Zusammenspiel von Lesen, Schreiben und Reden/Feedback als Auseinandersetzung mit der Forschung. Adaptiertes, erweitertes Schreibprozessmodell von Girgensohn/Sennewald (2012, 102)

	Phase I Orientierung & Planung, Recherche, Thema finden und eingrenzen	**Phase II** Strukturieren und Gliederung entwerfen, Material auswerten	**Phase III** Schreiben der Rohfassung	**Phase IV** Überarbeiten, fehlende Infos einarbeiten	**Phase V** Korrekturphase, Text abschließen
L E S E N	Schnelles, kursorisches Lesen, Orientieren in Fachliteratur, Vorlage für Textsorte	Fokussiertes Lesen, Überblick, Auswahl, Zitate markieren	Lesen der Exzerpte und des eigenen Textes	Eigenen Text unter verschiedenen Aspekten kritisch lesen	Prüfendes Lesen, auf Details achten
S C H R E I B E N	Exzerpieren, Notizen Mit Literaturverwaltung arbeiten/ Bibliographieren, Zeitplan erstellen	Mindmap/Cluster; Schreibmedium wechseln; nach Vorgabe und thematischer Gewichtung; Makro-/ Mikrogliederung Exposé, Zeitplan Exzerpieren der Literatur	(intuitives) Schreiben des Textes, je nach Strategie/'Typ': in Teilen, der Gliederung folgen, mit leichtestem Teil beginnen Mindmap	Einleitung und Schluss, Überleitungen und fehlende Teile überarbeiten oder neu schreiben	Korrekturen einarbeiten, Ausdruck (Layout) überprüfen Endkorrektur
R E D E N Feed-back	Fragen diskutieren und Thema finden, Brainstorming, Eingrenzen im Gespräch mit Betreuer, Schreibsituation klären	Exposé vorstellen, Gliederung und Literatur (Vollständigkeit/ Auswahl) diskutieren, in Seminaren als Referat vorstellen mit Peers und Betreuer	Selbstreflexives Gespräch über Schreibprozess, mit Peers und Betreuer	Feedback zum Text einholen mit Peers und Betreuer (Probe-kapitel)	Kompletten Text Korrektur lesen lassen (Peers); Abgabe: Feedback von Betreuer
L E S E N	Lernen und Forschen: Vorwissen, Lesen von Fachliteratur, Lesen von liter. u.a. Texten, Vorbilder suchen, mit Formalia vertraut werden				
S C H R E I B E N	Exzerpte, Notizen, Mitschriften, Journal, Ideensammlung, Portfolio, E-Mails, Referate, Mindmaps zur Strukturierung von Ideen, Schreiben, 'üben' (verschiedene Kontexte)				
R E D E N	Laut denken, Über Beobachtungen und Erkenntnisse diskutieren, Argumente erproben, verschiedene Kontexte, z.B. Referat als Diskussionseinstieg				

8 Schreibstrategien: Individuelle Schreibtypen und ihr Zugang zum Schreibprozess

Die vorgestellten Modelle implizieren bereits Variationen im Ablauf und spezifische Eigenheiten oder Schwierigkeiten beim Verfassen von Texten. Im Folgenden sollen nun die verschiedenen, mehr oder weniger geplanten Strategien der Schreibenden berücksichtigt werden.

Die Wahl der Strategie ist abhängig von der Schreibaufgabe, dem Umfang des Textes, aber auch davon, welche Strategie der Schreiber bisher als erfolgreich erlebt hat. Schreibende zergliedern den Schreibprozess unterschiedlich markant in seine einzelnen Phasen, gewichten diese nicht in gleicher Weise oder verändern auch den Ablauf bzw. lassen einzelne Phasen in den Textteilen sehr viel kürzer aufeinander folgen. Die jeweiligen Strategien können für den Schreibenden jeweils unterschiedliche Risiken bzw. Schwierigkeiten kompensieren oder auch provozieren.

Hanspeter Ortner (2000) hat zehn Typen bzw. Schreibstrategien definiert, die auf einen engen Zusammenhang zwischen Schreiben und Denken abzielen, ohne diese kognitionspsychologisch oder linguistisch wie in den bereits vorgestellten Modellen aufzuschlüsseln; charakterisiert werden sie nach mehr oder weniger planvollen, einzelne Teilschritte abarbeitenden Typen: Zum Beispiel der ‚Aus-dem-Bauch-heraus-Schreiber‘, auch als Sofort- oder Spontanschreiber klassifiziert, oder der ‚Einen-Text-zu-einer-Idee-Schreiber‘, der den Text nicht mehr groß überarbeiten wird; der ‚Mehrversionen- oder Neuschreiber‘ sucht mit Hilfe neuer Formulierungen nach der optimalen Version und überarbeitet u.U. und mit großem Zeitaufwand den Text mehrmals komplett. Auch der ‚Text-aus-den-Korrekturen-Entwickler‘ überarbeitet den Text laufend, jedoch nur einzelne Textabschnitte. Das Planen kann und muss vorab auch ohne schriftliche Dokumentation stattfinden; bei umfangreicheren Texten oder um Feedback einzufordern, sollte die Gliederung auf dem Papier, als Stichwortliste oder ausführliches Konzept vorliegen. Dies ist die Grundlage für den planvollen Schreiber. Beim ‚Schritt-für-Schritt-Schreiben‘ werden die einzelnen Phasen des Schreibprozesses bewusst voneinander getrennt und nacheinander in einer ‚Strategie der (vielen) kleinen Schritte‘ abgearbeitet. Der Verfasser muss nicht in linearer Reihenfolge schreiben, sondern beginnt etwa mit dem Schluss oder mit dem Hauptteil anstatt mit der Einleitung.

Der synkretistische Schreiber wiederum vermischt Denken und Schreiben und entwickelt den Text aus vielen verschiedenen Bausteinen und Bruchstücken. Die Schreiber fangen immer wieder mit neuen Textteilen an und lassen alte liegen, die einzelnen Teile werden dann miteinander verknüpft. Für den Leser wird der Sinn damit nicht unbedingt verständlich oder nachvollziehbar, falls nicht genau auf eine zusammenhängende Argumentation und auf Überleitungen geachtet wird. Beim Schreiben strukturierter Einzelteile ist die Ausrichtung auf einen Plan mit einer sinnvollen Gesamtlösung wichtig; wenn etwa beim Schreiben nach dem ‚Puzzle-Prinzip' der Autor extrem produktzerlegend vorgeht und ohne Überblick und vorherige Gliederung geschrieben wird, so dass der Endpunkt des Textes nicht klar ist, wird der Text häufig gar nicht beendet. Im Gegensatz dazu richtet die Strategie des nicht-zerlegenden Schreibens den Fokus auf die Idee, das Ziel des Gesamttextes, wie dies i.d.R. in der Schule vermittelt wird. Über die redaktionelle Arbeit an Vorfassungen als Bearbeitungsgrundlage wird der fertige Text gleichsam linear erstellt und nochmals redigiert, ausgehend von einer Gliederung, als schrittweises Vorgehen auf das fertige Produkt ausgerichtet. Diese Strategie wird häufig beim Schreiben wissenschaftlicher Texte angewandt. Ein Schritt folgt hier konsequent auf den nächsten: Das Sammeln des Materials, das Konzipieren, Gliedern, Formulieren, Überarbeiten, Korrigieren usw.

Die Schreibertypen lassen sich auch durch Metaphern veranschaulichen: etwa durch den Abenteurer mit dem Motto: ‚frei drauf los' oder durch das Eichhörnchen, das sammelnd und springend seinen Text collagenartig herstellt. Die Goldgräberin schürft tief und folgt idealerweise einem Plan, während die Zehnkämpferin mehrere Anläufe nimmt (vgl. Scheuermann 2011, 16-23).[5]

Im Folgenden stelle ich die Schreibtypen nach Künstler-Metaphern vor, die sich mehr oder weniger an einem Plan, einer Struktur orientieren bzw. dem Schreibprozess linear, kursorisch oder sprunghaft folgen.[6]

Der ‚Zeichner' erstellt zunächst einen groben Plan, den er mit Überschriften markiert. Er folgt diesen Überschriften, verändert sie aber wenn nötig und springt jeweils zu dem Punkt, der im Moment am einfachsten oder wichtigsten erscheint. Er überarbeitet den Text regelmäßig, z.B. jeden Tag als Einstieg oder

---

5   Vgl. auch den Schreibtypen-Test in: http://www.europa-uni.de/de/struktur/zfs/schreib
     zentrum/arbeitskreis/JoSch-Nr-4-April-2012-Sonderdruck.pdf, 95-87.
6   Ich danke für diese Metaphern und Beschreibung der Schreibtypen Erika von Rautenfeld und Dzifa Vode.

nach jedem Unterkapitel auf inhaltlicher wie stilistischer Ebene. Der ‚Ölmaler' startet oft mit einem ersten Entwurf und beginnt schnell mit der Niederschrift eines zusammenhängenden Textes. Er notiert sich seine Ideen, um diese später einzuarbeiten, lässt sich gerne durch ein Thema treiben und liest viel. Er muss das Geschriebene intensiv überarbeiten, wobei er auch hier nicht der Reihe nach vorgeht, sondern eher seiner Laune, dem Zufall oder seiner Intuition folgt. Er möchte sich beim Schreiben nicht frühzeitig festlegen, sondern entwickelt noch neue Ideen oder setzt den Text aus vielen Teilen nach und nach zusammen, wobei im Prinzip noch ‚alles' geändert bzw. ‚übermalt' werden kann. Der ‚Maurer' baut systematisch seinen Text Block für Block auf und ‚poliert' jeden Satz sowohl auf der Ebene von Grammatik und Stil als auch auf inhaltlicher Ebene. Er muss perfekt sein, bevor es weitergeht. Aber es fällt ihm häufig schwer, den Überblick über den ganzen Text zu behalten, v.a. wenn kein detaillierter Plan vorliegt. Nur ungern wird an einem neuen Textteil, einer neuen Mauer gearbeitet, wenn das vorherige ‚Stockwerk' noch nicht abgeschlossen ist. Zum Schluss wird noch einmal alles, aber eher zaghaft, überarbeitet. Der ‚Architekt' ist umso mehr von einem genauen Plan auf Papier bzw. als Datei abhängig und erstellt stets eine detaillierte Gliederung, die er mit Überschriften versieht und mit Text füllt. Er kann mit dem ersten Kapitel anfangen, manchmal auch mit dem leichtesten, und er hat beim Schreiben ein hohes Kontrollbedürfnis. Der Text wird gründlich, meist vom Anfang bis zum Schluss, überarbeitet. Ebenso ist der ‚Aquarellmaler' ein genauer Planer, der seinen Text sogar im Detail vorausberechnet. Dabei erstellt er nicht unbedingt eine Gliederung, er hat aber eine vor Augen, der er folgt und über die er vor dem Schreiben lange nachgedacht hat. Er schreibt den Text in einem Zug in einer fast druckreifen Fassung, so dass das Geschriebene nur minimal überarbeitet werden muss.

Die über diese Darstellung initiierte Selbstanalyse der Schreibenden im Hinblick auf die Modelle des Schreibprozesses und der kritischen Befragung nach eigenen Strategien macht den Betroffenen ihre individuellen Problemlösungsprozesse und die damit verbundenen Vor- und Nachteile und die Konsequenzen etwa für ihre Zeitplanung deutlich: z.B. ob derjenige mehr oder weniger Zeit etwa für die Überarbeitungsphase einplanen muss, früh mit dem Schreiben beginnen soll und kann oder auf jeden Fall eine ausführliche Gliederung entwerfen sollte, auch wenn er dies bisher oder bei kürzeren Texten nicht benötigte.

Alle diese Modelle versuchen, Theorien des kognitiven Verarbeitens von Informationen sowie Kommunikations- und Interaktionstheorien auf den verschiedenen Ebenen und in den verschiedenen Phasen des Schreibprozesses zu berücksichtigen – mit mehr oder weniger starker Ausrichtung auf das Endprodukt, dessen Besonderheiten in den Natur- und Ingenieurwissenschaften nun noch knapp vorgestellt werden.

9   Die Besonderheiten naturwissenschaftlicher und technischer Arbeiten

In der Regel ist für Projekt- und Abschlussarbeiten sowie für Aufsätze in den natur- und technikwissenschaftlichen Fächern der Aufbau im Rahmen fachspezifischer Modifikationen vorgegeben. Die Forschungsfrage wird im Team entwickelt und eingegrenzt und ist Teil eines größeren Ganzen – etwa bei Diplomarbeiten, die Zulieferer zu Dissertationen sind. Der Aufbau umfasst üblicherweise ein Abstract oder eine knappe Zusammenfassung, die Einleitung mit der Problemstellung, die Darstellung der Methodik mit Material, Arbeitshypothesen und Forschungsstand, die oft stark formalisiert sind und sogar auf standardisierten sprachlichen Wendungen beruhen können; es folgen die Ergebnisse und der Teil, der meist als wichtigster und auch schwierigster Abschnitt empfunden wird, so die Teilnehmer/innen in meinen Workshops: die Diskussion und der Ausblick mit Anwendung sowie das Literaturverzeichnis, Abbildungsverzeichnis und der Anhang. Hier muss also anfangs weniger Energie in eine thesenartige Gliederung investiert werden. Dieser Aspekt taucht in der Mikroebene der Argumentation wieder auf, wenn nicht nur die Argumente auf den Resultaten und dem Forschungsstand aufbauen sollen, sondern ein ‚roter Faden' sichtbar sein, ja eine ‚Story' für einen gewissen Spannungsverlauf sorgen soll, der in der Einleitung skizziert wird und in der Darlegung der Ergebnisse und v.a. der anschließenden Diskussion kulminiert, die der anspruchsvollste und kreativste Teil der Arbeit ist. Außerdem wird immer wieder – v.a. von den Betreuern der Arbeiten – empfohlen, hier anschaulich und mit Grafiken zu arbeiten, die oft sehr aufwendig zu erstellen sind, aber auch entsprechend viel Aufmerksamkeit der Leser bzw. Gutachter der Arbeit auf sich ziehen. Während kreative und strukturierende Methoden wie Mindmapping und Clustern oft schon bei der Gliederung der Arbeit und dann nochmals für einzelne Kapitel empfohlen werden, sind sie für den Teil der Diskussion als Gliederungshilfe am sinnvollsten. Erst im Anschluss daran werden absatzweise Argumente strukturiert. Dabei sind Überleitungen und Querverweise wichtig, um die Fragestellung, das eigene Resultat und alternative Ergebnisse zu besprechen und schließlich zu einer Synthese zu gelangen, die der eigenen Lösung bzw. Interpretation der neuen Ergebnisse entspricht.

Ein spezieller Punkt insbesondere für die Medizin ist der von Graduierten oft angemahnte, aber in der wissenschaftlichen Praxis trotz aller (öffentlich und universitär formulierten) Sensibilitäten für dieses Thema (vgl. die Vorschläge der Deutschen Forschungsgemeinschaft für die „Sicherung guter wissenschaftlicher Praxis"; DFG 2013) immer noch ‚sorglose' Umgang mit fremden Quellen. Dies zeigt sich in der unreflektierten bzw. ‚direkten' Verwendung von fremdem Gedankengut, das nicht im Text, sondern nur im Literaturverzeichnis, nachgewiesen wird, da es ‚nicht üblich' sei, wenn man sich auf gängige Formulierungen und Ergebnisse beziehe, die man ja kaum ‚besser oder anders' schreiben könne; ‚Copy-and-paste' wird damit inoffiziell akzeptiert. Dieser ‚synkretistische' Umgang mit Zitaten wird durch die formalisierten Vorgaben, Worthülsen und einen begrenzten Wortschatz zu benutzen, geradezu ‚nahegelegt'. Manches lässt sich kaum in Synonymen ausdrücken und auch nicht zusammenfassen, da der Fokus der Rezeption ohnehin auf den *conclusions* (dem Ergebnis- und Diskussionsteil) liegt, die bereits sehr kondensiert geschrieben sind und dann ‚abgeschrieben' werden.

10 Pragmatische Schlussbemerkung zur Relevanz des Schreibprozesses in der Schreibberatung

Zentral erscheint mir, dass der Schreibprozess nicht linear ist, sondern die einzelnen Phasen sich ablösen, aber die Reihenfolge sich ändern kann: Jede Phase kann sich in jedem Teil der Arbeit rekursiv darstellen, der Schreiber befindet sich also beim Hauptteil oder der Diskussion in der Phase des Formulierens, zugleich überarbeitet er nochmals die Gliederung, bezieht also die Planungsphase mit ein, liest parallel aktuelle Forschungsliteratur, die er in den Entwurf des Forschungsüberblicks einarbeitet, und dies beeinflusst dann wieder die Diskussion seines Ergebnisses, das er erweitert bzw. ändert.

Außerdem handelt es sich hier immer um idealtypische Modelle: Wie sich diese einzelnen Phasen zeigen, kann individuell höchst unterschiedlich sein, so dass es für den Schreiber oft eher irritierend ist, sich mit normativen Vorgaben zu vergleichen. Die individuellen Schreibstrategien, entweder als Strukturfolger oder -schaffer, sind ebenso wichtig – man denke an den ‚Architekten‘ oder den ‚Ölmaler‘. Erstaunlicherweise sind diese Typen in jedem Fach zu finden, auch wenn man vielleicht meinen könnte, der ‚Architekt‘ passe eher in die Ingenieurwissenschaften, der ‚Ölmaler‘ möglicherweise zur Literaturwissenschaft.

Es ist eine Illusion, den idealen Schreiber definieren zu können. Wie jeder, der schreibt, weiß: Schreibende sind gerade im wissenschaftlichen Umfeld trotz fortschreitender Routine und Erfahrungen im Umgang mit diversen Problemen konfrontiert, auch wenn die Formalia für den Einzelnen kein Problem darstellen sollten und man erfolgversprechende Strategien für den eigenen Prozess hin zum Endprodukt des wissenschaftlichen Werkes entwickelt hat – sei es, dass man sich immer wieder in neue Themen und Inhalte, neue Projekte und aktuelle Fachliteratur einarbeitet, sei es, dass die diversen Publikationsorgane mal mehr mal weniger exzentrische Stylesheets vorgeben oder dass eine Schreibblockade die Arbeit für Tage oder Wochen – an längere Phasen möchte man gar nicht denken – lahmlegt. Aber die Kompetenz als Schreiber wissenschaftlicher Texte kann natürlich erweitert und perfektioniert werden – gerade durch das kreative und epistemologische Potential des Schreibens als Vorgang und Abbild des Denkens und der ihm impliziten Selbstreflexion.

Der Schreibprozess soll meiner Ansicht nach möglichst ‚umfassend‘ und in seiner Komplexität angemessen dargestellt werden sowie in der Praxis zugleich – ausgehend von dem jeweiligen Modell – individuell reflektiert stattfinden. Mit anderen Worten sollte wenigstens in Ansätzen auch der kulturelle und soziale Kontext thematisiert werden. Die Relevanz des wissenschaftlichen Schreibens und seiner fachspezifischen Eigenheiten ist v.a. als ‚Prüfungsleistung‘ nachvollziehbar, doch fungiert es auch als Ausweis des gruppenspezifischen Dazugehörens und impliziert, dass jedes Fach sich von anderen Fächern abgrenzt.

Aus der Perspektive der Schreibberatung kann und soll diese Beratung in jeder Phase des Schreibprozesses greifbar sein, so dass sich der Schreibende in einem permanenten Dialog immer wieder Feedback zum Text holen kann und soll – zusätzlich zum Peer-Feedback und zur Sprechstunde mit dem Betreuer, der bestimmte ‚Meilensteine‘, etwa das endgültig eingegrenzte Thema, die Liste der Fachliteratur, die Gliederung und ein Probekapitel ‚absegnet‘. Es ist alles möglich und erlaubt, was für den Einzelnen funktioniert – und man lernt und forscht bzw. vermittelt die eigenen Forschungsergebnisse auch und gerade auf der selbstreflexiven Metaebene des (wissenschaftlichen) Schreibens.

Literatur

American Psychological Association: Richtlinien der American Psychological Association (APA): http://www.ahs-dg.be/PortalData/13/Resources/downloads/apanormen.pdf (20.05.2014).

Becker-Mrotzek, Michael: Aufsatz- und Schreibdidaktik. In: Angewandte Linguistik. Ein Lehrbuch, 2. überarbeitete und erweiterte Auflage hg. von Karlfried Knapp et al., Tübingen/Basel 2007, 36-55.

Beißwenger, Michael/Storrer, Angelika: Kollaborative Hypertextproduktion mit Wiki-Technologie. Beispiele und Erfahrungen im Bereich Schule und Hochschule. In: Schreiben und Medien. Schule, Hochschule, Beruf, hg. von Eva-Maria Jakobs, Katrin Lehnen und Kirsten Schindler, Frankfurt a.M. 2010, 13-36.

Berning, Johannes: Schreiben als Wahrnehmungs- und Denkhilfe: Holistische Schreibpädagogik. Münster/New York 2002.

Bräuer, Gerd: Schreiben als reflexive Praxis. Tagebuch, Arbeitsjournal, Portfolio, Freiburg i.Br. 2003.

Ders.: Mein Schreibprozess, 2011: http://schreibzentrum.ph-freiburg.de/zisch/Mein%20Schreibprozess.pdf (20.05.2014).

Bräuer, Gerd/Haist, Karin (Hgg.): Schreiben(d) lernen, Hamburg 2004.

DFG: Vorschläge zur Sicherung guter wissenschaftlicher Praxis. Denkschrift. Empfehlungen der Kommission „Selbstkontrolle in der Wissenschaft", ergänzte Auflage, Weinheim 2013.

Ebel, Hans Friedrich/Bliefert, Claus/Greulich, Walter: Schreiben und Publizieren in den Naturwissenschaften, Weinheim [5]2006.

Elbow, Peter: Writing With Power. Techniques for Mastering the Writing Process, New York [2]1998 ([1]1981).

Ders.: Writing without Teachers, New York [2]1998 ([1]1973).

Girgensohn, Katrin/Sennewald, Nadja: Schreiben lehren, Schreiben lernen, Darmstadt 2012.

Grieb, Wolfgang/Slemeyer, Andreas: Schreibtipps für Studium, Promotion und Beruf in Ingenieur- und Naturwissenschaften, Berlin/Offenbach [8]2008.

Hayes, John R./Flower, Linda S.: Identifying the Organization of Writing Processes. In: Cognitive Processes in Writing, hg. von Lee W. Gregg und Erwin R. Steinberg, Hillsdale 1980, 3-30.

Hayes, John: A New Framework for Understanding Cognition and Affect in Writing. In: The Science of Writing. Theories, Methods, Individual Differences, and Applications, hg. von Michael C. Levy und Sarah E. Ransdell, New Jersey 1996, 1-27.

Hofer, Christian: Blicke auf das Schreiben: Schreibprozessorientiertes Lernen. Theorie und Praxis, Wien 2006.

Kornmeier, Martin: Wissenschaftliches Schreiben leicht gemacht. Für Bachelor, Master und Dissertation, Bern/Stuttgart/Wien ²2009 (¹2008).

Kruse, Otto: Lesen und Schreiben, Wien 2010.

Lehnen, Katrin: Kooperative Textproduktion. Zur gemeinsamen Herstellung wissenschaftlicher Texte im Vergleich von ungeübten, fortgeschrittenen und sehr geübten SchreiberInnen, phil. Diss., Bielefeld 2000.

Ludwig, Otto: Einige Gedanken zu einer Theorie des Schreibens. In: Schriftsprachlichkeit, hg. von Siegfried Grosse, Düsseldorf 1983, 37-73.

Merz-Grötsch, Jasmin: Schreiben als System, 2 Bde., Bd. 1: Schreibforschung und Schreibdidaktik: Ein Überblick, Freiburg i.Br. ²2005 (¹2000).

Molitor-Lübbert, Sylvie: Schreiben und Kognition. In: Textproduktion. Ein interdisziplinärer Forschungsüberblick, hg. von Gerd Antos und Hans P. Krings, Tübingen 1989, 278-296.

Dies.: Wissenschaftliche Textproduktion unter elektronischen Bedingungen. Ein heuristisches Modell der kognitiven Anforderungen. In: Wissenschaftliche Textproduktion. Mit und ohne Computer, hg. von Eva-Maria Jakobs, Dagmar Knorr und Sylvie Molitor-Lübbert, Frankfurt a.M. u.a. 1995, 48-66.

Dies.: Anstelle eines Nachwortes. Überlegungen zum Schreiben in den Wissenschaften. In: Wissenschaftliche Textproduktion. Mit und ohne Computer, hg. von Eva-Maria Jakobs, Dagmar Knorr und Sylvie Molitor-Lübbert, Frankfurt a.M. u.a. 1995, 275-288.

Dies.: Schreiben als mentaler und sprachlicher Prozeß. In: Schrift und Schriftlichkeit. Ein interdisziplinäres Handbuch internationaler Forschung, hg. von Günther Hartmut et al., Berlin/New York 1996, 1005-1027.

Ortner, Hanspeter: Schreiben und Denken, Tübingen 2000.

Ders.: Schreibtypen, http://schreibhelden.com/2012/05/schreibtypen-nach-ortner/ (20.05.2014).

Scardamalia, Marlene/Bereiter, Carl: Knowledge Telling and Knowledge Transforming in Written Composition. In: Advances in Applied Psycholinguistics, Bd. 1, hg. von Sheldon Rosenberg, Cambridge u.a. 1987, 142-175.

Scheuermann, Ulrike: Die Schreibfitness-Mappe: 60 Checklisten, Beispiele und Übungen für alle, die beruflich schreiben, Wien 2011.

Theuerkauf, Judith: Schreiben im Ingenieurstudium. Effektiv und effizient zur Bachelor-, Master- und Doktorarbeit, Paderborn 2012.

Trappen, Stefan: Repertoires öffnen. Ein Rhetorik-Modell für Schreibtrainings. In: Schreiben: Von intuitiven zu professionellen Schreibstrategien, hg. von Daniel Perrin et al., Wiesbaden ²2003 (¹2002), 171-184.

Schreiben unterrichten in den Natur- und Ingenieurwissenschaften

Schreiben und Naturwissenschaften in der Hochschule

Unvereinbare Gegensätze oder fruchtbare Zusammenarbeit?

Kerrin Riewerts

In den Naturwissenschaften ist das Schreiben eine Tätigkeit, die selten eingehender beachtet und kaum explizit vermittelt wird; selten wird hier das Schreiben an sich (bzw. der Schreibprozess) diskutiert. Vordergründig ist die Laborphase wesentlich, das Schreiben wird lediglich als ein Zusammentragen der Ergebnisse für die Publikation angesehen.

Wenn man die Arbeitsweise eines Naturwissenschaftlers dagegen tatsächlich eingehender betrachtet, so wird deutlich, wie wichtig Schreiben in allen Phasen des Forschungsprozesses ist. So könnten die o.g. Disziplinen dennoch als schreibintensiv bezeichnet werden. Das Führen eines Laborjournals, das Auswerten und Visualisieren der Daten und diese in einen Forschungskontext zu bringen – all dies sind schreibende Tätigkeiten. Mit dem theoretischen Ansatz des weiter unten beschriebenen *writing in the disciplines* (WiD), der in den USA im Moment State of the Art ist, wird deutlich, wie eng Schreiben, fachliches Handeln und wissenschaftliches Denken miteinander verbunden sind und welche großen Chancen im Schreiben auch in den naturwissenschaftlichen Disziplinen stecken.

Dieser Artikel gibt im ersten Abschnitt einen kurzen Einblick in die Genese der didaktischen Reflexion über das Schreiben in den Fächern und seine praktischen Konsequenzen. Danach geht es speziell um das Schreiben in den Naturwissenschaften und die Möglichkeiten zur Unterstützung und Anleitung im Studium. Hier liegt der Fokus insbesondere auf der obligatorischen Schreibaufgabe: dem Labor-Protokoll. Der letzte Teil stellt drei Beispiele vor, wie an der Universität Bielefeld Schreibaktivitäten im naturwissenschaftlichen Studium eingesetzt werden, um Studierende bei der Entwicklung fachlicher Handlungskompetenzen zu unterstützen.

1   Entwicklung von WiD

In den USA besteht eine lange Tradition, Studierende in der Studieneingangsphase auf das akademische Schreiben vorzubereiten. Russell beschreibt, dass an
den amerikanischen Hochschulen *first year composition courses* für alle Studierenden
schon seit fast 150 Jahren verpflichtend sind; ein Grund dafür findet sich in der
seit jeher sehr heterogenen Studierendenschaft (vgl. Russell et. al. 2009). Ein
Problem jedoch war, dass Studierende aller Fächer dieselbe, meist vom English
Department verantwortete Einführung in das Schreiben erhielten. Deren
Schwerpunkt lag dann auch auf Englisch als Wissenschaftssprache und nicht
auf dem Schreiben in der Mathematik, Chemie oder solchen anderen Fächern,
in denen es nicht darauf ankommt, einen Essay schreiben zu können, sondern
jeweils fachspezifisch je eigene Genres zu bedienen. Mitte des letzten Jahrhunderts regte sich erste Kritik an diesem Format: Die in den herkömmlichen
Schreibkursen vermittelten Fähigkeiten seien viel zu allgemein, als dass sie auf
alle Fächer übertragbar wären (vgl. Thaiss/Porter 2010, 535). Aus dieser Einsicht heraus entwickelten sich zahlreiche Programme, die unter dem Titel *writing
across the curriculum* (WAC) formierten. WAC-Programme und eine entsprechende professionelle Vernetzung gibt es seit den 1980er Jahren. Solche Programme
unterstützen Studierende durch ein breitgefächertes Angebot, akademisches
Schreiben zu lernen. Sie zielen zudem auch darauf, Lehrende dazu anzuregen,
Schreiben effektiver in ihren Veranstaltungen einzusetzen (vgl. Russell et al. 2009).
Heute bieten weit über die Hälfte aller Hochschulen in den USA WAC-Programme an (vgl. Thaiss /Porter 2010, 541).[1]

Aus der WAC-Bewegung differenzierte sich ein weiterer konzeptioneller
Ansatz aus, das sog. *writing in the disciplines* (WiD). WiD-Programme haben die
Idee *des* akademischen Schreibens hinter sich gelassen und gehen davon aus,
dass die Schreibanforderungen und Methoden in jedem Fach unterschiedlich
sind und von den spezifischen Denk- und Handlungsweisen aus gedacht werden müssen, die das jeweilige Fach beherrschen. Nach Russell verfolgen WiD-
Programme zwei Ziele: zum einen, die Studierenden dabei zu unterstützen, zu
lernen, wie Experten in ihrem Fach schreiben und kommunizieren und zum
anderen zu lernen, dabei auch wie Experten ihres Fachs zu denken. Schreiben

---

1   Seit einigen Jahren wird WAC in den USA durch das Programm *communicating across
    curriculum* (CaC) erweitert: Das Schreiben wird durch weitere Kompetenzen wie das Prä-
    sentieren und Redenhalten ergänzt.

wird hier als ein fachliches Handeln begriffen – untrennbar verbunden mit der Fähigkeit, fachliches Denken in Sprache zu bringen. WiD-Programme, so Thaiss und Porter, unterstützen nicht nur, sondern bilden auf Basis ihres Grundansatzes auch Theorien über Strukturen des Schreibens im jeweiligen Fach (vgl. Thaiss/Porter 2010, 538). WiD-Programme sind genuin auf Praxisforschung angewiesen.

Carter (vgl. Carter/Ferzli/Wiebe 2007) bringt den Unterschied zwischen WAC- und WiD-Programmen auf den Punkt, indem er sagt, dass WAC gleichzusetzen sei mit *learning to write*, also darauf abziele, dass Studierende disziplinspezifische Formen des Schreibens lernen, während WiD ein *writing to learn* impliziere; hier lernen die Studierenden durch das Schreiben, wie Experten in der jeweiligen Disziplin zu denken, zu handeln – und zu schreiben.

Schreiben ist gemäß des WiD-Ansatzes Handeln. Es ist nicht einfach eine kontextneutrale, d.h. ein für alle Mal lernbare und gelernte Kompetenz, sondern vielmehr eine vielschichtige und komplexe Tätigkeit mit jeweils situations- und kontextbedingten individuellen Variationen im Ablauf, die in der akademischen Laufbahn ständig weiterentwickelt wird (vgl. Bazerman 2013, 56).

Das Schreiben und der Umgang mit Texten gehören zu jeder akademischen Berufstätigkeit – je höher die Qualifikation, desto häufiger und intensiver geschieht dies (vgl. Bernaschina/Smith 2012). Insofern kann der Einsatz von geeigneten Schreibaufgaben in der Lehre Studierende auf berufliche Anforderungen vorbereiten. Ist dem nicht so, können Studierende Schwierigkeiten haben, die in der Hochschule erworbenen, eher abstrakten Kommunikationsformen nach ihrem Abschluss in der Arbeitswelt anzuwenden (Beaufort 2007). Schreiben ist ein Prozess, der selbstständiges Denken fördert, Ideen generiert und neues Wissen ermöglicht (vgl. Wingate/Andon/Cogo 2011), es kann zur Verarbeitung fachlicher Inhalte eingesetzt werden und – konstant eingeübt (vgl. Hunter/Tse 2013, 229) – die autonome und aktive Auseinandersetzung mit Studieninhalten fördern. Zudem kann die Auseinandersetzung mit dem studentischen Schreiben auch das Studium selbst verändern. WiD bedeutet, curricular bestimmte, fachliche Denk- und Handlungskompetenzen durch ins Curriculum eingebundene Schreibaufgaben aufzubauen (vgl. Somerville/Crème 2005 und Paschke et al.2011).

Die Einsicht, dass Schreiben stärker in die Hochschullehre eingebunden werden sollte, setzt sich an deutschsprachigen Hochschulen langsam durch, sichtbar durch die Gründung von Schreibzentren in den letzten Jahren. Selbst in den USA, wo *writing centres* eine weite Verbreitung finden, werden nur an wenigen Hochschulen Studierende von Anfang bis zum Abschluss ihres Studiums durch ein Schreibprogramm begleitet (vgl. Russell 2013, 164).

Wie lassen sich schreibintensive Aufgaben in der Hochschullehre integrieren? Um nachhaltiges Lernen zu ermöglichen, sind ins Curriculum eingebundene, aufeinander aufbauende Schreibaufgaben gefordert, die im Kontext des Faches für die Studierenden sinnhaft und bedeutungsvoll sind. Welche Kompetenzen Studierende brauchen, um *expert insider prose* in ihrem Fach schreibend zu entwickeln, lässt sich an einem Schema ablesen, das Anne Beaufort entwickelt hat (Beaufort 2007, 19). Beaufort führt dazu vier überlappende Bereiche auf: Fachwissen, Genre-Wissen, rhetorisches Können und Kenntnisse über den Schreibprozess. Diese vier Bereiche konstituieren die jeweilige Wissenschaftsgemeinschaft (*discourse community*).

Um diese vier Kompetenzbereiche verknüpft zu vermitteln, werden in der Fachliteratur unterschiedliche Strategien vorgeschlagen, mit denen Schreibaktivitäten in einen ansonsten weniger schreibintensiven Kurs einzubinden sind:

1. Die Studierenden werden durch kleine Schreibaufgaben schrittweise an das wissenschaftliche Schreiben herangeführt. Dabei spielt das formative [2] (Peer-)Feedback eine außerordentliche Rolle (vgl. Sadler 2010, Narduzzo/ Day 2012).

2. Um aktives Lernen zu ermöglichen, sind zunächst die auf Schreibaufgaben bezogenen, sonst meist (verborgenen) Erwartungen der Lehrenden gegenüber ihren Studierenden sichtbar zu machen. Hier spielt das Explizitmachen von Anforderungen durch differenzierte Kriterien und Leistungsstandards (z.B. anhand von sog. Rubrics[3]) eine wichtige Rolle (vgl. Hunter/Tse 2013, 228; Hoffmann/Anderson/Gustafsson 2014).

Eine weitere Variante ist der Erwerb von Textkompetenz durch das Lesen. Studierende erhalten Gelegenheit, beim angeleiteten Anfertigen von Exzerpten z.B.

---

2   Formative Rückmeldungen sind kursbegleitende Lernfortschrittskontrollen, die i.d.R. nicht benotet werden. Im Gegensatz dazu fassen summative Beurteilungen den Lernerfolg am Ende eines Kurses in einer Bewertung zusammen.

3   Ein Rubric ist eine Bewertungstabelle, ein Raster, in dem Kriterien anhand von Standards definiert werden. Lehrende könnten dies als Erwartungshorizont für Aufgaben an die Studierenden kommunizieren, als Feedbackinstrument einsetzen oder als Bewertungsgrundlage.

Argumentationsstränge zu erkennen (vgl. Wingate et al. 2011; Somerville/ Crème 2005). Auf einer ähnlichen Basis können Studierende auch Zusammenfassungen über die Forschung anderer schreiben (vgl. Paschke et al. 2011, 51). Diese Schreibaufgabe zielt darauf, Studierende dabei zu unterstützen, das Lesen mit einer eigenen Stellungnahme zu verknüpfen. Verbunden mit Peer-Feedback verbindet diese Vorgehensweise das *writing to learn* mit dem *learning to write*. Bei all diesen Varianten ist zeitnahes, auf die Weiterentwicklung von Fähigkeiten und Fertigkeiten zielendes Feedback der Lehrenden unabdingbar. Schreiben wird dadurch zu einem Vehikel des studentischen Lernens und verliert – auch aus der Perspektive der Lehrenden – seine Rolle als reines Prüfungswerkzeug.

2 Schreiben in den Naturwissenschaften

Was für die anderen Disziplinen gilt, lässt sich auf Basis der geschilderten Ansätze auf die Naturwissenschaften übertragen. Über Naturwissenschaft zu schreiben, hilft, Naturwissenschaft zu verstehen und das wissenschaftliche Denken zu schulen (vgl. Carter et al. 2007). Auch hier ist fachliches Schreiben eng gekoppelt mit fachlichem Denken und Handeln; nach Carter ist fachliches Wissen mit dieser spezifisch fachlichen Schreibstruktur verbunden (vgl. ebd., 387).

Bisher sehen jedoch wenig Lehrende in naturwissenschaftlichen Disziplinen das Potential, das fachliches Schreiben für das Lernen birgt. Sie vermitteln Wissen und Inhalte, aber sie thematisieren nicht, wie dieses Wissen kommuniziert werden kann und welche Funktionen das Schreiben für die Produktion guter Ergebnisse hat (vgl. Russell et al. 2013, 165). Auf die Anregung, das Schreiben mit zu thematisieren, ist häufig die erste Reaktion von Lehrenden in naturwissenschaftlichen Fächern die Befürchtung die, dass die Beschäftigung mit dem Wie der Kommunikation und Dokumentation auf Kosten der Vermittlung des Was, der fachlichen Inhalte, gehen werde. Diese Befürchtung wurde jedoch von zahlreichen empirischen Studien widerlegt (vgl. Wingate et al. 2011). Wissen wird besser verarbeitet, behalten und verknüpft, wenn Studierende es im Rahmen von – verstandenen und sinnhaften – Schreibaktivitäten selbst (re-)produzieren (vgl. Hunter/Tse 2013).

3 Protokolle

In den Geistes- und Sozialwissenschaften wird über das Format der Hausarbeit das Schreiben (mehr oder weniger explizit) geübt. In den Naturwissenschaften setzen sich Studierende i.d.R. erst innerhalb ihrer Bachelor-, Master- oder gar Doktorarbeiten mit ihren Schreibfähigkeiten auseinander.

Im Studium der Naturwissenschaften hat man es außerdem mit speziellen Textgenres zu tun: mit Protokollen oder auch Praktikumsberichten. Sie folgen, angelehnt an naturwissenschaftliche Veröffentlichungen, einer strengen Struktur im Aufbau. Das englische Akronym IMRaD steht für die einzelnen Abschnitte: Einleitung (*introduction*), Material und Methoden (*material and methods*), Ergebnisse (*results*) und Diskussion (*discussion*), die je nach Fachgebiet unterschiedlich stark gewichtet und variiert werden. Zwischen der Einleitung und dem Methodenteil findet sich zuweilen ein Theorieteil, und zum Ende wird häufig eine Zusammenfassung mit Ausblick gegeben.

Im ersten Studienjahr werden Studierende der Biologie, Chemie und Physik in ihrer Praktikumsphase mit dem Schreiben von Protokollen konfrontiert. Eine gute Grundlage, um das Schreiben und damit den Schreibprozess exemplarisch zu erlernen, bieten in den naturwissenschaftlichen Grundkursen aufeinander aufbauende Schreibaufgaben, denn ein Experiment vorzubereiten und zu strukturieren verlangt ähnliche Denkvorgänge/Kompetenzen wie einen wissenschaftlichen Text auszuarbeiten. Schreiben, nicht nur, um selbstständiges wissenschaftliches Arbeiten unter Beweis zu stellen (vgl. Paschke et al. 2011), sondern um es als einen integrierten Part der Forschung anzusehen, wäre ein anzustrebendes Ziel. Unter diesem Aspekt wird die enge Verknüpfung mit dem forschenden Lernen deutlich: Über Schreibaufgaben könnten Aspekte der forschungsnahen Lehre/des forschenden Lernens besonders leicht in der Studieneingangsphase implementiert werden.

Hindernisse und Widerstände

Nach Bazerman reicht es jedoch nicht, nur den formalen Anforderungen eines Genres zu entsprechen: Nicht nur der Form, sondern auch ihrer Funktion ist Beachtung zu schenken (vgl. Bazerman 2013, 101). Er fasst das Genre als soziale Interaktion auf, indem es uns auch aufzeigt, welche Beweggründe es innerhalb des Systems der Interaktion gibt.

Beauforts Schema verdeutlicht die Schwachstellen des Genres Protokoll: Zwar folgt das Protokoll der Struktur einer naturwissenschaftlichen Publikation, jedoch geschieht dies nur oberflächlich, geht also nicht in die Tiefe: Es wird überwiegend auf das Fachwissen geachtet, die anderen Bereiche finden kaum Beachtung. Das Genrewissen wird nicht eingehender erklärt, Lehrende beklagen sich über den unwissenschaftlichen Stil (das fehlende rhetorische Können) der Studierenden; diese wissen häufig wiederum nicht, wie sie den Schreibprozess gestalten sollen (Kenntnisse über den Schreibprozess). Offensichtlich fehlt der Bezug zur Funktion, wie Bazerman ausführt, mit der *scientific community* in einen Diskurs zu treten, um weitere Experten des Faches über die Ergebnisse zu informieren (vgl. Russell 2013, 166). Aus den o.g. Gründen wird das Textprodukt Protokoll von Alaimo auch als „pseudoakademisch" bezeichnet (Alaimo et al. 2009, 18).

Nachfolgend wird auf einige weitere problematische Details des Textgenres Protokoll eingegangen:

Einleitung: Der Forschungsprozess beginnt i.d.R. mit einer Frage oder Hypothese: „The Question comes first and must be clear", so Shimel (2011). Würde auch im Praktikum die Forschungsfrage expliziert, könnten Studierende von Anfang an als Forschende angesprochen und so im Fach sozialisiert werden. Oft jedoch fehlt im Protokoll der rote Faden, das wissenschaftliche Ziel ist nicht oder unklar definiert bzw. die Hypothese oder Forschungsfrage wird nicht präzise genug herausgestellt. Daraus folgt nicht selten eine unlogische oder nicht nachvollziehbare Ergebnisdarstellung. Nur wenn die Fragestellung verständlich umrissen ist, kann auch die Antwort eindeutig und unmissverständlich ausfallen.

Material und Methoden: Protokolle werden von Studierenden häufig wie ein Kochrezept betrachtet, für die kein besonderes intellektuelles Engagement nötig ist. Der eigentliche Sinn, Ergebnisse zu kommunizieren und sich mit dem wissenschaftlichen Konzept auseinanderzusetzen, bleibt den Studierenden häufig verborgen.

Ergebnisse: Studierende glauben häufig zu wissen, was herauskommen soll (Lenger/Weiß/Kohse-Höinghaus 2013), indem sie das aufschreiben, was der Betreuer vermeintlich hören/lesen will. Oft bereitet auch das Visualisieren der Daten Schwierigkeiten, es fehlt also die Fähigkeit, Ergebnisse in Tabellen, Graphen oder Diagramme zu übersetzen, so dass sie einfach lesbar und nachvollziehbar sind.

Diskussion: Die Diskussion ist einer der wichtigsten Abschnitte einer naturwissenschaftlichen Abhandlung. Hier werden theoretische Grundlagen erörtert, und es wird gezeigt, dass die erzielten Ergebnisse signifikant sind. Oft verbleibt dieser Abschnitt im Protokoll bei einer reinen Fehlerdiskussion: Aus Sicht der Studierenden sind Abweichungen der gemessenen Daten häufig experimentelle Fehler (vgl. Lenger/Weiß/Kohse-Höinghaus 2013). In den meisten Grundlagenpraktika liegt der Fokus auf Einzelergebnissen, ohne den größeren Zusammenhang aufzuzeigen. Es kann so kein wissenschaftlicher Diskurs entstehen, der eine lebendige, sinnvolle Forschung ausmacht.

Ein weiterer Nachteil liegt darüber hinaus an den strukturellen Bedingungen: Die Studierenden bekommen oft erst nach der Praktikumsphase ihre korrigierten Protokolle zurück. Die von den Assistenten zeitaufwändig korrigierten Texte werden seitens der Studierenden dann meist nicht weiter wahrgenommen (vgl. Ahrensmeier et al. 2009). Häufig können Studierende auch nichts mit den Kommentaren ihrer Praktikumsbetreuer anfangen (vgl. Hunter/Tse 2013). Von Lehrenden wird diese Textsorte eher als Prüfungsinstrument eingesetzt, um einen Lernprozess zu evaluieren (bzw. Wissen abzufragen) als das Lernen an sich zu fördern (vgl. Russell et al. 2013, 163).

Aktuelle Beispiele

In der Fachliteratur werden vielfältige Beispiele dafür gegeben, wie mit den o.g. Schwierigkeiten umgegangen werden könnte: Die Universität Calgary hat aus ihrem Physik-Grundlagenpraktikum Protokolle vollständig ‚verbannt' (vgl. Ahrensmeier et al. 2009). Hier arbeiten die Studierenden in Vierergruppen und werden während des Praktikums eng von geschulten Assistenten begleitet. Pro Experimentier-Station werden Aufgabenblätter diskutiert und bearbeitet.

In den USA wurde ein Praktikum der organischen Chemie umgestellt (Alaimo et al. 2009), indem man Experimente mit sinnvollen, voneinander abhängigen Ergebnissen entwickelt hat und das Praktikum durch mehrere gut angeleitete und aufeinander aufbauende Schreibaufgaben begleitet wurde. Ziel war das Anfertigen eines wissenschaftlichen Artikels. Hier sieht Alaimo einen Vorteil gegenüber dem Protokoll, da im wissenschaftlichen Artikel eine Leserschaft (*audience*) außerhalb des Assistenten angesprochen wird, damit ein wissenschaftlicher Diskurs geführt werden kann. Denn wer nicht wie ein Chemiker schreibt, kann auch nicht wie einer denken! (Vgl. Alaimo et al. 2009)

Ein beispielhaftes Programm im deutschsprachigen Raum, das wissenschaftliche Schreibkompetenz durch das gesamte Studium stufenweise aufbaut, wurde im *Zurich-Basel Plant Science Center* (PSC) entwickelt. Hierfür wurden im Curriculum der Pflanzenwissenschaft dezidiert ausformulierte Lernziele vom Bachelorlevel bis zur Doktorarbeit festgelegt. Die einzelnen Arbeitsaufgaben werden durch onlinebasierte Schreibplattformen begleitet (vgl. Paschke et al. 2011).

Praxisbeispiele aus der Universität Bielefeld

Trotz o.g. Mängel sehen wir das Laborprotokoll als durchaus sinnvolles Lerninstrument an. Nach Carter kann es wie ein Lehrstück eingesetzt werden, um wissenschaftliche Charakteristika auszumachen (vgl. Carter 2007). Nicht das Schreiben, sondern das Lernen soll im Vordergrund stehen, d.h. wir wollen die Bedingungen des Lernens durch das Schreiben verbessern (vgl. Russell 2013, 164).

1. In den letzten Jahren wurde jeweils zum Sommersemester ein Seminar unter dem Thema *Interdisziplinäre Forschungskompetenz* für Masterstudierende naturwissenschaftlich-technischer Fächer angeboten, in dem das Schreiben und Publizieren von Forschungsartikeln, die Befolgung guter wissenschaftlicher Praxis und eine produktive Teilnahme an fachübergreifenden Diskussionen aktueller Wissenschaftsthemen behandelt wurde. Durch die Kooperation mit einem Wissenschaftsverlag können die Studierenden auf einer Online-Plattform, dem *Bielefeld University Student Training Journal* (BiNaturE), ihre Textprodukte veröffentlichen (vgl. Lenger et al. 2013).

2. Das vom Bundesministerium für Bildung und Forschung im Rahmen des Qualitätspakts Lehre geförderte Projekt *richtig einsteigen.* hat sich u.a. zum Ziel gesetzt, die literalen Kompetenzen der Studierenden zu stärken. Von Beginn an sollen Schreibübungen in Lehrveranstaltungen helfen, fachbezogene Inhalte zu vertiefen und wissenschaftliche Arbeitsweisen zu erproben. Hierdurch konnten die Einführungskurse in der Biologie (*Schreiben in der Biologie* in Basismodul I + II) entwickelt und durchgeführt werden. Diese Kurse vermitteln Studierenden

im ersten Studienjahr die Grundlagen des (natur-)wissenschaftlichen Schreibens in Anlehnung an die in den Basismodulen durchgeführten Versuche.

3. Unterstützung für Studierende und Lehrende zum Schreiben von Protokollen in den Naturwissenschaften bietet das webbasierte Hilfsmittel *LabWrite*. Als Vorlage wurde das im Jahr 2000 von der North Carolina State University entwickelte Online-Programm *LabWrite* (labwrite.ncsu.edu) übersetzt und für Studierende der Universität Bielefeld angepasst.

Es bietet nicht nur eine strukturierte logische Anleitung, wie ein Protokoll geschrieben werden sollte, sondern macht für Studierende auch ersichtlich, welche Motive und Funktionen hinter der wissenschaftlichen Praxis in den Naturwissenschaften stehen, indem es die Studierenden durch den Prozess des Verstehens und Repräsentierens des Experiments führt.

Eine detaillierte Beschreibung des Aufbaus und der Anwendung von *Lab-Write* erfolgte bereits (vgl. Riewerts 2013). Inzwischen wurde das zunächst als Wiki konzipierte E-Learning-Tool neu strukturiert und als Website generiert (vgl. www.uni-bielefeld.de/lehren-lernen/labwrite). Auch inhaltlich wurde es überarbeitet und anwendungsorientierter gestaltet.

LabWrite setzt einheitliche Standards, die vorgeben, wie ein Protokoll aufgebaut werden sollte, und expliziert diese sowohl für Studierende als auch für die Praktikumsbetreuer durch die LabCheck-Liste. Damit bildet es eine hilfreiche Grundlage, die die Studierenden durch das gesamte Studium begleitet.

LabWrite ist keine statische Website, sie wird vielmehr ständig erweitert und optimiert. Demnächst soll neben der Anleitung zum Schreiben von Laborprotokollen auch auf die spezifischen Anforderungen von wissenschaftlichen Qualifikationsarbeiten eingegangen und besondere Genres wie der *research article* oder *review article* berücksichtigt werden. *PeerReview* ist ein Kernelement der Forschung bei der Vorbereitung, Dokumentation, Publikation und Diskussion der Forschungsergebnisse. Um diese Forschungskompetenz frühzeitig zu verankern, wird die Methode des Peer-Feedbacks und Peer-Reviews gezielt aufgenommen, indem Lehrende Anleitungen an die Hand bekommen, Peer-Feedback sukzessive in die Lehrveranstaltung einzuführen. So können Studierende in Bewertungsrubrics selbstbestimmt Kriterien für gute Protokolle oder Artikel entwickeln bzw. lernen, Standards für Gutachten zu schreiben. Es zeigt sich immer wieder, dass manche Studierende Schwierigkeiten haben, nach der Laborphase ihre Einträge nachzuvollziehen. So soll *LabWrite* die Anforderungen an ein gutes Laborjournal klarer herausstellen. Zudem wird an einem Template gearbeitet, so dass *LabWrite* auch von mobilen Geräten aus eingesetzt werden kann. Ein weiteres Vorhaben ist eine langfristige Evaluation, die den Einsatz von *LabWrite* in den einzelnen Fächern an der Universität Bielefeld untersucht, um diese Plattform nachhaltig in den Fachveranstaltungen zu verankern.

Wissenschaftliches Schreiben ist auch in den Naturwissenschaften ein wichtiges Lern- und Reflexionsinstrument. Jedoch verfolgt es andere Funktionen und ist einer rigideren Struktur unterworfen als in den Geistes- und Sozialwissenschaften. Zugleich ist auch auf eine stringente Argumentation und wissenschaftlichen Stil zu achten. Es handelt sich um eine erlernbare Kernkompetenz, deren volle Wirkung sich durch ins Curriculum eingebundene, strukturiert aufeinander aufbauende, schreibintensive Aufgaben entfaltet. Dieser Lernprozess wird durch den Einsatz von *LabWrite* vom ersten Semester an sinnvoll unterstützt.

Literatur

Ahrensmeier, Daria et al.: Laboratorials at the University of Calgary: In pursuit of effective small group instruction within large registration physics service courses. In: Physics in Canada 65 (2009), 214-216.

Alaimo, Peter et al.: Eliminating lab reports: a rhetorical approach for teaching the scientific paper in sophomore organic chemistry. In: WAC Journal 20 (2009) 17-32.

Bazerman, Charles: A rhetoric of literate action: Literate action Bd. 1, Fort Collins 2013.

Beaufort, Anne: College Writing and Beyond: A new framework for University Writing Instruction, Utah State 2007.

Bernaschina, Paula/Smith, Serengul: Embedded writing instruction in the first year curriculum. In: JLDHE, Special Ed.: Developing Writing in STEM Disciplines (09/2012) 1-10.

Carter, Michael/Ferzli, Miriam/Wiebe, Eric N.: Writing to Learn by Learning to Write in the Disciplines. In: Journal of Business and Technical Communication 21 (2007), H. 3, 278-302.

Hoffmann, Mark/Anderson, Paul/Gustafsson, Magnus: Workplace Scenarios to Integrate Communication Skills and Content: A Case Study. In: SIGCSE '14 (Atlanta 05.-08.03 2014), 349-354.

Hunter, Kerry/Tse, Harry: Making disciplinary writing and thinking practices an integral part of academic content teaching. In: Active learning in higher education 14 (2013), H. 3, 227-239.

Lenger, Janina/Weiß, Petra/Kohse-Höinghaus, Katharina: Vermittlung interdisziplinärer Forschungskompetenz: Lehren und Lernen von- und miteinander. In: Zeitschrift für Hochschulentwicklung 8 (2013), H. 1, 60-68.

Narduzzo, Alessandro/Day, Trevor: Less is more in physics: A small-scale Writing in the Disciplines (WiD) intervention. In: JLDHE, Special Ed.: Developing Writing in STEM Disciplines (09/2012) 1-18.

Paschke, Melanie et al.: Wissenschaftliches Schreiben in den Pflanzenwissenschaften, 2011, www.zeitschrift-schreiben.eu (21.05.2014).

Riewerts, Kerrin: LabWrite – das Wiki für einfach bessere Protokolle. In: Junge Hochschul- und Mediendidaktik. Forschung und Praxis im Dialog, hg. von Miriam Barnat et al., Hamburg 2013, 114-121.

Russell, David: Contradictions regarding teaching and writing (or writing to learn) in the disciplines: What we have learned in the USA. In: REDU 11 (2013) H. 1, 161-181.

Russell, David et al.: Exploring notions of genre in ,academic literacies' and ,writing across the curriculum': approaches across countries and contexts. In: Genre in a Changing World. Perspectives on Writing, hg. von Charles Bazerman, Adair Bonini und Debora Figueiredo, Colorado 2009, 459–491.

Sadler, D. Royce: Beyond feedback: Developing student capability in complex appraisal. In: Assessment & Evaluation in Higher Education 35 (2010), H. 5, 535-550.

Schimel, Joshua: Writing Science, New York 2012.

Somerville, Elizabeth/Crème, Phyllis: ,Asking pompejii questions': a co-operative approach to Writing in the Disciplines. In: Teaching in Higher Education 10 (2005), H. 1, 17-29.

Thaiss, Chris/Porter, Tara: The state of WAC/WID in 2010: Methods and results of the US survey of the international WAC/WID mapping project, College Composition and Communication 61 (2010), H. 3, 534-570.

Wingate, Ursula/Andon, Nick/Cogo, Alessia: Embedding academic writing instruction into subject teaching: A case study. In: active learning in higher education 12 (2011), H. 1, 69-81.

Wissenschaftliches Schreiben im Studiengang Elektrotechnik

Regina Graßmann

Ingenieurausbildung im Umbruch, so lautet der Titel der Empfehlung des Verbandes Deutscher Ingenieure (VDI) aus dem Jahr 1995. Die Unterzeichner plädieren für eine zukunftsorientierte Ingenieurausbildung, die Antworten auf die durch den Strukturwandel in Gesellschaft, Wirtschaft und Technik bedingten wachsenden Anforderungen geben soll und entsprechend notwendige Änderungen in der Ingenieurausbildung, z.b. den Zugang von Studierenden mit Berufsausbildung und Berufstätigen zum Studium, erfordert. Hierzu gehört ein breites Spektrum an Grundlagenkenntnissen wie die fachliche Kommunikationsfähigkeit mit Ingenieurinnen und Ingenieuren aus anderen Gebieten, die Befähigung zum „Sozialverhalten mit Führungs- und Kommunikationskompetenz" und „zu ganzheitlicher Betrachtung eines technischen Projekts in seinem Umfeld" (VDI 1995, 3). Aus diesem Grund seien neben der Vermittlung von mathematisch-naturwissenschaftlichen und technischen Grundlagen und der exemplarischen Vertiefung ein Anteil des Studienvolumens zur „Vermittlung von nicht-technischen Inhalten" einzuplanen und technisch-fachliche und fachübergreifende Studieninhalte integriert zu vermitteln sowie neue Formen der interdisziplinären Kooperation zu entwickeln (ebd., 4-5).

Der vorliegende Beitrag entstand aus der Aufgabe im vom Bundesministerium für Bildung und Forschung (BMBF) geförderten Projekt *Der Coburger Weg*[1] heraus, gemeinsam mit Fachwissenschaftler/innen interdisziplinär ausgerichtete Lehr- und Lernformate zu konzipieren und zu evaluieren. Anhand eines Praxisbeispiels aus dem Bachelorstudiengang Elektrotechnik der Hochschule Coburg wird aufgezeigt, wie Handeln in der Fachdisziplin und kommunikative Kompetenz im direkten interdisziplinären Austausch der Lehrenden aus unterschiedlichen Disziplinen (u.a. Elektrotechnik, Angewandte Sprachwissenschaft) als Schlüsselqualifikation gefördert werden können. Der im Rahmen dieses Beitrags

---

1   Informationen zum vom BMBF geförderten Projekt *Der Coburger Weg* unter: http://www.studieren-in-coburg.de/(12.04.14)

vorgestellte Ansatz zu einem Lehr-/Lernkonzept für MINT-Studiengänge ist
Teil eines in Vorbereitung befindlichen, interdisziplinären Forschungsprojekts
zum wissenschaftlichen Schreiben in den natur- und ingenieurwissenschaftlichen Studiengängen. Es handelt sich daher um einen (Schreib-)Laborbericht,
der erste Überlegungen fokussiert. Auf eine eher allgemeine Reflexion über den
Stellenwert des Schreibens in der Wissenschaftssprache Deutsch in den natur-
und ingenieurwissenschaftlichen Fächern folgt die Erläuterung des interdisziplinären Ansatzes. Daran schließt sich die Präsentation einer ersten Evaluation der
gewonnenen Erkenntnisse an. Überlegungen zur Konzeption geeigneter Lehr-/
Lernformate und zur Durchführung effektiver Fördermaßnahmen zur Verbesserung der Schreibkompetenz der Studierenden in den natur- und ingenieurwissenschaftlichen Studiengängen runden den vorliegenden Beitrag ab.

1 Deutsch als Wissenschaftssprache

> Man spricht nicht mehr deutsch, Hegel würde heute auf Englisch publizieren: Die Be-
> deutung des Deutschen als Wissenschaftssprache geht gegen null. Das hat Konsequen-
> zen für den Marktwert der Ideen aus dem Land der Denker[,]

so die jüngste Feststellung von Wolfgang Klein in *Die Welt* (12.04.14) zum Stellenwert des Deutschen als Wissenschaftssprache, die sich in eine Reihe vergleichbarer Stellungnahmen der Experten aus unterschiedlichen Fachdisziplinen
einfügt. Die Debatte um den Stellenwert des Deutschen als Wissenschaftssprache, die hier m.E. stark verkürzt – aus der Perspektive namhafter Sprach-
und Naturwissenschaftler/innen – skizziert werden soll, hat eine jahrzehntelange Geschichte. Sie beginnt mit Hubert Markls (2011: 147-148) viel beachteter
Feststellung: „Die Spitzenforschung spricht Englisch", im Zuge der Globalisierung der Wissenschaft erübrige sich das Schreiben in der Wissenschaftssprache
Deutsch in den Natur- und Ingenieurwissenschaften, da über den deutschen
Sprachraum hinaus nur Veröffentlichungen in englischer Sprache Bedeutung
haben. Helmut Glück (2012, 145) vermerkt fast zwei Jahrzehnte später, wie
„erstaunlich geräuschlos" und „fast widerstandslos" sich das Deutsche als Wissenschaftssprache in den Natur- und Ingenieurwissenschaften vor dem Anspruch der Internationalisierung auch im nationalen Kontext zurückgezogen
habe. Winfried Thielmann (2009) zeigt auf, inwiefern das Zurückdrängen der
Wissenschaftssprache Deutsch und anderer europäischer Sprachen zugunsten
der englischen Wissenschaftssprache eine Gefährdung der Mehrsprachigkeit in

der Wissenschaft, auch was deren Einfluss auf die Theoriebildung angeht, bedeutet. Der Naturwissenschaftler Ralph Mocikat, derzeitiger Vorsitzender des Vereins Arbeitskreis Deutsch als Wissenschaftssprache (ADAWIS) und Mitverfasser der *Sieben Thesen zur deutschen Sprache in der Wissenschaft*,[2] unterstreicht in seinen Publikationen die Bedeutung der Allgemeinsprache für die Entwicklung des fachlichen Diskurses in den Naturwissenschaften (vgl. Mocikat 2008, 60-62; Mocikat 2012, 158-161); er plädiert für eine Vielfalt und Pluralität der Forschungsansätze und eine damit verbundene Förderung der rezeptiven und aktiven Mehrsprachigkeit, „in der auch die Landessprache eine gebührende Rolle zu spielen hat" (Mocikat 2012,163):

> Der eigentlich kreative Akt im Prozess der Erkenntnisgewinnung sind nicht Experiment und Messung, die gewiss sprachinvariant sein sollten, sondern die Formulierung der Hypothese, welche dem Experiment vorausgehen muss. Bei der Gewinnung von Hypothesen sowie bei der Konstruktion von Theorien spielt sprachgebundenes und sprachgeleitetes Argumentieren eine Rolle, die meist völlig unterschätzt wird. Selbst die durch bildgebende Verfahren generierten Daten sind und bleiben Artefakte, über deren letztliche Interpretation gestritten werden muss – und zwar mit den Mitteln der natürlichen Sprache. (ebd., 159)

Im Juli 2008 diskutierte der Senat der Hochschulrektorenkonferenz die Bedingungen beruflich Qualifizierter für eine Hochschulausbildung (HRK 2008) und entsprechende Lehrangebote zum Ausgleich von Defiziten beim Übergang von Schule, Ausbildung oder Beruf in ein Fachstudium. Im Blick auf die Internationalisierung der Hochschulen sprechen sich die HRK, der Deutsche Akademische Austauschdienst (DAAD) und das Goethe-Institut in einer gemeinsamen Erklärung (2009) für die Mehrsprachigkeit in der Wissenschaft und die Entwicklung neuer Fördermaßnahmen aus:

> Die Attraktivität eines Standorts für Forschung und Lehre hat weitreichende Auswirkungen auf die Verbreitung der Sprache, die an diesem Standort inner- und außerhalb der Hochschulen gesprochen wird. In einigen Regionen der Welt erkennen Studierende und Wissenschaftler auch in den Natur- und Ingenieurwissenschaften mit wachsendem Interesse, dass das Erlernen der deutschen Sprache einen Mehrwert darstellt. Es verhilft dazu, sich fachlich wie sozial erfolgreich an deutschen Hochschulen und in der Kooperation mit deutschen Firmen zu bewegen. (Alexander von Humboldt Stiftung/Foundation 2009)

---

2   Weitere Informationen zum Arbeitskreis Deutsch als Wissenschaftssprache e.V. unter: http://www.adawis.de/ (12.04.14)

Diese und weitere Stellungnahmen zum Deutschen als Wissenschaftssprache zeigen, dass erfolgreiche Hochschulstandorte vor dem Hintergrund der zu erwartenden demografischen Veränderungen sowie anhaltenden Migrationsbewegungen differenzierte Lehrangebote vorbereiten müssen, in denen die individuelle Mehrsprachigkeit, die Vielfalt der Fach- und Berufssprachen, der Fremdsprachen sowie der Wissenschaftssprachen Deutsch und Englisch eine gleichberechtigte Förderung erfahren, um wissenschaftliche Erkenntnisse möglichst vielen Studierenden unterschiedlichster Herkunft zu eröffnen. Der Allgemeinsprache kommt hierbei keine geringe Bedeutung zu, da diese als ein wichtiges Kommunikationsmittel zur Wissensgenerierung und -vermittlung in die Gesamtgesellschaft eingebunden ist und Wissen aus Wissenschaft und Forschung in die Gesellschaft transportiert (vgl. Fiebach 2010).Die Zugangsmöglichkeiten zur Hochschule geben den jeweiligen Zielgruppen (z.B. Abiturientinnen und Abiturienten, Meisterinnen und Meister, beruflich Qualifizierte) mit unterschiedlichen Text- und Sprachkompetenzen in der Berufs- bzw. Fachsprache Deutsch und in Fremd- oder Zweitsprachen den Weg zu einem Studium frei (vgl. Bayerisches Staatsministerium für Unterricht und Kultur, Wissenschaft und Kunst 2007). Es ist bereits jetzt deutlich, wie im Zuge der Veränderungen der Hochschullandschaft mit einer zunehmenden Heterogenität der Studierenden die Bedeutung der Allgemein- bzw. Wissenssprache einer Gesellschaft, individuelles Instrument der Wissensgewinnung und Zugangscode zu den Fachwissenschaften, mehr und mehr in den Vordergrund rückt. Dies stellt nicht die Bedeutung des Englischen als internationales Verständigungsmedium zur Disposition (vgl. Mocikat 2012, 163), doch wirft es die notwendige Frage auf, wie die Sprachkompetenz Studierender der Natur- und Ingenieurwissenschaften in den Sprachen Deutsch und Englisch im Hinblick auf die Berufsfähigkeit zu fördern sei (vgl. Becker 2013, 17). Hinzu kommt, dass durch die unterschiedlichen Übergänge zur Hochschule und durch die individuellen Ausbildungsvoraussetzungen das Erlernen wissenschaftlicher Arbeitstechniken, z.B. das Schreiben fachwissenschaftlicher Texte für Studium und Beruf, in das Bachelorstudium verlagert werden. Mit der Ausrichtung der Hochschulen für angewandte Wissenschaften auf die Berufsbefähigung durch ein Studium, auf Lebenslanges Lernen und individuelle Qualifikation im nationalen und europäischen Qualifikationsrahmen (vgl. Handbuch zum Deutschen Qualifikationsrahmen 2013) steigt auch die Bedeutung der in Studium und Beruf erforderlichen Text- und Sprachkompetenz.

Vor diesem Hintergrund stellt eine Hochschule für angewandte Wissenschaften (HaW) durch die direkte Verbindung der Fachdisziplinen mit dem Handwerk, der Industrie und dem Handel einen Raum mehrsprachiger Handlungsfelder dar, in dem das *code-switching* zwischen den vielfältigen Fachidiolekten, der Allgemeinsprache und den Wissenschaftssprachen Deutsch und Englisch im Studienalltag erfahrbar wird, was wiederum Chancen der Umsetzung innovativer Lehr-/Lernkonzepte zur Förderung der kommunikativen Kompetenz in Studium und Beruf bietet.

2 Das Projekt *Der Coburger Weg*

Das vom BMBF geförderte Projekt *Der Coburger Weg* ermöglicht die Formulierung innovativer interdisziplinärer Konzepte zur intensiven Förderung der Studierenden aus der Perspektive zweier Fachwissenschaften und bietet zugleich Möglichkeiten der interdisziplinären Grundlagenforschung. Derzeit nehmen an dem Projekt sieben grundständige Studiengänge aus den drei Fakultäten – Soziale Arbeit und Gesundheit, Wirtschaft sowie Design – teil. Kulturelle Bildung, Interdisziplinarität und Schlüsselqualifikationen bilden die drei Kerninhalte der vier interdisziplinären Module für die aktuell am Projekt beteiligten Studiengänge. Ziel des kompetenzorientierten Lehrangebots dieser Module ist es, die für Bachelor-Absolventen geforderte Berufsfähigkeit zu verbessern. Ergänzend zu den fachspezifischen Inhalten im Studiengang sollen in fächerübergreifenden ECTS-neutralen Lehrangeboten fachliche, methodische und soziale Kompetenzen erarbeitet und die Fähigkeit zu interdisziplinärer Zusammenarbeit in Studium und Beruf erhöht werden. In Vorlesungen, Seminaren und Projekten werden fachspezifische Antworten auf gesellschaftliche Problemstellungen bezogen und zu interdisziplinären Fragestellungen verknüpft. Die Lehr-/Lernziele in den interdisziplinären Modulen bieten einen Einstieg in das wissenschaftliche Arbeiten und stärken kulturelle Bildung als Bewusstsein für die Komplexität gesellschaftlich relevanter Fragestellungen.

Das Projekt baut auf den drei Säulen COnzept[3] (Implementierung des interdisziplinären Studierens), COQualifikation (Förderung der individuellen Förderung von Studierenden) sowie COEvaluation (Begleitung und Bewertung)

---

3   Vgl. http://www.studieren-in-coburg.de/das-projekt/coburger-weg-interdisziplinaeres-studium/3/(12.04.14)

auf und ermöglicht auch am Projekt nicht beteiligten Studiengängen über die Lehr- und Übungsangebote der Säule COQualifikation, Medien- und Sprachkompetenz sowie wissenschaftliches Arbeiten in die eigenen Lehr- und Lernformate einzubinden. Aus den Aktivitäten der Säule COQualifikation zum wissenschaftlichen Schreiben heraus entstand zum Wintersemester 2013/14 ein Schreiblabor, das fachübergreifende und fachspezifische Workshops sowie eine Schreibberatung anbietet. Ausgangspunkt für das hier vorgestellte Lehr- und Lernkonzept waren Gespräche mit Dozentinnen und Dozenten aus den Natur- und Ingenieurwissenschaften über die in schriftlichen Leistungsnachweisen und Abschlussarbeiten erkennbaren Defizite in der Schreib- und Sprachkompetenz der Studierenden. Im Studiengang Elektrotechnik bietet das Praxissemester (4.-5. Semester) als Schnittstelle zwischen Studium und Beruf die erste Herausforderung, einen komplexen wissenschaftlichen Text zu erstellen, der die Bewältigung technischer, sozialer und organisatorischer Aufgaben sowie deren Dokumentation und Auswertung erfordert (vgl. Wittek et al. 2005, 280).

3   Text- und Schreibkompetenz in Studium und Beruf

Die im Rahmen des Bologna-Prozesses angestoßene Herausforderung für die Fachdisziplinen besteht darin, fachliche sowie überfachliche Lehr- und Lernziele in den Domänen Schule/Berufsausbildung, Hochschulstudium und Beruf zu formulieren und aufeinander zu beziehen. Ausgehend vom Europäischen Qualifikationsrahmen (EQR) werden im Deutschen Qualifikationsrahmen (DQR) (vgl. Bund-Länder-Koordinationsstelle für den deutschen Qualifikationsrahmen für Lebenslanges Lernen, 2013) Fachkompetenz (Wissen, Fertigkeiten) und Personale Kompetenz (Sozialkompetenz, Selbstständigkeit) auf acht Niveaustufen formuliert, um Bezüge zwischen den Kompetenzen bzw. formalen Qualifikationen (*learning outcomes*) in der Beruflichen Bildung, Hochschulbildung und Weiterbildung herzustellen (Sloane 2008, 11). Schreibkompetenz im Fachstudium kann m.E. als Fähigkeiten und Fertigkeiten, über die allgemeinsprachliche Schreib- und Sprachkompetenz hinaus, (fach-)wissenschaftliche Texte adressatengerecht verfassen zu können, verstanden werden. Wie Abb. 1 verdeutlicht, kann Schreib- und Sprachkompetenz als allgemein- und fachsprachliche Kompetenz – horizontal – in den Domänen Schule/Berufsausbildung, Fachstudium und Berufsfeld unterschieden werden; hinsichtlich Lexik, Syntax, sprachlichem Ausdruck, Textaufbau sowie Adressatenbezug kann sie den unterschiedlichen

Niveaustufen (B2, C1, C2) nach dem Europäischen Referenzrahmen (GER) – vertikal – zugeordnet werden.

Was bedeutet dies für die Konzeption geeigneter Lehr- und Lernformate? Zur Formulierung tragfähiger und domänenspezifisch vergleichbarer Lehr- und Lernziele für das Schreiben im Fachstudium müssen die Kann-Beschreibungen (Sozialkompetenz, Kommunikation) auf der Grundlage des DQR für die Bachelorstufe für das Studienfach differenziert formuliert und durch die Kann-Beschreibungen des GER (Niveaustufe B2, C1, C2) ergänzt werden. Dies gewährleistet eine systematische Förderung der Schreib- bzw. Sprachkompetenz in der Wissenschaftssprache Deutsch (DaM, DaZ, DaF),[4] die den heterogenen Kompetenzprofilen der Studierenden Rechnung trägt (Europäisches Sprachenportfolio für den Hochschulbereich 2003).

Abb. 1: Allgemein-, Fach- und Wissenschaftssprache

Obgleich die spätere berufliche Praxis oder die Weiterführung des Studiums in einem Master-Programm insbesondere überfachliche Kompetenzen erfordert, ist die Studieneingangsphase der ingenieurwissenschaftlichen Studiengänge v.a. auf die Vermittlung fachlicher Kompetenzen ausgerichtet (vgl. VDI 1995). Wittek et al. (2005, 275) verweisen in diesem Zusammenhang darauf, dass die Qualifizierung für den Arbeitsmarkt zwar zum Selbstverständnis der Hochschu-

---

4   Deutsch als Muttersprache (DaM), Deutsch als Zweitsprache (DaZ), Deutsch als Fremdsprache (DaF)

len gehöre, die Berufsfähigkeit aber weitgehend aus der fachlichen Perspektive heraus definiert wird. Auch Jakobs und Schindler (2006, 144) führen in diesem Zusammenhang die Trennung von inhaltlicher und sprachlicher Qualität der studentischen Texte als Grund für die Vernachlässigung in der Förderung der Schreibkompetenz an. Vielen Studierenden wird erst im Laufe des Studiums bewusst, dass sich das Schreiben im Studium vom Schreiben in der Schul- und Berufsausbildung unterscheidet, und sie empfinden dies als zusätzliche Anforderung, da die Inhalte des Faches die volle Aufmerksamkeit und Lernleistung einfordern (vgl. Pospiech 2013, 3-10). Eine nachhaltige Förderung der Schreibkompetenz bei Studierenden in den ingenieurwissenschaftlichen Studiengängen (Abschlussziel Bachelor) erfordert jedoch ein an den besonderen Bedürfnissen der Zielgruppe ausgerichtetes Lehr-/Lernangebot, das sich in die Module einpasst und über die Inhalte des Faches hinaus die Schreib- und Sprachkompetenz im Fachkontext der Studierenden entsprechend den Anforderung der zukünftigen Berufsfelder entwickelt. Demnach stellen sich folgende Fragen:

- Woran soll sich ein auf (Sprach-)Handlungen im beruflichen und fachwissenschaftlichen Kontext ausgerichtetes Lehr- und Lernkonzept zur Förderung der Schreibkompetenz im Studium orientieren?

- Wie kann die Sensibilität für sprachliche Formen in fachspezifischen Texten gefördert werden und ein Bewusstsein für wissenschaftssprachliche Strukturen und Textroutinen entstehen?

- Wie können (Sprach-)Handlungen kritisch-reflexives Denken über Prozessabläufe und -ergebnisse initiieren?

- Wie lassen sich Erkenntnisse aus der Spracherwerbsforschung und Sprachdidaktik in ein Lehr-/Lernkonzept integrieren?

4 Wissenschaftsfelder und fachsprachliche Handlungsfelder

Forschung und Entwicklung realisieren sich in der Projektarbeit im Labor, im Betrieb oder in der industriellen Fertigung. In den verschiedenen Phasen der Projektarbeit wird ein Objekt von den Akteuren aus unterschiedlichen Perspektiven betrachtet: direkt vor und nach dem Fertigungsprozess, als Material, als technisches Produkt, als Musterstück oder als Ware. Diese Akteure behandeln und beschreiben das gleiche Objekt in unterschiedlichen Prozessen oder Handlungsabläufen, dabei verwenden sie unterschiedliche Begriffe und vielfältige textuelle Formen: Projektanträge und -berichte, Protokolle, Betriebsanweisungen, Materiallisten, Kataloge, Broschüren, Fachartikel und Gutachten. Die Entstehung eines technischen Objekts vollzieht sich demnach in Handlungsabläufen, die spezifische Sprech- oder Schreibhandlungen erfordern. Für die Schreibdidaktik ergibt sich hieraus die Aufgabe, eine Klärung der Domänen mit deren spezifischen Handlungsfeldern, der Gegenstände der Sprech- oder Schreibhandlungen und der Akteure vorzunehmen, um die Komplexität einer Schreibaufgabe im Unterricht erfassen zu können. In Anlehnung an das Vier-Felder-Schema von Portmann-Tselikas (2009, 4) wird versucht, die Beziehungen zwischen den Domänen Werkstatt/-Betrieb bzw. Wissenschaft und sprachlichen Handlungsabläufen in der Fachkommunikation darzustellen:

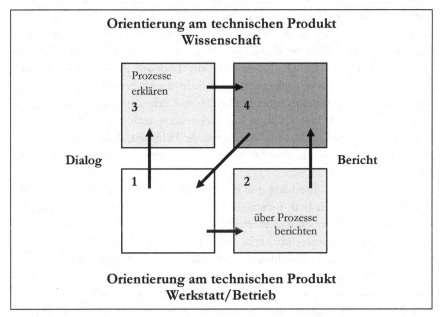

Abb. 2: Vier-Felder-Modell der Fachkommunikation nach Portmann-Tselikas 2009, 4.

Die Quadranten-Felder ermöglichen einen Blick auf den Wechsel zwischen Schreib- und Sprechhandlungen in den verschiedenen Kommunikationssituationen beim Entstehungsprozess eines technischen Produkts in einer spezifischen Domäne. Die Erstellung der wissenschaftlichen Textsorte Praxisbericht verlangt demnach folgende Schritte der mentalen Verarbeitung:

- Verstehen der technischen Sachverhalte und Prozesse
- Mündliche/schriftliche Beschreibung, Bewertung der technischen Sachverhalte und Prozesse
- Formulieren der Prozess-Ergebnisse (Portmann-Tselikas 2009, 2ff.)

Vom Verstehen bis zum Beschreiben und Bewerten der technischen Sachverhalte und Prozesse werden für die jeweiligen Adressaten allgemein-, fach- oder berufssprachliche Texte (mündlich, schriftlich) erstellt. Die Darstellung der Sachverhalte und Prozesse sowie deren Ergebnisse in der jeweiligen Domäne Hochschule/Fachstudium/Seminar verlangt eine gezielte Auswahl und Aufbereitung der in den technischen Handlungsabläufen (Werkstatt bzw. industrielle Fertigung) und in der Allgemein- oder Fach- bzw. Berufssprache ausgetauschten Informationen über ein technisches Produkt als Grundlage für die Diskussion in der Fachdisziplin. Die Komplexität der Textsorte Praxisbericht ist durch diesen Übergang von der allgemein- und fachsprachlichen hin zur (fach-)wissenschaftlichen Kommunikation begründet und erfordert das Wissen um die Arbeitsabläufe und Testverfahren zur Herstellung technischer Produkte, um Fertigungsprozesse (Fachkompetenz) sowie die Fähigkeit, diese zu dokumentieren und den Akteuren in der Fachdisziplin zu vermitteln (Personale Kompetenz).

Die technischen Produkte und Prozesse werden in verschiedenen Schreibhandlungen zum Text (z.B. Berichten, Vergleichen, Beschreiben, Erklären, Systematisieren) beschrieben und erörtert. Beim Ausformulieren der Prozesse und deren Ergebnisse müssen inhaltliche Anwendungsbereiche wie der Umgang mit verschiedenen Medien (Handnotizen, Software u.a.), die Regeln der Orthografie und die Adressatenorientierung oder der Textaufbau (Layout, Makro- und Mikrostruktur, Kohärenz und Kohäsion) sowohl umgesetzt als auch wissenschaftssprachliche Textroutinen und Strukturen generiert werden (vgl. Becker-Mrotzek/Schindler 2007, 13-16). Dies erfordert ein handlungs- oder aufgabenbasiertes Lehr-/Lernkonzept zur Förderung der Schreibkompetenz, das den Studierenden die Funktion der einzelnen Textteile aus dem Praxisbericht und die darin auszuführenden Schreibhandlungen, z.B. die Dokumentation, die Beschreibung von Arbeitsabläufen und -prozessen, die Auswertung von Datenmaterial und deren Zusammenfassung, bewusst macht (vgl. Roche 2012; Ossner 2008, 53ff.).

Aufgabenstellungen zur Textproduktion in der Fachdisziplin (z.B. Hinweise zur Erstellung von Abschlussarbeiten, Leitfäden, Check-Listen) basieren auf den impliziten Meinungen und Vorstellungen von Lehrenden und zielen i.d.R. auf die Einhaltung der formalen und inhaltlichen Aspekte der Textsorte. Kruse (2007, 9) verweist in diesem Zusammenhang darauf, dass formale Anleitungen zum Erstellen wissenschaftlicher Texte nicht ausreichen, um Studierende an das Schreiben wissenschaftlicher Texte heranzuführen oder sprachliche Defizite in der Schriftsprache auszugleichen (vgl. Portmann-Tselikas 2005 und 2009). Eine operierende Didaktik zur Förderung der Schreib- und Sprachkompetenz muss demnach über diese formalen Kriterien hinausgehen, indem sie den Studierenden in den Aufgabenstellungen eine handlungs- und prozessorientierte Perspektive auf den Schreibprozess eröffnet und diese zur „reflektierten Eigenaktivität" (Kruse/Chitez 2012, 58ff.) auffordert.

5 Methodisch-didaktischer Ansatz: Die Schreibaufgabe

Forschendes, projektorientiertes Lernen ist für die Ingenieurausbildung von besonderer Bedeutung und verlangt von den Studierenden in den verschiedenen Phasen der Projektarbeit – z.B. der Übernahme eines Tätigkeitsfeldes innerhalb des Projekts, der Aufgaben- oder Problemdefinition, der Planung der Arbeitspakete oder Arbeitsschritte, der Durchführung von Testabläufen und deren Auswertung sowie der Dokumentation der verschiedenen Phasen bis hin zur Veröffentlichung – eine differenzierte Betrachtung des jeweiligen Gegenstands. Die Schreibaufgabe Praxisbericht baut auf den im Praktikum gewonnenen Erfahrungen und Fachkenntnissen auf und stellt die Studierenden vor die Aufgabe, Sachinhalte und Prozesse den Regeln der Fachdisziplin folgend strukturieren, versprachlichen und darstellen zu können. Dies erfordert die Kenntnis der inhaltlichen Anwendungsbereiche sowie der Techniken des wissenschaftlichen Arbeitens. Der Praxisbericht ist ein fach- und wissenschaftssprachliches Genre mit vielfältigen Ausformungen und einzelnen zu bewältigenden Schreibaufgaben, deren inhaltliche Aspekte abwechseln, d.h. mehrdimensional-sprachlich sind und deshalb in Teilschritten realisiert werden müssen. Die Textsorte Praxisbericht stellt darüber hinaus Anforderungen an die Schreib- und Sprachkompetenz hinsichtlich Textstruktur, Lexik, Syntax und Korrektheit, um für die

Adressaten verständlich und nachvollziehbar zu sein (vgl. Becker-Mrotzek/ Schindler 2007, 16ff.). Deshalb haben die den individuellen Schreibprozess steuernden Teilaufgaben die Funktion, das Planen, Strukturieren und Ausformulieren der Textteile zu unterstützen (vgl. Senn 2010, 164ff.). Eine Teilaufgabe soll den Textproduktionsprozess in Anlehnung an die Tätigkeiten während des Praktikums in Teilprozesse zerlegen und kognitive, sprachreflexive und sprachproduktive Aspekte beinhalten, um den Studierenden die Phasen des Schreibprozesses bewusst zu machen, bereits erkannte individuelle Schreibstrategien abzurufen und neue Fähigkeiten zu erproben.

Ziel der Schreibhandlungen einer Teilaufgabe ist es, die Überschaubarkeit der Aufgabe durch die Einteilung in Arbeitsschritte zu erreichen, fach- und domänenspezifisches Wissen abzurufen sowie die Sprachaufmerksamkeit auf die kommunikative Absicht zu lenken und die sprachlichen Zeichen in Bedeutungszusammenhänge (Herbeiführung von Kohärenz, Kohäsion) zu setzen (vgl. Frentz 2010, 13-16). Die Textproduktion soll die Ergebnisse kommunikativer Handlungen im Berufsfeld abbilden und diese im wissenschaftlichen Kontext adäquat präsentieren (vgl. Abb. 2). Durch das Erstellen von Prätexten (vgl. Abb. 3) haben die Studierenden die Möglichkeit, Sachinhalte und Prozesse (intern) zu überdenken und in sprachliche Formulierungen (extern) zu übersetzen (vgl. Frentz/ Frey/Sonntag 2005, 12-14).

Tab. 1 zeigt das methodisch-didaktische Konzept, das die zur Erstellung der Textsorte Praxisbericht erforderlichen Schreibhandlungen miteinander verbindet. Für das Praxissemester Elektrotechnik (2013/14) wurde ein E-Learning-Kursraum eingerichtet, in dem aktuelle Informationen und Hinweise, Lernmaterialien zu fachspezifischen Textmustern, die vier Teilaufgaben sowie eine ergänzende fünfte Aufgabe zur Erstellung der Präsentation hinterlegt wurden. Jede Teilaufgabe erfordert es, den Schreibprozess zu strukturieren und zu planen, die Inhalte zu formulieren, den Textteil zu überarbeiten und eine Zusammenfassung zu generieren. Die Teilaufgaben mussten zu festen Terminen erarbeitet und für das Feedback (Überarbeitung) hochgeladen werden. Anhand einer Checkliste konnten Hinweise zu den Kriterien Form und Aufbau (Gliederung, Umgang mit Quellen und Forschungsbeiträgen), Aufgabenstellung und Korrektheit gegeben und die Fertigstellung des Berichts vorgenommen werden. Ferner wurde ein Muster zur Gliederung des Praxisberichts (siehe Teilaufgaben 1-3) zur Verfügung gestellt. Im folgenden Abschnitt wird der Prozess der

Konzeption und Evaluation des studierendenzentrierten Lehr-/Lernkonzepts erläutert.

Tab. 1: Die Schreibaufgabe Praxisbericht

Aufgabe	Funktion	Kompetenz	Schreibhandlung
Teil-aufgabe 1	Vorstellung des Unternehmens	Informationen auswählen und strukturieren; Zitieren, Paraphrasieren	Beschreiben (Produkte, Position auf dem Markt, Entwicklung u.a.) Narration (Geschichte der Firma)
Teil-aufgabe 2	Einsatzbereich und Tätigkeit	Projektziele formulieren; Aufgabenbereiche beschreiben; (Teil-)Aufgaben adressatengerecht erläutern	Formulieren von Zielen Beschreiben Erklären Präzisieren
Teil-aufgabe 3	Problemstellung • theoretischer Hintergrund • praktische Umsetzung Dokumentation der Messergebnisse Zusammenfassung	Prozesse fokussieren und strukturieren; Teilprozesse beschreiben und verbinden; Technische Daten visualisieren und erklären; Problemlösungen erklären, z.B. Komplikationen und deren Lösung; Bewertung technischer Produkte; Ergebnisse formulieren (z.B. Desiderata, Fortgang der Ausbildung).	Dokumentieren Erklären: z.B. Formulieren Bewerten Visualisieren (Abbildung, Diagramm, Tabelle u.a.) Darstellen Erklären
Teil-aufgabe 4	Überarbeitung der Rohfassung der Textteile (1-3)	Schreibprozesse fokussieren; Sprachbewusstsein entwickeln; Adressatenbezug herstellen; die Merkmale der Textsorte Bericht erkennen; eine Schreibaufgabe planen, organisieren und strukturieren.	Rohfassung überarbeiten Beachtung der formalen Kriterien Textversionen verbinden

6   Die Ausgangslage

Individuelle Schreibkompetenzen zum wissenschaftlichen Schreiben zu erfassen, verlangt die Definition von Kriterien, an denen sich die Messungen für die Evaluation ausrichten. Zur Vorbereitung des interdisziplinären Lehr-/Lernkonzepts zum wissenschaftlichen Schreiben in der Elektrotechnik im Wintersemester 2013/14 wurden für eine erste Einschätzung aus der Perspektive der

Tab. 2: Bewertungskriterium Aufgabenstellung

Kriterium	Deskriptor
Projektplan, Problemlösung(en) und Bewertung	Der Bericht enthält einen klar nachvollziehbaren Projektplan, eine oder mehrere Problemlösungen werden deutlich dokumentiert u. bewertet.
Fortgang der Ausbildung, erworbene Kenntnisse	Der Fortgang der Ausbildung und erworbene Kenntnisse sind klar dokumentiert.

Tab. 3: Bewertungskriterium sprachliche und visuelle Umsetzung der Aufgabe

Kriterium	Deskriptor
Verbindung von Text und Bild (Grafiken, Anlagen-, Schaltungs- und Programmdokumentation)	Die Grafiken und Abbildungen sind klar und ausführlich beschrieben.
Wissenschaftssprachlicher Ausdruck, Zitation	Der Text enthält kohäsive Elemente sowie komplexe wissenschaftssprachliche Lexik und Strukturen, die Inhalte werden ggf. belegt.
Orthografie, Interpunktion	Orthografie und Interpunktion sind korrekt.

Sprachwissenschaft kompetenzorientierte Bewertungskriterien und Deskriptoren zu Form und Aufbau, zur Aufgabenstellung, zur sprachlichen und visuellen Umsetzung der Aufgabe und zur Korrektheit formuliert. Anhand dieser Bewertungskriterien, die hier nur ausschnittweise gezeigt werden können, erfolgte eine erste Einschätzung der Praxisberichte der ersten Gruppe zum Ende des Praktikums im Wintersemester 2012/13.

Die erste Abstimmung mit den Fachwissenschaftlerinnen und Fachwissenschaftlern nach der Durchsicht der Berichte ergab, dass die Fremdeinschätzung aus fachlicher und sprachwissenschaftlicher Perspektive hinsichtlich der Einstufung der Praxisberichte weitgehend übereinstimmte. In einem zweiten Schritt erhielten die Studierenden bei der das Praxissemester abschließenden Präsentation einen Fragebogen zur Selbsteinschätzung der Schreibkompetenz. Hierzu wurde eine fünfstufige Skala (Likert-Skala) erstellt, um Antworttendenzen erkennen zu können. Der Original-Fragebogen enthält zwölf Kann-Beschreibungen zur Selbsteinschätzung der in den Schreibhandlungen der Teilaufgaben im Praxisbericht erforderlichen Kompetenzen und zur Bewusstmachung von Schreibblockaden. Dies schließt die Bereitschaft ein, ein Schreib-Lernangebot

	Wissenschaftliche Texte schreiben	1 2 3 4 5
1	Ich kann eine wissenschaftliche Fragestellung (z.B. Praxisbericht, Bachelorarbeit) entwickeln.	☐☐☐☐☐
2	Ich kann einen wissenschaftlichen Text (z.B. Seminararbeit, Praxisbericht, Bachelorarbeit) gliedern.	☐☐☐☐☐
3	Ich kann mich zu komplexen, technischen Sachverhalten klar, strukturiert und detailliert ausdrücken.	☐☐☐☐☐
4	Ich kann die Mittel zur Textverknüpfung angemessen verwenden.	☐☐☐☐☐
5	Ich kenne den relevanten, fachsprachlichen Satzbau und kann diesen ohne große Mühe in Texten anwenden.	☐☐☐☐☐
6	Ich habe manchmal Schreibblockaden und gerate dadurch unter Zeitdruck.	☐☐☐☐☐
7	Ein spezielles Schreibtraining für mein Fachstudium (z.B. Online-Kurs) würde ich nutzen, um meine Textkompetenz zu perfektionieren.	☐☐☐☐☐
	trifft voll zu ———▶ *trifft überhaupt nicht zu*	

Abb. 3: Skala zur Selbsteinschätzung

zu besuchen. Da die Fragen zum Planen, Organisieren, Strukturieren und Formulieren der Schreibaufgabe von besonderem Interesse für die Erstellung des Lehr-/Lernkonzepts sind, wurden die Aussagen zur Selbsteinschätzung der ersten Gruppe (n=11) mit den in der zweiten Gruppe (n=21) erhobenen Daten verglichen. Um eine differenzierte Sicht auf die Selbsteinschätzung der Studierenden zu erhalten, wurde der Fragebogen der zweiten Gruppe bereits zu Beginn des Praktikums verteilt. Folgende sieben Fragen wurden exemplarisch ausgewählt (s. Abb. 3).

Die Fragen 1 und 2 betreffen die Einschätzung der Textkompetenz, die Fragen 4 und 5 die Einschätzung der sprachlichen Fähigkeiten. Frage 3 wurde in der Auswertung nicht berücksichtigt, da der Vergleich der beiden Gruppen hier kein nennenswertes Ergebnis erbrachte. Bei den Fragen 6 und 7 waren die Studierenden aufgefordert, aus den Anforderungen der Schreibaufgabe und ggf. dem Wissen um Schreibblockaden heraus zu entscheiden, ob sie ein Lernangebot zum wissenschaftlichen Schreiben annehmen würden.

Die Auswertung zeigte bei der Beantwortung von Frage 1 einen leichten Unterschied bei der Selbsteinschätzung der Studierenden in den beiden Gruppen. In Gruppe 2 notierten 23,8 % der Studierenden die Kann-Beschreibung „Ich kann eine wissenschaftliche Fragestellung entwickeln" mit *trifft weitgehend zu*, 28,5 % bekundeten bei dieser Kann-Beschreibung mit *trifft weitgehend nicht zu* eine gewisse Unsicherheit bei der Erstellung eines wissenschaftlichen Textes. Hingegen waren die Studierenden in Gruppe 1 mit 54,5 % (*trifft weitgehend zu*) und 36,3 % (*trifft teils zu/teils nicht zu*) überzeugt, diese Aufgabe zu bewältigen zu können. Dieses Ergebnis lässt die Hypothese zu, dass die Schreiberfahrung zu einer höheren Einschätzung der (Schreib-)Fähigkeiten führt. Da bei der Bewertung der Praxisberichte von Gruppe 1 – ohne Schreibbegleitung – erhebliche Defizite beim Aufbau der Gliederung und der textuellen Gestaltung zu erkennen waren, ist der Vergleich der Selbsteinschätzung der Gruppen bezüglich der Kann-Beschreibung „Ich kann einen wissenschaftlichen Text gliedern" von besonderem Interesse. In Gruppe 1 vermerkten 45,4 % *trifft weitgehend zu* und 27,2 % *trifft teils zu/teils nicht zu* bei der Frage, ob sie einen wissenschaftlichen Text planen und gliedern können. Im Vergleich dazu gaben 47,6 % der Studierenden der Gruppe 2 bei dieser Frage *trifft weitgehend zu* an, demgegenüber nur 14,2 % *trifft teils zu/teils nicht zu*.

Der Selbsteinschätzung der sprachlichen Fähigkeiten stimmten in der ersten Gruppe bei der Kann-Beschreibung „Ich kann die Mittel zur Textverknüpfung angemessen verwenden" 45 % mit *trifft weitgehend zu* und 54,5 % mit *trifft teils zu/teils nicht zu* zu. Das Ergebnis in Gruppe 2 zeigte jeweils 38 % Zustimmung bei dieser Frage. Bei der Kann-Beschreibung „Ich kenne den relevanten, fachsprachlichen Satzbau und kann diesen ohne große Mühe in Texten anwenden" zeigte sich in Gruppe 1 ein Unterschied: 27,3 % bestätigten mit *trifft weitgehend zu* und 45 % bekundeten *trifft teils zu/teils nicht zu*. In Gruppe 2 befanden wiederum gleich verteilt 42,8 % *trifft weitgehend zu* und *trifft teils zu/teils nicht zu*, was eine gewisse Unentschiedenheit hinsichtlich der Einschätzung von sprachlichen Herausforderungen eines wissenschaftlichen Textes vor der Schreiberfahrung zeigt. Dieses Ergebnis lehnt sich an eine umfassend angelegte Datenerhebung von Pöser et al. (2012, 33ff.) an, die im Rahmen ihrer Studie eine Unterbewertung der Schreib- und Kommunikationskompetenz bei Studierenden des Maschinenbaus bezüglich der Berufsfähigkeit feststellen.

Bei den Kann-Beschreibungen der Fragen 6 und 7 gaben 27,3 % der Gruppe 1 mit *trifft weitgehend zu* und 36,3 % mit *trifft teils zu/teils nicht zu* an, Schreibblockaden zu kennen. Ein Lernangebot zur Erstellung wissenschaftlicher Texte erachteten in dieser Gruppe 36,3 % als weitgehend zutreffend, hingegen entschieden sich 18 % mit *trifft nicht zu* dagegen. Die Aussagen der Gruppe 2 erbrachten folgendes Ergebnis: 42,8 % gaben an, Schreibblockaden würden weitgehend zutreffen, 33,3 % antworteten mit teils/teils und 23,8 % mit *trifft weitgehend nicht* zu. Für ein Lernangebot sprachen sich 42,8 % mit *trifft weitgehend zu*, 33,3 % mit teils/teils und 14,2 % mit *trifft weitgehend nicht zu* aus.

Aus der Gesamtschau dieser ersten, einen Ausschnitt der Selbsteinschätzung gebenden Daten können m.E. keine repräsentativen Ergebnisse, sondern lediglich Tendenzen abgeleitet werden. Dieser an ausgewählten Kann-Beschreibungen zur Selbsteinschätzung vorgenommene Vergleich zeigt, dass die Studierenden vor dem Ausführen der Schreibaufgabe Praxisbericht ihre Schreiberfahrung niedriger und den Bedarf nach einem unterstützenden Schreibtraining höher einschätzten als nach der Abgabe des Praxisberichts, was den vorsichtigen Schluss zulässt, dass etwa die Hälfte der Studierenden ein Lernangebot zum Erstellen wissenschaftlicher Texte als wichtig erachtet. Diese Prognose wurde in der das Praxissemester abschließenden Feedback-Runde bei der Präsentation der Berichte bestätigt, in der die Studierenden sich für eine Einführung in das wissenschaftliche Schreiben in der Fachdisziplin bereits in den Semestern vor der Erstellung des Praxisberichts aussprachen.

Über die Auswertung der Selbsteinschätzung hinaus wurde wiederum eine Bewertung der Praxisberichte der Gruppe 2 (Perspektive Sprachwissenschaft) auf Grundlage der Bewertungskriterien (vgl. Tab. 2 und 3) vorgenommen. Das Ergebnis dieser Bewertung zeigte, dass die Arbeiten der Studierenden, die das Lernangebot auf der E-Learning-Plattform genutzt bzw. eine individuelle Schreibberatung eingefordert hatten, eine qualitativ bessere Leistung bei der formalen Gestaltung, dem Aufbau der Gliederung und der sprachlichen Umsetzung der Schreibaufgabe aufwiesen. Eine detaillierte Fremdbeurteilung sowie Analyse der Texte von Gruppe 2 konnte bis zum Zeitpunkt der Erstellung dieses Beitrags nicht vorgenommen werden, da die Fachkorrektur der Berichte noch nicht abgeschlossen war. Abzusehen ist aber bereits, dass in der Weiterentwicklung des Lehr-/Lernkonzepts die Aufmerksamkeit auf der Ausarbeitung eines Leitfadens zur Erstellung des Praxisberichts und der Bachelorarbeit liegen wird. Begleitend dazu werden die Studierenden ein Lern-Portfolio anlegen, welches die Kann-Beschreibungen zur Selbsteinschätzung bei den Studierenden belässt, während die Erstellung des Praxisberichts durch eine systematische Sammlung von Skizzen und Wochenberichten wichtige (Schreib-)Lernstrategien für die Erstellung der Bachelorarbeit ermöglicht.

Zusammenfassend lässt sich sagen, dass das interdisziplinäre Lehr-/Lernkonzept in seinem ersten Entwurf bei den Studierenden und anderen Fachwissenschaftlerinnen und Fachwissenschaftlern aus den Natur- und Technikwissenschaften eine Bewusstheit für die Erstellung wissenschaftlicher Texte eröffnet hat. Daraus ergaben sich außerdem weitere Schritte zur Implementierung eines an den Bedürfnissen der Studierenden ausgerichteten Lernangebots, welches durch die E-Learning-Plattform einen schnellen Kontakt zur Hochschule und den betreuenden Lehrenden ermöglicht.

7   Schlussgedanken

In den vorausgehenden Abschnitten wurden einige zentrale Aspekte für das Schreiben in den Natur- und Technikwissenschaften am Beispiel eines interdisziplinären Schreibprojekts reflektiert, die in ihrer Gesamtschau Hinweise für eine an den Anforderungen der Fachwissenschaft und den individuellen Fähigkeiten und Fertigkeiten der Studierenden ausgerichtete Schreibdidaktik geben können:

• Wissenschaftliches Schreiben ist das Erstellen von Texten, die fachbezogene Informationen und Wissensinhalte transportieren und in kommunikativen Handlungen Relevanz besitzen. Es bedarf des expliziten Wissens, um diese Szenarien und um Wissensinhalte adressatengerecht zu formulieren (vgl. Abb. 2).

- Die Schreib- und Sprachkompetenz in der Wissenschaftssprache ist ein Spezifikum wissenschaftlicher Erkenntnisgewinnung und kann nicht getrennt von der Allgemein-, Fach- oder Berufssprache betrachtet werden (vgl. Abb. 1).

- Schreiben ist ein individueller Prozess der Auseinandersetzung mit einer Aufgabe oder Problemstellung. Das Überblicken der individuellen Kenntnisse und Fähigkeiten muss in die Konzeptualisierung von Lernangeboten einbezogen sein.

- Schreiben in den Wissenschaften soll dazu befähigen, problembezogen zu denken und kommunizieren zu lernen. Die Vermittlung einer fachbezogenen Schreib- und Sprach-kompetenz kann in interdisziplinären Lehr-/Lernangeboten in die fachspezifische Lehre als Teil der Fachdisziplin integriert werden.

Der vorliegende Beitrag konnte keine vollständigen Aussagen für alle Textarten in der Fachdisziplin der Elektrotechnik liefern. Eine entsprechende Typologie wissenschaftlicher Textsorten, die aufeinander aufbauend hinsichtlich ihres Komplexitätsgrades in den Modulen des Studiengangs betrachtet und eingeübt werden, ist ein wichtiger Schritt zur Ausrichtung der Lehr-/Lernangebote an den kommunikativen Bedürfnissen der Studierenden. Des Weiteren stellt die Vermittlung sprachlicher Charakteristika der Wissenschaftssprache Deutsch für die Fachkommunikation in Studium und Beruf ein Desiderat für einen in Vorbereitung befindlichen, über diesen Beitrag hinausgehenden Forschungsansatz dar.

Literatur

Alexander von Humboldt Stiftung/Foundation: Deutsch als Wissenschaftssprache. Gemeinsame Erklärung der Präsidenten von Humboldt-Stiftung, DAAD, Goethe-Institut und HRK vom 18.02.2009, Nr. 05/2009
https://www.humboldt-foundation.de/web/pressemitteilung-2009-05.html (14.04.14).

Arbeitskreis Deutsch als Wissenschaftssprache (ADAWIS) e.V.: Deutsch in der Wissenschaft, o.J., http://www.adawis.de/ (14.04.14).

Bayerisches Staatsministerium für Unterricht und Kultur, Wissenschaft und Kunst: Verordnung über die Qualifikation für ein Studium an den Hochschulen des Freistaates

Bayern und den staatlich anerkannten nichtstaatlichen Hochschulen (Qualifikations-
verordnung – QualV) vom 02.11.2007, http://www.stmwfk.bayern.de/hochschule/
studium-abschluesse/hochschulzugang/ (14.04.14).

Becker, Frank Stefan: Herausforderungen für Elektroingenieure/innen. Entwicklungen im
Arbeitsfeld, Erwartungen von Personalverantwortlichen, Tipps für Berufsstart und Karriere, ZVEI, 2013,
http://www.zvei.org/Publikationen/Herausforderungen-fuer-Elektroingenieure.pdf
(14.04.14).

Becker-Mrotzek, Michael/Schindler, Kirsten: Schreibkompetenz modellieren. In: Texte
schreiben (= KöbeS [5] Reihe A), hg. von dens., Duisburg 2007, 7-26.

Bund-Länder-Koordinationsstelle für den deutschen Qualifikationsrahmen für lebenslanges
Lernen: Handbuch zum Qualifikationsrahmen. Struktur – Zuordnungen – Verfahren –
Zuständigkeiten, 2013, http://www.kmk.org/fileadmin/pdf/PresseUndAktuelles/2013/
131202_DQR-Handbuch__M3_pdf (14.04.14).

Fiebach, Constanze: Deutsche Sprache, quo vadis? Deutsch in den Wissenschaften In:
Deutsch als Wissenschaftssprache – Dossier, hg. von Goethe-Institut, 2010,
http://www.goethe.de/lhr/prj/diw/dos/de6992833.htm (14.04.14).

Freie Universität Berlin: Europäisches Sprachenportfolio für den Hochschulbereich, 2003,
http://userpage.fu-berlin.de/elc/portfolio/e.html (14.04.14).

Frentz, Hartmut: Schreibentwicklung und Identitätsfindung. Ein Beitrag zu einer kompetenzorientierten Schreibdidaktik, Göttingen 2010.

Frentz, Hartmut/Frey, Ute/Sonntag, Edith: Schreiben und Schreibentwicklung. Konzepte
und Methoden, Hohengehren 2005.

Glück, Helmut: Wissen schaffen – Wissen kommunizieren. In: Deutsch in der Wissenschaft.
Ein politischer und wissenschaftlicher Diskurs, hg. von Heinrich Oberreuter et al., München 2012, 143-156.

HRK Hochschulrektorenkonferenz: Durchlässigkeit, 2008,
http://www.hrk.de/themen/studium/arbeitsfelder/durchlaessigkeit/ (14.04.14).

Jakobs, Eva-Maria/Schindler, Kirsten: Wie viel Kommunikation braucht der Ingenieur?
Ausbildungsbedarf in technischen Berufen. In: Förderung der berufsbezogenen Sprachkompetenz. Befunde und Perspektiven, hg. von Christian Efing und Nina Janisch, Paderborn 2006, 133-153.

Kruse, Otto/Chitez, Madalina: Schreibkompetenz im Studium: Komponenten, Modelle und
Assessment. In: Literale Kompetenzentwicklung an der Hochschule, hg. von Ulrike
Preußer und Nadja Sennewald, Frankfurt a.M. 2012, 57-83.

Markl, Hubert: Die Spitzenforschung spricht englisch. In: Welche Sprache(n) spricht die
Wissenschaft? (Debatte; 10), Berlin 2010, 147-152, http://edoc.bbaw.de/volltexte/2011/
2136/pdf/25_Markl_D10.pdf (28.01.15).

Mocikat, Ralph: Eine Universalsprache für die Naturwissenschaften? Ein kritischer Zwischenruf. In: Deutsch in der Wissenschaft, hg. von Heinrich Oberreuther et al., München 2012, 157-164.

Ders.: Die deutsche Sprache in den Naturwissenschaften. In: Die Macht der Sprache. Online-Publikation, hg. von Goethe-Institut, 2008, http://www.goethe.de/lhr/pro/mac/Online-Publikation.pdf (20.01.2015), 60-65.

Ossner, Jakob: Sprachdidaktik Deutsch, Paderborn u.a. ²2008.

Portmann-Tselikas, Paul R.: Textkompetenz als Voraussetzung für schulischen Erfolg, 2009, http://www.iik.ch/wordpress/downloads/Portmann_21_1_09.pdf (14.04.14)

Poser, Katja et al.: Integrativer Ansatz zum Ausbau berufsrelevanter Schlüsselkompetenzen in der Ingenieurausbildung. In: ZFHE Jg. 7, Nr. 4 (2012), 32-41.

Pospiech, Monika: Schreiben ist immer gleich, nur jedes Mal anders, 2013, http://www.bwpat.de/ht2013/ft18/pospiech_ft18-ht2013.pdf(14.04.14).

Roche, Jörg: Konstruktion und Kognition im Fremdsprachenerwerb und Fremdsprachenunterricht. In: Sprachenbewusstheit im Fremdsprachenunterricht. (= Giessener Beiträge zur Fremdsprachendidaktik), hg. von Eva Burwitz-Melzer, Frank G. Königs und Hans-Jürgen Krumm, Tübingen 2012, 153-168.

Senn, Werner: Schreiben als Voraussetzung und Ziel der Portfolioarbeit. Mit dem Portfolio Schreiben lernen. In: Textformen als Lernformen. (= KöBeS [7] Reihe A), hg. von Thorsten Steinhoff und Torsten Pohl, Duisburg 2010, 163-190.

Schmölzer-Eibinger, Sabine: Textkompetenz, Lernen und Literale Didaktik, o.J., http://www.abrapa.org.br/cd/npdfs/SchmeolzerEibinger-Sabine.pdf (14.04.14).

Sloane, Peter F.E.: Zu den Grundlagen eines Deutschen Qualifikationsrahmens (DQR). Konzeptionen, Kategorien, Organisationsprinzipien, Bonn 2008.

Thielmann, Winfried: Deutsche und englische Wissenschaftssprache im Vergleich. Hinführen – Verknüpfen – Benennen, Heidelberg 2009.

Wittek, Andreas/Ludwig, Hans-Reiner/Behr, Ingo: Synoptische Darstellung Empirischer Studien zum Kompetenzbegriff für die Entwicklung Modularisierter Ingenieurstudiengänge, 2005, http://www.wiete.com.au/journals/GJEE/Publish/vol9no3/Wittek.pdf (14.04.14).

Verein Deutscher Ingenieure (VDI): Ingenieurausbildung im Umbruch. Empfehlung des VDI für eine zukunftsorientierte Ingenieurqualifikation, 1995, http://www.vdi.de/file admin/media/content/hg/Empfehlung_des_VDI_Mai_95.pdf (14.04.14).

Schreibausbildung in der Physik

Erste Erfahrungen am Schreiblabor des House of Competence

Beate Bornschein

Es gibt am Karlsruher Institut für Technologie (KIT) nicht viele Gemeinsamkeiten in der universitären Ausbildung von Geistes- und Naturwissenschaftlern. Ein großer Unterschied besteht in der Ausbildung zum wissenschaftlichen Schreiben. Während z.b. die Studierenden der Germanistik schon früh, i.d.R. ab dem dritten Semester, schriftliche Hausarbeiten verfassen müssen, die korrigiert und bewertet werden, sind die Physikstudierenden erst im Rahmen ihrer Bachelorarbeit mit der Aufgabe, eine schriftliche wissenschaftliche Ausarbeitung zu verfassen, konfrontiert. Eine geregelte wissenschaftliche Schreibausbildung findet im Rahmen des Physikstudiums bis zur Bachelorarbeit *de facto* nicht statt. Dies führt dann meist dazu, dass seitens der Studierenden eine große Unsicherheit über den gesamten notwendigen Schreibprozess vorherrscht und dass die Betreuer der Bachelorarbeiten den Schreibprozess der Studierenden intensiv begleiten müssen.

Das Hauptproblem, mit dem die Betreuer in der Folge konfrontiert werden, ist die Mehrdimensionalität der geforderten Korrektur: Sie müssen nicht nur auf den wissenschaftlichen Inhalt, sondern auch auf die Botschaft und die logische Argumentationskette sowie auf die fachspezifischen Formalien und die Rechtschreibung achten. Erfahrungsgemäß[1] ist dies insbesondere dann eine Herausforderung, wenn die logische Struktur des Textes nicht stimmt oder gar nicht vorhanden ist. Ist dagegen die Botschaft der Abschlussarbeit klar erkannt und in einer logisch korrekten Gliederung niedergelegt und hat der Studierende die fachspezifischen Formalien korrekt beachtet, kann sich der Betreuende auf den fachlichen Inhalt der Arbeit konzentrieren.

Um diese für alle Beteiligten positive Situation zu erreichen, benötigen die Physikstudierenden eine auf das Fach Physik abgestimmte Schreibausbildung,

---

1   Die Autorin, selber Experimentalphysikerin, hat am KIT mehr als 20 Abschlussarbeiten in der Physik erst- und zweitbewertet.

die im besten Fall schon vor dem Beginn der Bachelorarbeit beginnt. Die Verfasserin bietet daher seit 2012 am Schreiblabor des House of Competence (HoC) im Karlsruher Institut für Technologie (KIT) spezielle Kurse zum wissenschaftlichen Schreiben für die Studierenden des Fachs Physik an. Diese Kurse sollen die Studierenden handlungsfähig machen und die Betreuenden in ihrer Korrekturarbeit maßgeblich entlasten.

Nach einer kurzen Einführung in die Situation in der Physik bezüglich der Abschlussarbeiten werden im vorliegenden Aufsatz der Aufbau und das didaktische Konzept dieser Kurse näher erläutert und beispielhaft einige Inhalte vorgestellt. Danach werden die bisherigen Erfahrungen mit den Kursen diskutiert und von der Verfasserin bewertet. Der Aufsatz schließt mit einer kurzen Diskussion über sinnvolle zukünftige Schritte in der Schreibausbildung für Physikstudierende am KIT.

1 Abschlussarbeiten im Fach Physik: die Ausgangslage

Die übliche Situation in der Physik unterscheidet sich von der in anderen Fächern (z.b. in der Germanistik) in einigen wichtigen Punkten, die einen großen Einfluss auf die Erstellung einer Abschlussarbeit in diesem Fach haben.

Die Forschungsarbeit in der Physik findet fast immer in Arbeitsgruppen statt, deren Größe stark variieren kann. Besonders in der Experimentalphysik sind Gruppen von 5-10 Personen, die am gleichen Forschungsthema und an der gleichen Apparatur arbeiten, keine Seltenheit. Es ist üblich, dass die Masterstudierenden und die Doktoranden ihre Arbeitsplätze im Institut haben, in vielen Fällen auch die Bachelorstudierenden. Damit ist die Möglichkeit einer intensiven Kommunikation zwischen Doktorand, Masterstudent und Bachelorstudent gegeben.

Bis auf wenige Ausnahmen auf dem Gebiet der theoretischen Physik kostet Forschung in der Physik viel Geld, sei es für Rechneranlagen, sei es für Experimentaufbauten. Die notwendigen Gelder müssen eingeworben werden, was z.T. in Verbundanträgen realisiert wird. Summen von 100000 bis mehreren Millionen Euro sind keine Seltenheit. Damit verbunden ist eine Forschungsplanung, die von dem jeweiligen Gruppenleiter bzw. Projektleiter dirigiert wird. Mögliche Themen für Abschlussarbeiten werden daher fast immer von dem Gruppenleiter bzw. erfahrenen Wissenschaftler im Team gemäß der aktuellen Forschungssituation erdacht und ausgeschrieben.

Ein dritter wichtiger Punkt bezieht sich direkt auf die Abschlussarbeit selbst: Sie ist ein Bericht über die Ergebnisse der eigenen Forschung, d.h. nicht die Abschlussarbeit selbst steht im Vordergrund, sondern die geleistete Arbeit in der physikalischen Forschung, z.b. am Experiment oder bei der Entwicklung eines numerischen Modells. Physikstudierende müssen also in der Lage sein, einen Forschungsbericht zu schreiben, der den formalen Anforderungen genügt sowie methodisch und inhaltlich korrekt aufgebaut ist. Zusätzlich sollten die Studierenden auch in der Lage sein, ihre Ergebnisse in einem Zeitraum von 10 bis 20 Min. einem Publikum verständlich vorzutragen, das nicht nur aus Mitgliedern der eigenen Arbeitsgruppe besteht. Die von der Verfasserin eingeführten Kurse tragen diesen Anforderungen Rechnung.

2   Bisherige Schreibkurse am HoC: Lernziele und didaktischer Ansatz

Folgende Kurse sind bisher speziell für die Physiker/innen des KIT am Schreiblabor des House of Competence eingeführt worden:

• Blockkurs *Wissenschaftliches Schreiben und Präsentieren für Physiker* (4 Tage mit je 6 Zeitstunden, Bachelorstudiengang, maximal 16 Teilnehmer)

• Blockkurs *Erstellen wissenschaftlicher Publikationen in der Physik* (4 Tage mit je 6 Zeitstunden, Masterstudiengang, maximal 16 Teilnehmer)

• Seminar *Verfassen und Präsentieren wissenschaftlicher Arbeiten* (3 Doppelstunden als Teil des sog. Mikromoduls *Physik* für Teilnehmer des Anfängerpraktikums, maximal 36 Teilnehmer)

Die wichtigsten Lernziele sind in allen Kursen identisch; die Studierenden sollen nach dem Besuch der Kurse in der Lage sein

• die Kernaussage ihres Schreibprojektes zu finden und die Adressaten zu identifizieren,

• eine strukturierte Gliederung zu erstellen unter Beachtung des roten Fadens,

• fachspezifische Formalien zu kennen und anzuwenden,

• das Trichterprinzip in der Einleitung umzusetzen,

• die DFG-Regeln zur guten wissenschaftlichen Praxis zu kennen und zu beachten,

- ein Basiswissen über Schreibstrategien und Zeitmanagement zu haben und anzuwenden.

Als didaktischer Ansatz wurde die Verwendung von Fallbeispielen gewählt. Gute Beispiele sollen die Anforderungen transparent machen (nach dem Motto ‚So geht es!‘), schlechte Beispiele werden verwendet, um das frisch Gelernte in der Praxis umzusetzen (nach dem Motto ‚Analysiere!‘ und ‚Finde die Fehler!‘). Es hat sich gezeigt, dass gerade das Korrigieren von vorgegebenen Texten geeignet ist, um mit wenig Zeitaufwand z.b. die richtige Anwendung von Formalien sicher bei den Studierenden zu verankern. Lässt man zusätzlich im Kurs vorgegebene Gliederungen oder Texte mit Optimierungspotential in kleinen Gruppen von je zwei bis vier Studierenden überprüfen und diskutieren, so fördert man das Lernen und den freien Meinungsaustausch unter Gleichen. Die Kursleitung muss sich dann nur noch am Ende einer Übung einbringen, um offene Fragen zu klären.

3 Typischer Aufbau eines Blockkurses

Der Aufbau des 4-tägigen Blockkurses *Wissenschaftliches Schreiben und Präsentieren für Physiker* ist in Abb. 1 dargestellt. Gemäß den im vorigen Abschnitt diskutierten Lernzielen sind an jedem Tag mehrere Übungen vorgesehen, die zum Großteil in Gruppenarbeit zu erledigen sind. Zwischen erster und zweiter Hälfte des Kurses liegt i.d.R. eine mehrtägige Pause. In diesem Zeitraum erstellen die Kursteilnehmer eine schriftliche Hausarbeit von ca. 5 Seiten. Dies kann z.B. durch das Schreiben einer Einleitung zu einem Praktikumsprotokoll oder auch schon zur Bachelorarbeit erfolgen.

In der derzeitigen Konzeption der Kurse ist diese Hausarbeit der einzige Text, der von den Studierenden eigenständig verfasst wird. Um den Stoff den Studierenden möglichst einprägsam zu vermitteln, müssen möglichst viele gute und schlechte Beispiele für wissenschaftliches Schreiben präsentiert und diskutiert werden. Vorgegebene Texte durch die Studierenden korrigieren zu lassen, ist in einem Blockkurs nach Erfahrung der Verfasserin ein erfolgreiches und zeitsparendes Verfahren. Das Schreiben eigener Texte kostet viel Zeit, die im Blockkurs schlicht nicht vorhanden ist, wenn der Fokus auf die Formulierung von Kernaussagen, das Erstellen einer Gliederung, auf Formalien und die Frage, wie Methoden und Ergebnisse visualisiert werden können, gesetzt wird.

	9.00 – 10.30	11.00 – 12.30	13.30 – 15.00	15.30 – 17.00
Tag 1	• Begrüßung • Erwartungen • Kursziele • *Paarübung:* *Analyse einer* *Gliederung* • Standardauf- bau einer Arbeit	• Warum schreibe/ rede ich? • Sender-/ Empfängermodell • Roter Faden & Message • Trichterprinzip • *Paarübung:* *Bewerten von* *Gliederungen*	• *Think/Pair/Share:* *Analyse einer* *Einleitung* • Diskussion der Ergebnisse	• *Gruppenarbeit:* *Die 30 Schritte* *beim Erstellen* *einer wissen-* *schaftlichen* *Arbeit* • Diskussion der Ergebnisse
Tag 2	• Formatierungs- regeln (Formeln, Abbildungen, Tabellen, etc) • *Einzelübung:* *Finde & korri-* *giere Fehler in* *Textbeispielen* • Diskussion der Ergebnisse	• Wissenschaftlich formulieren • *Paarübung:* *Verbesserung* *von Textstellen* • Gute wissensch. Praxis: KIT- und DFG-Regeln • Zitate und Urheberrecht	• *Think/Pair/Share:* *Korrektur eines* *Mehrseitentextes* • Diskussion der Ergebnisse	• Planung der eigenen Arbeit & Zeitmanagement • Schreibstrategie • Umgang mit dem Betreuer • <u>Erläuterung der</u> <u>Hausaufgaben</u>

Kursprogramm (Bachelor)

	9.00 – 10.30	11.00 – 12.30	13.30 – 15.00	15.30 – 17.00
Tag 3	• *Think/Pair/Share:* *Bewertung der* *schriftlichen* *Hausarbeit der* *jeweils anderen* *(3er Gruppen)* • Diskussion der Ergebnisse der Hausarbeit	• *Think/Pair/Share:* *Bewertung der* *Textkorrekturen* *(2. Hausarbeit)* *der jeweils* *anderen* *(3er Gruppen)* • Diskussion der Ergebnisse der Hausarbeit	• Störungen im Schreibprozess, Prokrastination & Schreibhemmun- gen • Hilfsangebote • Offene Fragen	• Literaturreche- che – mögliche Suchwege • Gruppenarbeit: Literaturreche- che nach vorge- gebenen Stich- worten
Tag 4	• *15-min-Vortrag* *eines Freiwilligen* • *Feedback der* ges. Gruppe • Wiss. Vorträge: Parallelen zum wiss. Schreiben • Besonderheiten im wiss. Vortrag	• Darstellung von Daten in Vorträgen • Gruppenarbeit: Verbessern von Diagrammen und Tabellen in Vorträgen • Diskussion der Ergebnisse	• Emotionen?! Die Rolle des Vortragenden • Vorbereitung eines Vortrags	• Ausfüllen des Evaluierungs- bogens • Abschluss- diskussion und Feedback

Kursprogramm 2. Woche

Abb. 1: Kursprogramm des Blockkurses für Physikstudierende (B. Sc.)

Die Übersicht in Abb. 1 zeigt auch, dass ungefähr ein halber Tag des Blockkurses dem Erstellen und Halten eines Vortrages dient. Der Grund ist der folgende: Es gibt bei der Erstellung der Abschlussarbeit, dem schriftlichen Bericht über die eigene Arbeit, und bei der Erstellung eines Vortrags, dem mündlichen Bericht über die eigene Arbeit, sehr viele Parallelen. Das fängt bei der Suche nach der Kernaussage und der Beachtung des Adressatenkreises an, und es endet mit der Diskussion der eigenen Ergebnisse und dem Ausblick. Ebenso sind die Anwendung von Formalien (z.B. die Benutzung von Einheiten) und die Notwendigkeit, komplexe Dinge vereinfacht zu visualisieren, in beiden Formen des Berichts gleich. Das Erkennen solcher Parallelen ist ein wichtiges Lernziel, das auf diese Weise erreicht wird.

Die Reihenfolge der Anordnung der Kursinhalte ist nicht zwingend vorgegeben. Man kann hier durchaus darüber diskutieren, ob der eine oder andere Block früher oder später gesetzt werden sollte. Die Verfasserin hat hier v.a. die Tatsache berücksichtigt, dass die Studierenden an den vier Tagen von 9.00 bis 17.00 Uhr zusammen sitzen und dass gerade in der letzten Einheit die Konzentrationsfähigkeit aller nicht mehr ganz so hoch ist.

Kursinhalte I: Gliederung der Arbeit und Trichterprinzip in der Einleitung

Eines der wichtigsten Ziele des Kurses besteht darin, dass die Studierenden lernen, dass Titel, Gliederung (vgl. auch Abb. 2) und Einleitung einer wissenschaftlichen Abschlussarbeit eine Einheit bilden und dass die Einleitung immer die Motivation, die Aufgabenstellung sowie das Ziel der Abschlussarbeit beinhaltet und üblicherweise mit einem kurzen Absatz über die weiteren Kapitel schließt.

Ist der Titel der Arbeit gut gewählt und die Gliederung aussagekräftig, so erkennt der Leser schon nach dem Lesen des Titels und der Durchsicht des Inhaltsverzeichnisses den Schwerpunkt der Arbeit und darüber hinaus, welche Untersuchungen der Student während seiner Abschlussarbeit durchgeführt hat. Ist die Einleitung zusätzlich nach dem Trichterprinzip geschrieben, d.h. holt sie die Leser gemäß ihrem Vorwissen ab und motiviert sie die eigene Forschung, dann ist das Interesse des Lesers geweckt.

Im Kurs sind den Aspekten Botschaft bzw. Kernaussage, Gliederung und Einleitung ca. 25 % der zur Verfügung stehenden Zeit gewidmet (vgl. Abb. 1).

> ➤ Titelseite (Titel der Arbeit, Nennung der offiziellen Betreuer)
> ➤ Inhaltsverzeichnis
> ➤ Abbildungsverzeichnis
> ➤ Tabellenverzeichnis
> ➤ Einleitung mit Motivation, kurze Nennung der Aufgabenstellung und des Ziels der Arbeit
> ➤ Stand der Forschung, Diskussion der offenen Fragen und detaillierte Fragestellung der Arbeit
> ➤ Vorstellung der Messmethode und des Experimentaufbaus
> ➤ Beschreibung der Messungen
> ➤ Darstellung der Ergebnisse und Diskussion/Bewertung der selbigen
> ➤ Zusammenfassung und Ausblick

Abb. 2: Standardaufbau einer Abschlussarbeit in der Experimentalphysik. Je nach Aufgabenstellung kann es im Einzelfall leichte Abweichungen geben. In der Physik ist es üblich, bis zur dritten (Bachelorarbeiten) bzw. bis zur vierten Ebene (Master- und Doktorarbeiten) zu gliedern.

Dabei wird auch die Bedeutung der zentralen Erkenntnis diskutiert. Die Studierenden der Physik lernen, dass sie zunächst ihre Hauptaussage festlegen müssen (‚Was soll der Leser als wichtigste Information mitnehmen?‘), um das Dreigespann Titel, Gliederung und Einleitung schreiben zu können.

Der Adressatenkreis für eine Abschlussarbeit in der Physik besteht üblicherweise aus Personen, die Physik studiert haben. In bestimmten Fällen (meist in theoretischen Abschlussarbeiten) beschränkt sich der Adressatenkreis auf theoretische Physiker.

Kursinhalte II: Das 8-Phasenmodell bei der Betreuung der ersten Abschlussarbeit

Wie oben erläutert, ist in der Physik im Idealfall jedem Bachelorstudenten ein Doktorand oder Masterstudent zugeordnet, der ihn vor Ort bei der Arbeit betreut. Der Dritte im Bunde ist der Seniorwissenschaftler (Professor oder erfahrener promovierter Wissenschaftler), der den Prozess bewacht und den Doktoranden coacht. Diese Betreuungssituation ist im Idealfall auch während der Schreibphase des Studierenden gegeben.

2011 wurde im Tritiumlabor ein 8-phasiges Modell zur Betreuung der Studierenden während der Schreibphase eingeführt. Es sorgt dafür, dass die in den Schreibkursen vermittelten Inhalte und Handlungsanweisungen während des Schreibprozesses in einer strukturierten Form umgesetzt werden. Die Studierenden erhalten damit einen klar vorgegebenen, systematischen Einstieg in das Schreiben, bei dem zu Beginn die Strukturierung und die Kernaussage(n) im Mittelpunkt stehen. Die Erfahrung der letzten Jahre hat gezeigt, dass sich bei Anwendung des Modells der Korrekturaufwand für die Betreuenden insgesamt deutlich verringert.

Um Studierende auf das strukturierte Schreiben der Abschlussarbeit vorzubereiten, ist es notwendig, den im nächsten Absatz vorgestellten Betreuungsprozess den Studierenden zu erläutern und sie auf diesen Prozess vorzubereiten. Dies geschieht im Rahmen der hier vorgestellten Schreibkurse.

Das 8-Phasenmmodell:

1) Startphase (Student mit Betreuer und Seniorwissenschaftler)
   In der Auftaktveranstaltung diskutieren die Beteiligten die bisherigen Ergebnisse der Arbeit und ermitteln noch offene Punkte (z.B. die Notwendigkeit einer erneuten Literaturrecherche). Des Weiteren werden die Kernaussagen der Arbeit identifiziert, der Umfang des Stoffes festgelegt und der vorläufige Arbeitstitel in den endgültigen Titel überführt. Diese Phase ist sehr wichtig für das weitere Vorgehen. Daher sollte hierfür genügend Zeit eingeplant werden (ca. zwei Stunden) und es sollte auch der erfahrene Seniorwissenschaftler daran teilnehmen.

2) Grobstrukturierungs- und Gliederungsphase (Student)
   In dieser Phase arbeitet der Studierende alle offenen Punkte bezüglich der wissenschaftlichen Inhalte ab und erstellt sich eine Masterdatei mit den üblichen Formatierungen. Danach entwirft er unter Beachtung der Botschaft für den Adressatenkreis eine Gliederung bis mindestens zur dritten Ebene. Dabei muss der Studierende auf die Argumentationskette („roter Faden') achten. Anschließend schreibt er zu jedem Gliederungsabschnitt wichtige Stichworte und bestimmt schon in diesem frühen Stadium die wichtigsten Abbildungen und Tabellen, die er verwenden will. Die reinen Gliederungs- und Stoffsammlungsarbeiten dauern bei einer Bachelorarbeit normalerweise eine gute Woche. Am Ende dieser Phase entwirft der Student einen Zeitplan für sein weiteres Vorgehen.

3) Vereinbarungsphase (Student mit Betreuer und Seniorwissenschaftler)
   In dieser Phase besprechen die Beteiligten den Gliederungsentwurf des Studenten und mögliche Verbesserungen. Außerdem wird die Zeitplanung

diskutiert und optimiert. Der Seniorwissenschaftler bringt hier seine Erfahrung ein. Zuletzt wird das erste zu schreibende Kapitel (‚Schreibprobe‘) festgelegt und ein Termin vereinbart, zu dem es dem Betreuer vorgelegt werden soll.

4) Schreibprobenphase (Student)
    Der Student erstellt alle Tabellen und Abbildungen sowie die Über- und Unterschriften für das betreffende Kapitel. Zusätzlich füllt er die Gliederungspunkte weiter mit Stichworten und überlegt sich die Übergänge zwischen den einzelnen Abschnitten. Danach schreibt er das Kapitel nieder und gibt es seinem (Senior-)Betreuer[2] zusammen mit Titel, Gliederung und Literaturverzeichnis.

5) Erste Feedbackphase ([Senior-]Betreuer mit Student)
    Der Betreuer liest und korrigiert die Schreibprobe sowohl inhaltlich als auch in Bezug auf formale Aspekte. Danach gibt er dem Studenten Feedback zu Schreibstil und Ausdruck, Rechtschreibung, Argumentation, Zitation, Form und Adressierung der Schreibprobe und – natürlich – zu inhaltlichen (physikalischen) Mängeln.

6) Ausarbeitungsphase (Student)
    In dieser Phase, die für den Studenten mental die schwierigste ist, setzt dieser das Feedback um und klärt bei Bedarf Unsicherheiten mit dem Betreuer. Nach der Korrektur des Kapitels wird dieses zur Lernkontrolle noch einmal dem (Senior-)Betreuer übermittelt. Er schreibt die restlichen Kapitel entsprechend des abgesprochenen Zeitplans und gibt diese ebenfalls dem (Senior-)Betreuer.

7) Zweite Feedback-Phase ([Senior-]Betreuer mit Student)
    Der (Senior-)Betreuer überprüft die restlichen Kapitel mit besonderem Augenmerk auf die korrekte Form und die inhaltliche wissenschaftliche Auseinandersetzung und Bewertung der Ergebnisse. Danach bespricht er mögliche Verbesserungen mit dem Studenten.

---

2   Sollte der Doktorand noch wenige eigene Erfahrungen im Korrigieren von Texten haben, wird ggf. der Seniorbetreuer tätig.

8)   Schlussphase (Student)
      Der Studierende korrigiert ein letztes Mal seine Arbeit, lässt sie drucken
      und binden und reicht sie in der erforderlichen Anzahl und vor Ende der
      Abgabefrist bei der Fakultät ein.

Kursinhalte III: Übungsbeispiele zu den Korrekturen

In diesem Abschnitt werden zwei kurze Beispiele zu den Übungen gezeigt, in
denen die Kursteilnehmer fremde Texte korrigieren sollen.

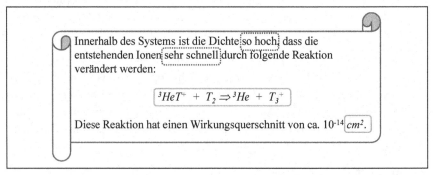

Innerhalb des Systems ist die Dichte so hoch, dass die
entstehenden Ionen sehr schnell durch folgende Reaktion
verändert werden:

$$^3HeT^+ \ + \ T_2 \Rightarrow {}^3He \ + \ T_3{}^+$$

Diese Reaktion hat einen Wirkungsquerschnitt von ca. 10^{-14} cm^2.

Abb. 3: Beispiel für die Übung zur Korrektur von formalen und inhaltlichen Fehlern.

Abb. 3 zeigt ein Beispiel für eine typische Übung zur Korrektur von Formalien
und zum Auffinden von inhaltlichen Fehlern. Die Fehler sind hier schon markiert, wobei die grauen Boxen mit den durchgezogenen Linien formale Fehler[3]
und die gestrichelten Boxen inhaltliche Fehler[4] markieren.
      Im Kurs müssen die Teilnehmer/innen ca. 10 DIN A4 Seiten Textbeispie-
le korrigieren, in denen gleiche formale Fehler wiederholt auftauchen. Durch
die häufigen Wiederholungen wird der Stoff verfestigt. Die Verfasserin hat die
Erfahrung gemacht, dass dies absolut notwendig ist und dass eine bloße Aufstellung von formalen Vorgaben, die als Handout verteilt wird, auf keinen Fall
ausreicht.
      Ein Beispiel für eine Übung zum Auffinden fehlender Zitate ist in Abb. 4
zu sehen. Die Kursteilnehmer sollen hier insbesondere für die Tatsache sensibi-

---

3   Einheiten und Elementnamen dürfen nicht kursiv gesetzt werden.
4   In der Physik gilt das Gebot Zahlen, Daten, Fakten – diese fehlen hier.

lisiert werden, dass in einer Abschlussarbeit die Einleitung und die Diskussion des Forschungsstandes üblicherweise die höchste Zitatdichte aufweisen und dass es Codewörter gibt, die zwingend solche Zitate erfordern. Dazu gehören Jahreszahlen und Namen von Personen und Experimenten.

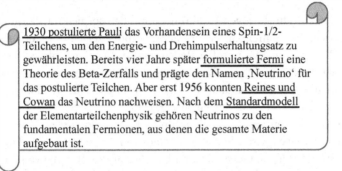

1930 postulierte Pauli das Vorhandensein eines Spin-1/2-Teilchens, um den Energie- und Drehimpulserhaltungsatz zu gewährleisten. Bereits vier Jahre später formulierte Fermi eine Theorie des Beta-Zerfalls und prägte den Namen ‚Neutrino' für das postulierte Teilchen. Aber erst 1956 konnten Reines und Cowan das Neutrino nachweisen. Nach dem Standardmodell der Elementarteilchenphysik gehören Neutrinos zu den fundamentalen Fermionen, aus denen die gesamte Materie aufgebaut ist.

Abb. 4: Beispiel für Zitierübung. Dargestellt ist hier das Ergebnis: Fehlende Zitate sind schwarz unterstrichen.

4 Eigene Erfahrungen mit den neuen Kursen

Nach zwei Jahren mit insgesamt sechs abgehaltenen Kursen kann folgendes festgehalten werden:

Der didaktische Ansatz funktioniert. Dies wurde nicht nur in den Kursen selbst festgestellt, sondern auch im Wissenschaftsbetrieb. So haben vier Studierende, die den ersten Kurs besucht hatten, hinterher in/mit der Arbeitsgruppe der Verfasserin ihre Diplomarbeit absolviert, wodurch eine direkte Vergleichsmöglichkeit der jeweils notwendigen Betreuungsarbeit beim Schreibprozess gegeben war. Die Studierenden, die vorher den Kurs besucht hatten, waren deutlich selbstständiger und benötigten auch deutlich weniger Betreuung (im Schnitt grob ein Drittel) als diejenigen, die keinen Kurs besucht hatten.

Die Beteiligung der Studierenden in den Kursen war sehr gut, sie waren i.d.R. sehr interessiert und hatten immer sehr viele Fragen. Das Konzept der Blockkurse mit dem häufigen Wechsel zwischen Frontalunterricht, Gruppenübungen und Diskussionen führte durchweg zu einem guten Lernklima. Die Studierenden honorierten dies durch sehr positive Rückmeldungen und sehr gute Lehrevaluierungen. Die Studierenden waren sehr zufrieden, da sie in den Kursen genau diejenige Hilfe fanden, die sie benötigten: Sie bekamen das Werkzeug, das sie brauchen sowie klare Regeln, wie sie vorzugehen haben.

Ausblick

Die bisherigen sehr positiven Erfahrungen mit den speziell für Physikstudierende eingerichteten Schreibkursen des Schreiblabors zeigen, dass deren Fortführung und Ausweitung von großer Bedeutung ist. Die Schreibkurse sind absolut notwendig. Das ist nicht nur die Meinung der Verfasserin und anderer betreuenden Mitarbeitern der Fakultät für Physik, es ist auch die Meinung der Studierenden, wie die Lehrevaluierungen gezeigt haben.

In dem Zusammenhang stellt sich nun die folgende Frage: Wie können die Kurse so ausgeweitet werden, dass ein höherer Prozentsatz pro Jahrgang erreicht wird? Mit den aktuellen Kursen können nur ca. 10 % eines Jahrgangs erreicht werden. Da die Kursteilnahme freiwillig ist, werden unter den 10 % des Jahrgangs vermutlich eher diejenigen zu finden sein, die schon eine Affinität zum Schreiben haben bzw. für sich festgestellt haben, dass es wichtig ist, die eigene Schreibkompetenz zu erhöhen. Sinnvoll wäre es jedoch, in einem ersten Schritt die Anzahl der Kurse so weit zu erhöhen, dass nominell alle Studierenden des Jahrgangs an einem Kurs teilnehmen könnten. In einem zweiten Schritt wäre es m.E. sinnvoll, den Kurs zu einer Pflichtveranstaltung zu machen. Unsere Bestrebungen gehen dahin, dass wir das Kurskonzept durch Tutorien ergänzen, um auf diese Weise die Reichweite zu erhöhen. Dazu erarbeitet das Schreiblabor derzeit gemeinsam mit der KIT-Bibliothek und der Fakultät für Physik ein weiterführendes Lehrkonzept.

Vom *Nature*-Paper zur Bachelor-Arbeit

Kompetenzorientierte Schreibangebote in den Lebenswissenschaften

Petra Eggensperger/ Sita Schanne

Sowohl die Schreibforschung als auch unsere Beobachtungen als Schreibtrainerinnen in Kursen mit Studierenden sowie in hochschuldidaktischen Kursen für Lehrende zeigen, dass Studierende aller Disziplinen oft über nicht ausreichende Schreibkompetenz verfügen. Studierende haben kein oder nur wenig Wissen über die Prozesshaftigkeit des Schreibens. Argumentation und Ergebnisdarstellung weisen Mängel auf, und die wissenschaftliche Sprachkompetenz ist nicht zufriedenstellend. Insbesondere Studierende der Natur- und Lebenswissenschaften arbeiten oft wenig schreibaffin. Zugleich gilt das Prinzip des *publish or perish* hier in besonderem Maße, wissenschaftliche Karrieren können sich am Schreiben entscheiden. Diese Missstände sind lange bekannt, genauso wie die Klagen über schlechte Texte der Studierenden. Die systematische Unterstützung beim Erwerb von Schreibkompetenzen war dennoch lange kein Bildungsthema an deutschen Hochschulen.

Eine häufig gestellte Frage ist daher, wo und wie Schreibkompetenzen explizit und systematisch erworben bzw. vermittelt werden können. In diesem Beitrag zeigen wir, dass gemäß den Erkenntnissen der Schreibdidaktik Schreibtrainings am wirkungsvollsten sind, wenn sie *in situ*, im Rahmen der jeweiligen Disziplin, durchgeführt werden (vgl. Kap. 1). Des Weiteren beschreiben wir, wer diese Trainings am besten durchführen sollte (vgl. Kap. 2): Lehrende der jeweiligen Disziplinen verfügen oft – selbst wenn sie erfahrene Schreiber sind – über wenig explizites Wissen über den Schreibprozess und finden es daher schwierig, Studierende im Schreiben zu unterrichten bzw. anzuleiten. Die Experten aus den Schreibzentren hingegen können dieses spezifische Wissen über den Schreibprozess beisteuern; ihnen fehlt jedoch das Wissen über disziplinspezifische Besonderheiten. Eine Kooperation zwischen Experten für das Schreiben und Lehrenden aus den Disziplinen erscheint daher der erfolgversprechendste Ansatz, um Schreibkompetenzen bei den Studierenden auszubilden.

Hier skizzieren wir das Kooperationsmodell der Abteilung Schlüsselkompetenzen und Hochschuldidaktik an der Universität Heidelberg (vgl. Kap. 3), bei dem
Schreibexperten und Fachvertreter gemeinsam typische Schreibprobleme identifizieren und Textsorten und Schreibaufgaben, die trainiert werden sollen, festlegen. Es folgt die Darstellung eines Kick-off-Workshops mit den Studierenden
des Fachs, der idealerweise gemeinsam von Schreibexperten und Fachvertretern
durchgeführt wird. Die Lehrenden des Faches werden durch einen schreibdidaktischen Workshop begleitet, der ihnen Wissen um den Schreibprozess vermitteln soll, so dass sie ihr implizites Wissen über das Schreiben für die Beratung und in Veranstaltungen nutzen, um die Schreibkompetenz ihrer Studierenden zu fördern. Bei der Konzeption von Schreibaufgaben (vgl. Kap. 4) orientieren wir uns an Textsorten (,Endprodukten'), die für das Fach typisch sind und
deren Anfertigung im Laufe eines Studiums eingeübt werden sollte. Auf dieser
Grundlage werden Kompetenzen ermittelt, die zur Erstellung des Endproduk-
tes notwendig sind. Bei jeder Schreibaufgabe sollte deutlich werden, inwiefern
sie zum Endprodukt in Beziehung steht und wie sie dem Kompetenzerwerb der
Studierenden nutzt.

1   Warum sollten Schreibkompetenzen explizit vermittelt werden?

Schreiben ist eine zentrale Aufgabe in allen akademischen Disziplinen: Arbeits-
papiere, Protokolle und Abschlussarbeiten gelten als belastbares Ergebnis des
Lernprozesses. Nichtsdestotrotz sind die Klagen der Lehrenden über die
schriftlichen Leistungen der Studierenden vermutlich so alt wie das universitäre
Schreiben selbst. An deutschen Hochschulen herrschten jedoch lange Zeit drei
stillschweigende Annahmen, die den konstruktiven Umgang mit Schreibproblemen erschwerten (vgl. Kruse 2005a und 2005b): Man ging erstens davon aus,
dass Schreibkompetenzen automatisch beim Schreiben erworben werden (Lear-
ning-by-Doing-Paradigma) und dass die kontinuierliche Wiederholung von
Schreibaufgaben ausreiche, um Schreibkompetenz zu erwerben. Zweitens sah
man keine Notwendigkeit für explizite Schreibtrainings, da Schreibaufgaben
und Feedback darauf dazu führen würden, dass Studierende irgendwann entsprechende Kompetenzen entwickelt haben und dann schreiben ,könnten'. Und
drittens könnten Schreibkompetenzen, wenn überhaupt, nur durch Wissenschaftler der jeweiligen Disziplin mittels Feedback vermittelt werden.

Studierende in unseren Kursen klagen jedoch, dass sie kaum hilfreiches Feedback zu ihren Texten erhalten: Anmerkungen beziehen sich – wenn überhaupt – auf inhaltliche Aspekte, nicht auf das Schreiben selbst. Bestenfalls werden Grammatik- oder Rechtschreibfehler korrigiert. Häufig werden ganze Teile des studentischen Textes umgeschrieben – eine mühsame Aufgabe für den Lehrenden, die Studierenden aber nicht aufzeigt, wie und wodurch sie ihr Schreiben und damit Argumentation und Selbststeuerung beim Schreibprozess verbessern könnten. Entgegen den oben beschriebenen Annahmen scheint Lehrenden also doch die Expertise zu fehlen, Feedback konstruktiv und lernförderlich geben zu können.[1] Genau genommen wird hier ein Paradox deutlich: Studierende erhalten Noten für eine Aktivität, die weder wirklich geübt wird noch ihnen ausreichend verständlich ist.

In den USA, wo Schreibforschung und Schreibdidaktik eine längere Tradition haben als im deutschsprachigen Raum,[2] vollzog sich in den 1970er Jahren ein Paradigmenwechsel: Der Fokus verlagerte sich vom Produkt (also dem, was Studierende schreiben sollen) hin zum Prozess (was Studierende konkret beim Schreiben tun). Unter anderem war die Studie von Jane Emig (1971) wegweisend: Zwölftklässler sollten, während sie einen Text anfertigten, ihre Arbeitsweise verbalisieren und wurden dabei auf Tonband aufgenommen. Diese Technik des Think-Aloud-Protokolls und die Analyse der Zwischenprodukte avancierte zum Standard in der gesamten Schreibforschung (vgl. Kruse/Ruhmann 2006, 22). Zudem vollzog sich in Harvard und am Massachusetts Institute of Technology (MIT) die sog. Kognitive Revolution, was u.a. zur Entstehung der Psycho-Linguistik als Forschungsdisziplin führte (vgl. Nystrand 2006). Es wurde deutlich, dass Schreiben eine komplexe Handlung ist, bei der viele Aktivitäten gleichzeitig ausgeführt werden, welche sich teilweise gegenseitig behindern (vgl. Hayes/Flower 1980; Bereiter 1980). Hayes und Flower zeigten durch ihre Forschung, dass Schreiben keine Routineaktivität ist, sondern einem Problemlösungsprozess gleicht. Schreiber sind oftmals überfordert durch eine Vielzahl simultaner, aber konkurrierender kognitiver Prozesse: wie Inhalte sichten und bewerten, neue Ideen generieren, eine spezifische Zielgruppe ansprechen sowie

---

1   Für eine ausführliche Darstellung von Feedback auf Schreibaufgaben vgl. Beach und Tom 2006.

2   Zum Stellenwert und der Entwicklung der Schreibdidaktik an deutschen Hochschulen vgl. Kruse 2005a und 2005b.

sprachliche Konventionen und Normen eines Genres berücksichtigen (Hayes/ Flower 1979 und 1980; Flower/Hayes 1980).

Hayes und Flower unterteilen in ihrem Schreibprozess-Modell das Schreiben in kleinere, weniger komplexe Schritte. Damit fällt es Studierenden leichter, sich Methoden für die Bewältigung von Teilprozessen anzueignen und so das Schreiben insgesamt zufriedenstellender zu gestalten. Studierende können anhand des Modells lernen, wie und wo typische Schreibprobleme auftreten und sich lösen lassen. Sie reflektieren ihre Schreibaktivitäten und verbessern so auch ihre metakognitiven Kompetenzen (vgl. auch Kruse/Ruhmann 2006, 14). Das Modell unterscheidet drei Phasen im Schreibprozess, die jedoch nicht sequentiell ausgeführt werden. Hayes und Flowers betonen vielmehr die Notwendigkeit des „juggling contraints" (1980, 40), d.h. der Fähigkeit, bewusst zwischen den folgenden Phasen wechseln zu können:

- Planung („planning"): Schreibprojekt vorbereiten, Inhalte und Daten sammeln (z.B. durch Lesen), exzerpieren, Ideen sammeln, die Zielgruppe analysieren und Schreibziele (z.B. die Forschungsfrage) entwickeln, Schreibplan und Struktur entwickeln
- Satzgenerierung („translating"): Rohfassung schreiben, Text generieren, ohne sich bereits mit sprachlichen und inhaltlichen Problemen zu beschäftigen
- Überarbeiten („revision"): Textkomposition, Argumentation und Sprache überarbeiten, Grammatik und Rechtschreibung prüfen.

Carl Bereiter (1980, 73-96) entwirft eine Taxonomie, um Schreibprobleme bei Studierenden zu identifizieren. Er sieht die Entwicklung von Schreibkompetenz als Zunahme der kognitiven Fähigkeit, Informationen zu verarbeiten und Probleme zu lösen. Kompetenzentwicklung findet dann statt, wenn die Fähigkeit, eine Schreibaufgabe in Teilschritten zu bearbeiten, automatisiert wird und damit eine kognitive Entlastung eintritt. Bereiter beschreibt fünf Entwicklungsschritte:

- Assoziatives Schreiben: Das Schreiben ist fokussiert auf die Entwicklung von Ideen und ihre Übersetzung in Schriftsprache ohne umfassende konzeptionelle Planung.
- Performatives Schreiben: Das Schreibprodukt entspricht grammatikalischen und orthografischen Regeln.
- Kommunikatives Schreiben: Das Schreiben erfolgt zielgruppengerichtet.

- Reflektives Schreiben: Der eigene Text wird kritisch in Bezug auf die eigenen Schreibziele bewertet.

- Epistemisches Schreiben: Während des Schreibens entstehen eigene kognitive Konzepte, Schreiben wird zum integralen Bestandteil des Denkens.

Bereiters Taxonomie korrespondiert mit den Ergebnissen von Beans Untersuchungen (2001, 15-53) sowie Berichten von Hochschullehrenden denen wir in Beratung und Kursen begegnen: Studierende besitzen kein oder nur wenig Wissen über die Prozesshaftigkeit des Schreibens (assoziative Ebene), Argumentation und Hinführung zu einem Ergebnis weisen Mängel auf (kommunikative Ebene), und die wissenschaftliche Sprachkompetenz ist nicht zufriedenstellend (performative Ebene). Dies führt nicht nur zu unbefriedigenden Resultaten, sondern zeigt auch eine Präferenz für das Oberflächen-Lernen (*surface learning*, vgl. Marton/Saljö 1976a und b). Die Ebenen des reflektiven und epistemischen Schreibens werden dabei selten erreicht. Es bedarf also eines systematischen Ansatzes bei der Vermittlung von Schreibkompetenzen, nicht nur um das Schreiben an sich zu verbessern, sondern auch um Tiefenlernprozesse zu fördern.

2 Wo und wie sollten Schreibkompetenzen am besten erworben werden?

Wir haben bereits dargelegt, dass in der traditionellen Sichtweise Schreiben am besten durch Schreiben gelernt wird (Learning by Doing) und dass ‚Schreibtraining‘ folglich Teil der Fachdisziplin sein müsse. Mit Blick auf die Curricula, in denen Studierende diese Kompetenzen erwerben sollen, stehen Lehrende jedoch vor einem Dilemma: In vielen Bachelor-Studiengängen wurden ehemals als Schreibaufgaben zu erbringende Leistungen durch mündliche Präsentationen ersetzt. Die Qualität der Hausarbeiten und Protokolle ist nicht zufriedenstellend; die Schreibkompetenz der Studierenden nimmt im Studienverlauf nicht hinreichend zu, und so weisen Abschlussarbeiten wesentliche Mängel in dieser Hinsicht auf.

Die Bologna-Reform führte dazu, dass – selbst wenn die Annahme richtig wäre, Schreibkompetenz würde im Fachstudium implizit erworben – nicht mehr genug Übungsmöglichkeiten vorhanden sind, um Schreibkompetenzen ausreichend zu verbessern bzw. überhaupt grundständig zu erwerben. Das alte

Paradigma musste also auch von den traditionell schreibintensiven Fächern im Bereich der Geistes- und Sozialwissenschaften aufgegeben werden (vgl. Kruse 2005a, 171). Eine Antwort auf den Bedarf nach systematischer Vermittlung von Schreibkompetenzen war die Gründung von Schreibzentren, die Schreibkurse als Zusatzangebot für Studierende durchführen. Die Lernziele allgemeiner Schreibkurse sind jedoch häufig nicht auf Schreibaufgaben in den Fachdisziplinen abgestimmt. Dementsprechend haben Studierende oftmals Schwierigkeiten, die allgemeinen Schreibübungen in genre- und disziplinenspezifisches Schreiben zu transferieren; die gewünschte Verbesserung bleibt aus. Auch in Heidelberg bildeten wir Tutoren aus, die dann in den Fächern eintägige Schreibkurse für ihre Kommiliton/innen angeboten haben. Das Konzept war dabei zunächst jedoch nicht disziplinspezifisch, sondern fokussierte sich auf das oben beschriebene Schreibprozessmodell nach Hayes und Flower.

Anne Beauforts Modell der fünf Kompetenzfelder liefert einen Ansatz, dieses Problem zu überwinden. In ihrem Buch *College Writing and Beyond* (2007) betont sie den diskursiven Charakter des wissenschaftlichen Schreibens, welches in spezifische Situationen im Fachkontext eingebunden ist. Schreibexpertise beruhe sowohl auf Schreibprozess-Wissen (vgl. dazu Flower/Hayes 1981; Perl 1979; Sommers 1980) als auch auf Fachwissen sowie Rhetorik-Kenntnissen. Ihre Befragung von Hochschullehrenden (Beaufort 2007, 17ff.) ergab, dass in Schreibtrainings zwar oftmals Wissen über den Schreibprozess, über rhetorische Konventionen und Zielgruppenorientierung sowie über Stil und Grammatik vermittelt werde. Es fehle jedoch i.d.R. das notwendige Wissen über die Diskursgemeinschaft (was den von Lehrenden bemängelten fehlenden Bezug zu Diskussion und kritischer Auseinandersetzung erklärt) sowie eine übergeordnete Konzeption der Kompetenzbereiche wissenschaftlichen Schreibens. Beaufort konzeptionalisiert Schreibkompetenz nach insgesamt fünf ineinandergreifenden Kompetenzfeldern, die in Abb. 1 dargestellt werden: Wissen über die Diskursgemeinschaft, Fachwissen, Genrewissen, rhetorisches Wissen sowie Wissen über den Schreibprozess.

Die fünf Kompetenzfelder dienen uns als Rahmen, schreibbezogene Lernziele zu definieren: Welche spezifischen Fähigkeiten brauchen Studierende, um in jedem Feld erfolgreich zu schreiben? Erst wenn diese Kompetenz-Ziele klar operationalisiert sind, lassen sich Schreibaufgaben entsprechend gestalten. Nur so ist es schließlich möglich, durch die schriftlichen Leistungsnachweise eine

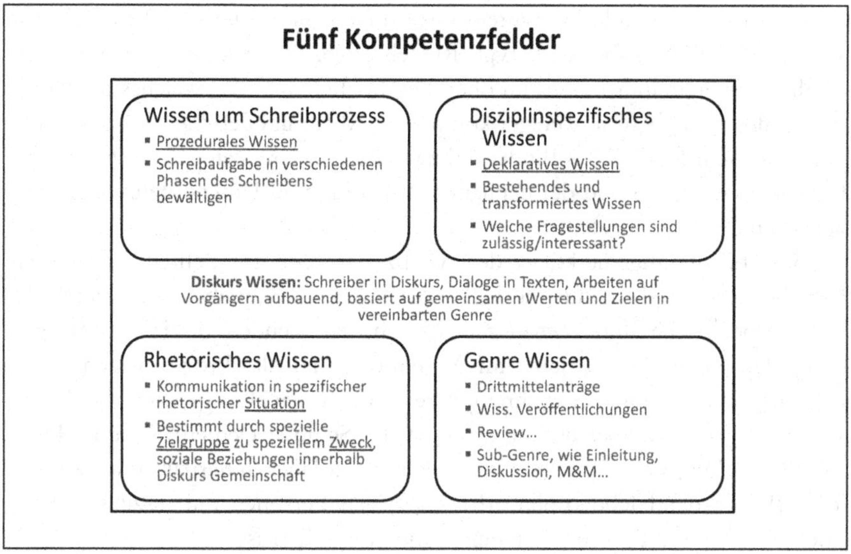

Fünf Kompetenzfelder

Wissen um Schreibprozess
- Prozedurales Wissen
- Schreibaufgabe in verschiedenen Phasen des Schreibens bewältigen

Disziplinspezifisches Wissen
- Deklaratives Wissen
- Bestehendes und transformiertes Wissen
- Welche Fragestellungen sind zulässig/interessant?

Diskurs Wissen: Schreiber in Diskurs, Dialoge in Texten, Arbeiten auf Vorgängern aufbauend, basiert auf gemeinsamen Werten und Zielen in vereinbarten Genre

Rhetorisches Wissen
- Kommunikation in spezifischer rhetorischer Situation
- Bestimmt durch spezielle Zielgruppe zu speziellem Zweck, soziale Beziehungen innerhalb Diskurs Gemeinschaft

Genre Wissen
- Drittmittelanträge
- Wiss. Veröffentlichungen
- Review...
- Sub-Genre, wie Einleitung, Diskussion, M&M...

Abb. 1: Modell der fünf Kompetenzfelder nach Beaufort (2007)

tatsächliche Überprüfung des Lernfortschritts festzustellen. Unseres Erachtens bedarf es also auch bei der Vermittlung von Schreibkompetenzen einer konsequenten Anwendung des Prinzips des *constructive alignment* (Biggs 2003).

3 Wer sollte Schreibkompetenzen vermitteln? Prozessorientierung und Kooperationsmodell in der Schreibdidaktik

Die Annahme, dass Schreiben ausschließlich innerhalb der Fachdisziplin erlernt werden könne, stellt die Lehrenden vor eine große Herausforderung. Die gesamte Verantwortung für die studentische Leistung lastet auf ihren Schultern; Rückmeldung geben oder gar das ‚Umschreiben' studentischer Texte ist zeitaufwändig und ineffektiv. Auf Seiten der Hochschullehrenden besteht großer Bedarf an einer formalen Schreibausbildung.[3] Auch erfahrenen Wissenschaftlern, die selbst erfolgreich publizieren, fehlt oftmals das explizite prozedurale

---

3 Im Hochschuldidaktik-Programm Baden-Württemberg lag der Anteil der schreibbezogenen Modul-II-Kurse in den vergangenen Jahren bei ca. 5 %.

Wissen, um Studierende im Schreiben zu unterrichten; sie schreiben vielmehr automatisiert und ‚unbewusst' (vgl. Russell 1995, 70). Ein umfassendes Verständnis des Schreibprozesses im oben beschriebenen Sinne, welches die Komplexität des Schreibens in weniger komplexe und damit erlernbare Einzelschritte unterteilt, stellt folglich das Bindeglied zwischen der impliziten Schreibexpertise der Wissenschaftlern und der expliziten Anleitung und Unterstützung von Studierenden dar.

Wie bereits angemerkt, ist der Ansatz der zentralen Schreibkurse durch Schreibexperten jedoch nur die halbe Lösung. Den Schreibexperten fehlt das disziplinspezifische und rhetorische Wissen, sie blenden disziplinspezifische Textsorten aus und fokussieren im Wesentlichen auf das Prozesswissen. Auch wenn das Wissen um den Schreibprozess oft vernachlässigt wird, ist dessen Anwendung im fachspezifischen Kontext das Schlüsselelement. Eine nachhaltige Vermittlung von Schreibkompetenz muss folglich innerhalb oder zumindest nahe an der Fachdisziplin erfolgen, durch Personen mit disziplinspezifischem Wissen und Personen mit Schreibprozess-Expertise.

Im Folgenden zeigen wir anhand des Heidelberger Ansatzes, wie eine Kooperation zwischen Schreibexpert/innen und Vertreter/innen der disziplinspezifischen Kompetenzen aussehen kann.[4] Die Idee war so bestechend wie herausfordernd: Um effektive Trainings für alle Disziplinen anbieten zu können, mussten wir unsere Kernkompetenzen in Hochschuldidaktik und Beratung mit denjenigen als Schreibtrainer/innen vereinen. Unsere Expertise war das prozedurale Wissen um den Schreibprozess und das Selbstmanagement beim Schreiben. Was uns fehlte, waren tiefergehendes Fachwissen, Kenntnisse über unterschiedliche Textsorten in den verschiedenen Disziplinen, rhetorisches Wissen und das Diskurswissen innerhalb der jeweiligen *scientific community*. Diese Wissensbereiche gehören zur Expertise der jeweils lehrenden Fachwissenschaftler. Die Abteilung Schlüsselkompetenzen und Hochschuldidaktik arbeitet mit unterschiedlichen Fächern zusammen, um kompetenzbasierte und lernzielorientierte Schreibangebote zu entwickeln. Drei Grundsätze waren für uns handlungsleitend (vgl. Kruse/Ruhmann 2006, 14):

4   Das Heidelberger Modell ist ein umfassendes Konzept für die Verbesserung der Qualität von Lernen und Lehren im Universitätskontext. Es ist die Grundlage für das interne Service Center Abteilung Schlüsselkompetenzen und Hochschuldidaktik an der Universität Heidelberg. Eine ausführliche Beschreibung findet sich bei Chur 2007.

- Schreiben ist mehr als ‚etwas zusammenschreiben': Beim Schreiben geht es nicht nur darum, bestehendes Wissen zu reproduzieren, sondern auch darum, neues Wissen zu generieren. Schreiben formt unser Denken; während des Schreibens entstehen Ideen, die sonst nie eine Form gefunden hätten.

- Schreiben erhöht die Problemlösefähigkeit: Beim Schreiben müssen oft mehrere Anforderungen auf unterschiedlichen kognitiven Ebenen gleichzeitig bewältigt werden (z.b. inhaltlich, kommunikativ, rhetorisch, etc.).

- Schreiben kann systematisch gelernt und gelehrt werden, indem der komplexe Schreibprozess in bewältigbare Teilschritte unterteilt wird, die sich alle auf das Endprodukt beziehen. Dies nennen wir prozessorientierte Schreibanleitung.

Abb. 2 zeigt das Vorgehen in der Praxis: Die Abteilung Schlüsselkompetenzen und Hochschuldidaktik verbindet die Prozessorientierung (das Wissen um den Schreibprozess) mit der Genreorientierung. Das Genre wird gemeinsam mit Lehrenden eines Faches, das Schreibkurse implementieren möchte, im Rahmen eines Beratungsgesprächs bestimmt. Hierzu setzen wir einen teilstandardisierten

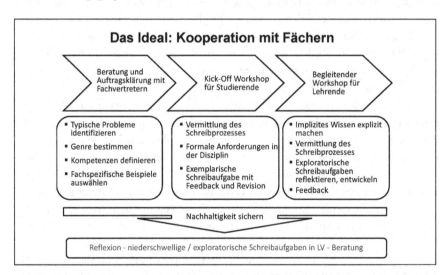

Abb. 2: Ablauf der Kooperation zwischen Arbeitsstelle, Hochschuldidaktik und Fach bei der Entwicklung von fachspezifischen, kompetenzorientierten Schreibkursen für Studierende sowie Begleitkursen für Lehrende zur Sicherung der Nachhaltigkeit.

Leitfaden ein, womit wir im Wesentlichen zwei Ziele verfolgen: Zum einen üben die Fachlehrenden, genrespezifische Lernziele kompetenzorientiert zu formulieren, so dass sie im Anschluss entsprechende Schreibaufgaben konzipieren können. Zum anderen erhalten wir Informationen über typische Schreibprobleme der Studierenden innerhalb der spezifischen Curricula, so dass wir unsere Schreibangebote kontinuierlich weiterentwickeln können.

4   Wie sollten kompetenzorientierte Schreibtrainings aufgebaut sein?

Im Folgenden skizzieren wir anhand des kooperativ durchgeführten Schreibtrainings im B. Sc.-Studiengang Molekulare Zellbiologie, wie wir das oben vorgestellte Modell in konkreten Angeboten für Studierende und Lehrende umsetzen.

4.1 *Auftragsklärung mit Fachvertretern: vom Endprodukt zur Kompetenzorientierung*

Zentrales Element dieser Kooperation ist das Vorgespräch mit den Fachvertretern. Anhand eines Leitfadens werden typische Schreibprobleme der Studierenden festgestellt und den Kompetenzfeldern nach Beaufort zugeordnet (vgl. Checkliste, Abb. 3). Zudem werden typische Textsorten identifiziert, die in der jeweiligen Disziplin geschrieben werden bzw. deren Anfertigung die Studierenden des Faches erlernen sollen (weil es für eine wissenschaftliche Karriere oder für eine außerakademische Berufstätigkeit erforderlich ist). Hier wird zunächst ermittelt, was das Endprodukt des jeweiligen Faches ist und welchen Regeln diese Textsorte unterliegt (z.B. ein Forschungsartikel, ein Laborbericht usw.). Die Kompetenzen, die benötigt werden, um eine solche Textsorte zu schreiben, werden gemeinsam operationalisiert. Zudem wird bestimmt, wo benötigte Kompetenzen innerhalb des Studienverlaufs erworben werden (oder sinnvollerweise erworben werden könnten) und wie diese Teilprodukte (schriftliche Studienleistungen) das abbilden, was im Endprodukt an Kompetenzen gefordert ist.

Schließlich wählen die Fachvertreter fachspezifische Beispiele aus (z.B. Abbildungen, besonders gute Texte, Kommentare von Reviewern, die sie selber erhalten haben) und stellen diese für Übungen zur Verfügung.

Wenn Sie die Schreibprodukte Ihrer Studierenden betrachten:

Identifizieren Sie typische Schreibprobleme Ihrer Studierenden: Wo liegen diese genau?

Identifizieren Sie Probleme auf der Mikro-Ebene und wenn ja welche: z.b. Grammatik, Rechtschreibung, Zeichensetzung, Zitation, Struktur des Schreibproduktes *(Performatives Schreiben)*

Identifizieren Sie Probleme auf der Makro-Ebene und wenn ja, welche:

- Ist der Text auf eine Zielgruppe hin formuliert? *(Kommunikatives Schreiben)*
- Ist der Text auf die Schreibaufgabe hin ausgerichtet?
- Formuliert der Text eine Hypothese, die an einer Fragestellung orientiert ist?
- Wie ist die Qualität des Argumentes zu bewerten? *(Epistemisches Schreiben)*
  - Ist das Argument logisch strukturiert und der Disziplin angemessen?
  - Wurde relevante und ausreichende Evidenz ausgewählt und dargestellt, um das Argument zu unterstützen?
  - Sind divergierende Standpunkte klar beschrieben und werden diese separat diskutiert?
  - Ist der Standpunkt des Studierenden klar ersichtlich, in eigenen Worten formuliert und durch wissenschaftliche Belege logisch unterstützt?
- Gibt es andere Probleme, die Sie beschreiben wollen?

Anspruchsvollste Schreibaufgaben: Gibt es hierfür eine typische Textsorte, in der die Veröffentlichungen in Ihrer Disziplin geschrieben werden und wenn ja, welche sind dies? (Forschungsartikel, Essays, Reviews…)

Was ist der typische Aufbau einer Veröffentlichung in Ihrer Disziplin (Textteile)?

Was muss in den verschiedenen Teilen einer solchen Veröffentlichung in Ihrer Disziplin beschrieben werden, was muss ein Autor hier tun? *(Beschreiben Sie so präzise wie möglich, z.B.: In der Einleitung muss eine Forschungsfrage formuliert werden und es muss in eigenen Worten beschrieben werden, was andere Wissenschaftler bisher getan haben, um ähnliche Fragen zu beantworten…, die Ergebnisse müssen objektiv, d.h. ohne Interpretation und in ganzen Sätzen beschrieben werden…, in der Diskussion müssen divergierende Standpunkte dargestellt werden und es muss in eigenen Worten beschrieben werden, wie sich der Standpunkt des Autors hierzu verhält…)*

Welchen Zweck verfolgen Veröffentlichungen in Ihrer Disziplin typischerweise? *(z.B. veröffentlichen Sie ihre Ergebnisse so schnell wie möglich, damit andere Wissenschaftler mit Ihren Erkenntnissen weiterarbeiten können; divergierende wissenschaftliche Meinungen zu diskutieren…)*

Inwieweit sind die Schreibaufgaben an den anspruchsvollsten Schreibaufgaben in Ihrer Disziplin ausgerichtet?

Folgt der Aufbau einer studentischen Schreibaufgabe dem Aufbau der anspruchsvollsten Schreibaufgabe in Ihrer Disziplin – oder wo liegen die Unterschiede?

Gibt es bei den anspruchsvollsten Schreibaufgaben in Ihrer Disziplin Teile, die Sie in studentischen Schreibaufgaben nicht erwarten? *(z.B. eigene Fragestellung definieren, umfassender Literaturreview etc., weil dies den Umfang einer Hausarbeit überschreiten würde)*

Abb. 3: Checkliste für das Vorgespräch mit Fachvertretern

Beispielhaft zeigen wir anhand des B. Sc.-Studiengangs Molekulare Zellbiologie, wie ausgehend vom Endprodukt wissenschaftlichen Schreibens Zwischenprodukte abgeleitet werden können, die im Laufe des Studiums angefertigt werden. In der Biologie ist das Endprodukt des Studiums ein Forschungsartikel. Betrachtet man das Studium von hinten nach vorne, könnten auch mit den bestehenden Schreibaufgaben Teilkompetenzen des Schreibens erworben werden, in denen sich Kernanforderungen des Endprodukts widerspiegeln (vgl. Tab. 1). Diese Schreibaufgaben müssten lediglich fakultätsweit eingesetzt und explizit auf das Endprodukt bezogen sein.

Tab. 1: Mögliche Operationalisierung und Systematisierung der Schreibaufgaben im B. Sc.-Studiengang Molekulare Zellbiologie.

Bachelorarbeit	Entspricht in allen Regeln und benötigten Kompetenzen dem Endprodukt Forschungsartikel: Lediglich die wissenschaftliche Fragestellung wird vom Betreuer der Arbeit vorgegeben.
Laborbericht Individual-Praktikum (6 Wochen)	Entspricht dem Aufbau und damit den benötigten Kompetenzen der Bachelorarbeit: Ist vom Umfang her geringer; die Fragestellung wird wieder vorgegeben.
Laborprotokoll experimentelles Praktikum (1-2 Wochen)	Folgt dem Aufbau der Bachelorarbeit; keine eigenständige Fragestellung. Der Teil zu Material und Methoden wird dem Veranstaltungsskript entnommen, nur Abweichungen von diesem müssen beschrieben werden
Protokoll Grundlagenpraktikum (1. Semester)	Hier werden die Routinepraktiken beschrieben, so wie dies im Material-und-Methoden-Teil einer Arbeit erwartet wird.

Um die disziplinspezifischen Aufgaben für die Schreib-Workshops zu konzipieren, lehnen wir uns an die Taxonomie der Ebenen des Denkens nach John Biggs (2003) an.

Beschreibung der Kompetenzen: Biologie

Ebenen des Denkens	Welche Kompetenz – Was tun?	Wo?
Theoretisieren	Hypothesen formulieren	Einleitung
Anwenden	Beschreiben, was neue Erkenntnisse bedeuten	Diskussion, Zusammenfassung
In Beziehung setzen	Eigene Daten zu bereits vorhandenen Kenntnissen in Beziehung setzen	Diskussion, Zusammenfassung
Erklären	Daten anderer Wissenschaftler kritisch diskutieren	Einleitung
Beschreiben	Die Ergebnisse anderer Wissenschaftler in eigenen Worten wiedergeben	Einleitung, Diskussion
Mitschreiben	Versuchsaufbau und Daten in eigenen Worten und ganzen Sätzen beschreiben	Material / Methoden, Ergebnisse
Erinnern		

Petra Eggensperger, Matthias Seedorf 2008

John Biggs, 2006

Abb. 4: Beschreibung der Kompetenzen anhand der Ebenen des Denkens und Bestimmung der Textteile, anhand derer die Kompetenzen geübt werden können.

Gemeinsam mit einem Fachvertreter haben wir die Kompetenzen definiert und auf die Subgenres des Endprodukts (Textteile eines Forschungsartikels) bezogen (vgl. Abb. 4). Bei der Formulierung der Kompetenzen folgen wir dem Vorschlag von Biggs, diese als handlungsanleitende Aktivitäten zu formulieren. Dies wird gegenüber den Studierenden transparent gemacht und verdeutlicht oft als Schreibanleitung schon, was in den einzelnen Abschnitten einer Arbeit erwartet wird.

4.2 Umsetzung: Schreibworkshop/Kickoff-Workshop mit Studierenden

Schreibkurse mit Studierenden beinhalten allgemeine, fachübergreifende Teile sowie auf der Basis des Vorgesprächs entwickelte fachspezifische Elemente. Diese Kurse werden idealerweise von Mitarbeiter/innen der Abteilung Schlüsselkompetenzen und Hochschuldidaktik in Zusammenarbeit mit Lehrenden aus dem Fach durchgeführt. Diese bringen die spezifischen Textsorten ein, welche im Workshop eingeübt werden soll, z.B. Laborprotokolle, Bachelorarbeit, Publikationen.

Gemeinsames Element aller Workshops ist die Vermittlung von Wissen über den Schreibprozess. Dies ist deshalb so zentral, weil Studierende damit nicht nur die unmittelbar gestellten Schreibaufgaben besser bewältigen, sondern auch ihre Problemlösefähigkeiten für weitere anspruchsvollere Schreibaufgaben verbessern. Ziel der Kurse ist:

- Studierende können eigene Schreibaufgaben den Phasen des Schreibprozesses zuordnen und haben eigene Stärken und Schwächen im Peer-Review reflektiert. Studierende haben explorative Schreibübungen ausprobiert, um das Material zu ordnen und die Fragestellung zu präzisieren. (*Wissen um den Schreibprozess, disziplinspezifisches Wissen*)
- Die Studierenden haben sich mit den formalen Anforderungen der Disziplin vertraut gemacht und auf das Laborprotokoll im Review angewendet (Aufbau, Zitationsweise, Beschriften v. Abbildungen). (*disziplinspezifisches Wissen/ Genrewissen*)
- Studierende können wesentliche Kriterien eines präzisen, kooperativen Sprachstils benennen und haben diesen in Übungsaufgaben auf ihre eigene Arbeit angewandt. (*rhetorisches Wissen*)

Fachübergreifend thematisieren wir folgende Aspekte und Methoden:

Schreibprozessmodell und Reflexion der eigenen Schreiberfahrung.
Zu Beginn wird das Schreibprozessmodell nach Hayes und Flower vorgestellt. Studierende reflektieren eigene Stärken und Schwächen im Modell. Sie identifizieren Arbeitsschritte beim Schreiben und ordnen diese den drei Phasen Planen, Übersetzen und Überarbeiten zu. Ziel ist es, möglichst viele Arbeitsschritte den Phasen Planung und Überarbeitung zuzuordnen, um die Phase des Übersetzens (des Generierens von Rohtext) zu entlasten. Die Unterscheidung der drei Phasen wird von den Teilnehmenden in den Kursevaluationen oft als zentrale Erkenntnis herausgestellt.

Anwendung der Five-Paragraph-Methode,[5] um einen Text zu strukturieren:
Der Fokus dieser Methode liegt auf der Textproduktion. Die Schreibenden werden durch ein Grundgerüst von Fragen in die Lage versetzt, innerhalb kurzer Zeit (ca. 60 Minuten im Kurs) Text zu produzieren. Durch die folgenden Fragen und Schreibinstruktionen geleitet (Abb. 5), schreiben die Studierenden einen ersten Entwurf:

Schritt 1: Erklären Sie einem/r Freund/in (Nicht-Fachmann/frau), um was es in Ihrer Forschung geht und was Sie als nächstes Projekt tun wollen. „**Ich arbeite über....**"

Schritt 2a: Formulieren Sie die gerade gemachte Beschreibung um, so dass ein Satz daraus wird (beginnend mit den Worten) „**Was ich eigentlich sagen wollte, war...**"

Schritt 2b: Formulieren Sie diesen Aussagesatz als Frage um, spielen Sie mit der Frage und formulieren Sie mindestens drei Varianten davon, diskutieren Sie diese mit Ihrem Nachbarn und wählen Sie die interessanteste für den Rest der Übung aus.

Schritt 3: Beschreiben Sie kurz:
- Wer hat schon versucht, eine ähnliche Frage zu beantworten?
- Was wissen Sie über diese ‚Antworten'?

Schritt 4: Was haben Sie getan, um diese Frage zu beantworten?
- Welches Material haben Sie verwendet?
- Welche Methoden haben Sie angewandt?
- Welche Daten haben Sie erhoben?

Schritt 5: Warum ist es gut, die Frage zu beantworten?
- Was hoffen Sie mit der Antwort zu erreichen?
- Was für ein Ergebnis erwarten Sie?
- *Wem* würde die Beantwortung der Frage *was* nützen?

Abb. 5: Five-Paragraph-Methode nach Fluym (o.J.)

---

5   Diese Methode geht auf den Schreibdozenten Karl Henrik Fluym zurück. Er lehrt an der Universität Oslo und stellte die Methode in einem Workshop im Rahmen der EATAW-Konferenz 2007 (EATAW = European Association for the Teaching of Academic Writing) an der Ruhr-Universität Bochum vor.

Durch die vorstrukturierten Schreibinstruktionen verinnerlichen die Studierenden die Struktur einer Textsorte, beispielsweise eines Forschungsartikels, eines
Exposés oder einer Einleitung. (Die Schreibinstruktionen müssen dementsprechend variiert werden.) Die Schreibenden realisieren, was sie bereits über ein
Thema wissen und in welchen Teilbereichen sie noch mehr Informationen
benötigen. Häufig wird Studierenden durch diese Übung zum ersten Mal deutlich, dass einer wissenschaftlichen Arbeit eine Forschungsfrage zugrunde liegen
muss, also nicht nur Informationen über ein Thema zusammengeschrieben
werden. Die Frage nach dem möglichen Nutzen einer Forschungsarbeit weist
sie darauf hin, dass der Text eine klare und interessante Botschaft für eine ima-
ginäre – oder echte – Leserschaft transportieren soll. Zudem haben die Teilnehmer bei der Übung ein hohes Kompetenzerleben, da tatsächlich verwert-
barer Rohtext generiert wird.

Strategien für die Planungsphase:
Um die ‚Story' für einen Text (oder Textteile) zu entwickeln, verwenden wir
Mindmaps. Im zweiten Arbeitsschritt entwickeln die Studierenden zu den ein-
zelnen Zweigen ihres Mindmaps sog. *prompts* (Satzanfänge, die eine Schreibin-
struktion darstellen),[6] die schließlich ein Gerüst für ihren auszuformulierenden
Text bilden (Abb. 6).

Visualisierungstechniken wie diese erweisen sich als besonders hilfreich für
die Textteile, in denen viele unterschiedliche Sichtweisen anderer Autoren miteinander in Beziehung gesetzt werden müssen, wie Einleitung oder Diskussion
(vgl. Kruse 1993; Ricco 1996).

---

6   Vgl. dazu den Begriff Teleprompter. Die Methode stammt u.a. von Murray (2011).

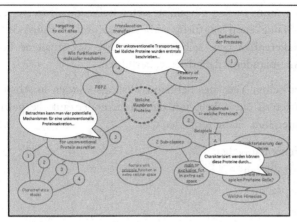

Vom Mind-Map abgeleitete Struktur:
„Writing to prompts"

Unkonventionelle Transportwege für lösliche Proteine

- Der unkonventionelle Transportweg bei lösliche Proteine wurden erstmals beschrieben....
- Folgende Transportprozesse werden wir im einzelnen definieren...
- Es handelt sich dabei um folgende Proteine....
- Beispiele hier für sind...
- Charakterisiert werden können diese Proteine durch....
- Diese Proteine spielen eine Rolle bei....
- Als Hinweise gibt es dafür....
- Einteilen können wir folgende Untergruppen....
- Betrachten kann man 4 potentielle Mechanismen für eine unkonventionelle Proteinsekretion....
- Charakteristika hierfür sind...
- Das Protein FGF2 haben wir ausgewählt, weil....
- Auf molekularer Ebene funktioniert der Mechanismus hier wie folgt....

Abb. 6: Visualisierung des Arguments im Mindmap und davon abgeleitete Satzanfänge

Peer-Review im Schreibtandem.

Je nach Format des Kurses (Blockseminar oder mehrere Termine) geben sich die Studierenden schriftlich Feedback auf frühe Textentwürfe. Hierfür verwenden sie u.a. eine standardisierte Checkliste, die den Aufbau des Textes wiedergibt. Zudem erstellen sie auf Basis des erhaltenen Feedbacks eine individuelle Überarbeitungs-Checkliste (z.B. für zu lange Sätze, sperrige oder unnötig komplizierte Begriffe, Argument ohne Belege, etc.). Bei zukünftigen Schreibaufgaben sollten sie diese typischen Fehler dann als erstes im Blick haben. Die Erstellung einer solchen individuellen Checkliste setzt Reflexionsprozesse in Gang, welche die Schreibfähigkeiten langfristig verbessern. Zum Abschluss der Übung schreiben die Studierenden eine Selbstreflexion über das erhaltene Feedback und sollen die Schreibtandems dauerhaft weiterführen.

Die disziplinspezifischen Teile des Schreibworkshops werden in Abstimmung mit den Fachvertretern entwickelt, um die Studierenden auf die geforderten Textsorten vorzubereiten. Diese umfassen u.a.:

- Struktur der Schreibaufgaben
- Forschungsartikel lesen
- Wissenschaftssprache
- Zitierregeln
- Logik und Argumentation
- Beschriftung von Tabellen und Abbildungen

Die Fachvertreter/innen steuern fachspezifische Textbeispiele, Abbildungen, Gutachterkommentare u.ä. zu eigenen Artikeln, die bereits im Peer-Review-Verfahren begutachtet wurden, bei. Diese bilden die Grundlage für Übungen zur fachspezifischen Wissenschaftssprache oder zur Beschreibung von Abbildungen.

4.3 Begleitworksshop für Lehrende

Hauptziel des Begleitworkshops für Lehrende ist es, sie mit dem gleichen konzeptionellen Rahmen vertraut zu machen, den die Studierenden im Kick-off-Workshop erlernt haben. Beide Seiten gelangen so zu einer gemeinsamen Sprache und Basis für die weitere Unterstützung beim Schreiben. Zudem erhalten Lehrende die Gelegenheit, Übungen selbst zu erproben und ihren Einsatz in ihren eigenen Lehrveranstaltungen zu reflektieren. Am Ende des Kurses können die Teilnehmer...

... ihr implizites Wissen über den Prozess beim wissenschaftlichen Schreiben explizit beschreiben und planen, wie sie dieses Wissen an Studierende weitergeben können.

... kreative (explorative) Schreibmethoden reflektieren und für den Einsatz in eigenen Lehrveranstaltungen adaptieren.

... Kompetenz-Ziele für anspruchsvolle Schreibaufgaben in ihrer jeweiligen Disziplin formulieren und für niederschwellige Schreibaufgaben operationalisieren.

Die Mehrheit der Kursteilnehmer nimmt die Kernbotschaft der Prozessorientierung mit und wendet diese auf zukünftige Schreibaufgaben in Lehrveranstaltungen an: Viele haben Peer-Feedback-Verfahren in ihre regulären Veranstaltungen integriert, bei denen als Leistungsnachweis eine Entwurfsfassung, Peer-Feedback-Kommentare (oft mit schriftlicher Reflexion des Feedback-Prozesses) sowie die Endversion einzureichen sind. Dieser Ansatz verfolgt drei Ziele: erstens die Prozessorientierung hervorzuheben, da nicht nur das fertige Schreibprodukt benotet wird; zweitens die Verinnerlichung von Qualitätsstandards des wissenschaftlichen Schreibens seitens der Studierenden, wenn sie selbst Feedback geben und die Vorgehensweise anderer Schreiber analysieren; drittens die Qualität der schriftlichen Leistungen, die Lehrende lesen und benoten müssen, zu verbessern.

5   Ausblick: Wen erreichen wir mit dem Kooperationsmodell?

Schreibkurse nach dem beschriebenen Kooperationsmodell finden seit 2009 im Rahmen der B. Sc.-Studiengänge Biowissenschaften und Molekulare Zellbiologie statt. Inzwischen wurden die Kurse komplett von der Fakultät für Biologie übernommen. Im gleichen Jahr kamen Kurse für Doktoranden der Medizinischen Fakultät sowie für Promovierende an der gesamten Hochschule dazu. Hier bieten wir Kurse für Promovierende der Natur- und Lebenswissenschaften sowie der Sozial- und Geisteswissenschaften an, um dem Ansatz des *writing across the disciplines* Rechnung zu tragen. Die Kurse für Lehrende finden jährlich im offenen Hochschuldidaktik-Programm sowie an der Medizinischen Fakultät statt. Das Thema Schreibförderung ist immer wieder Gegenstand der hochschuldidaktischen Modul-III-Projekte, bei denen Lehrende Inhalte aus den Schreibdidaktik-Kursen in ihre Fächer transferieren. Auf Anfrage bieten wir auch einen Kurs Paper Writing für Arbeitsgruppen an, in denen veröffentlichungsfähige Publikationen angefertigt werden.[7]

---

7   Bei insgesamt 60 Teilnehmenden wurden bislang 55 Publikationen angefertigt; der höchste Impact Factor liegt bei 9.898 mit einer Veröffentlichung in der Zeitschrift *Blood*.

Unsere Erfahrungen mit dem Kooperationsmodell lassen sich in drei Kernpunkten zusammenfassen:

- Explizites Schreibtraining ist notwendig – und möglich. Zumindest in den verkürzten Studiengängen können wir uns nicht darauf verlassen, dass sich Schreibkompetenzen auf magische Weise von alleine ausbilden.

- Neben der Prozessorientierung beim Schreiben ist auch das disziplinspezifische Schreibtraining wichtig. Doch für die Fachlehrenden gilt: Wer schreiben kann, kann noch nicht automatisch schreiben lehren; hier ist hochschuldidaktische Beratung nötig.

- Kooperationen zwischen überfachlichen Schreibberatern und Fachvertretern sind der erfolgversprechendste Ansatz, denn auch die Schreibexperten, die das Rahmenkonzept für den Schreibprozess beisteuern, müssen sich in eine Fachdisziplin einarbeiten und hineindenken.

Das vorgestellte Modell hängt jedoch im Wesentlichen von der Bereitschaft der Fakultäten ab, mit fachexternen Schreibexperten zu kooperieren. Dabei erscheinen die natur- und lebenswissenschaftlichen Fakultäten offener für die Kooperation mit zentralen Schreibberatungen als diejenigen Fächer, die eigentlich textnahe bzw. textbasierte Forschung betreiben, obwohl diese ironischerweise zunächst Methoden für die Analyse des Schreibprozesses bereitstellten. Problematisch ist gerade bei der Zielgruppe der Natur- und Lebenswissenschaften aber die chronische Überlastung der Wissenschaftler und damit der Lehrenden, so dass es schwierig ist, geeignete Kooperationspartner zu finden. Auch wenn die Angebote als zielführend und effektiv angesehen werden, fehlt es diesen doch oft an Zeit, sich intensiver mit der Thematik auseinander zu setzen. Dies wird sich nur ändern, wenn auch die Lehre aufgewertet und der Einsatz hier, neben der Forschung, gleichermaßen karriereförderlich bewertet wird.

Ein weiterer Ansatz wird momentan mit dem Institut für molekulare Biotechnologie der Universität Heidelberg erprobt: Hier werden Doktoranden des Fachs als Schreibmentor/innen ausgebildet, die ihre Kompetenzen an Bachelor-Studierende disziplinspezifisch weitergeben und – nach eigener Aussage – dabei auch ihre eigene Schreibkompetenz signifikant verbessern.[8]

---

8   Die Projektlaufzeit endet im Sommersemester 2015. Umfassende Evaluationsergebnisse liegen zum Veröffentlichungszeitpunkt noch nicht vor.

Literatur

Beach, Richard/Tom, Friedrich: Response to Writing. In: Handbook of Writing Research, hg. von Charles A. MacArthur, Steve Graham und Jill Fitzgerald, New York City, NY 2006, 222-235.

Beaufort, Anne: College Writing and Beyond – A New Framework for University Writing Instruction, Logan, UT 2007.

Bean, John C.: Engaging Ideas – the Professor's Guide to Integrating Writing, Critical Thinking, and Active Learning in the Classroom, San Francisco, CA 2001.

Bereiter, Carl: Development in writing. In: Cognitive processes in writing, hg. von Lee W. Gregg und Erwin R. Steinberg, Hillsdale, NJ 1980, 73-96.

Biggs, John: Teaching for quality learning at university. What the student does, Berkshire/New York City, NY 2003.

Chur, Dietmar: Das Heidelberger Modell – ein Kompetenz-Center für (Aus-)Bildungsqualität als interner Dienstleister zur Unterstützung der Fachbereiche. In: „Master your Service!" Die Universität als Dienstleister, hg. von Klaus Siebenhaar, Berlin 2007, 148-169.

Emig, Janet: The Composing Processes of Twelfth Graders. In: National Council of Teachers of English, Urbana, IL 1971.

Flower, Linda S./Hayes, John R.: The Dynamics of Composing: Making Plans and Juggling Constraints. In: Cognitive Processes in Writing, hg. von Lee W. Gregg und Erwin R. Steinberg, Hillsdale, NJ 1980, 31-50.

Hayes, John R./Flower, Linda S.: Writing as Problem Solving. In: Visible Language 14 (1979), 388-399.

Dies.: Identifying the Organisation of Writing Processes. In: Cognitive Processes in Writing, hg. von Lee W. Gregg und Erwin R.Steinberg, Hillsdale, NJ 1980, 3-30.

Marton, Ference/Saljö, Roger: On Qualitative Differences in Learning – 1 Outcome and Process. In: British Journal of Educational Psychology 46 (1976), 4-11.

Murray, Rowena: How to write a Thesis, Maidenhead 2011.

Nystrand, Martin: The Social and Historical Context for Writing Research. In: Handbook of Writing Research, hg. von Charles A. MacArthur, Steve Graham, and Jill Fitzgerald, New York City, NY 2006, 11-27.

Kruse, Otto: Zur Geschichte des wissenschaftlichen Schreibens, Teil 1: Entstehung der Seminarpädagogik vor und in der Humboldtschen Universitätsreform. In: Hochschulwesen 5 (2005a), 170-174.

Ders.: Zur Geschichte des wissenschaftlichen Schreibens, Teil 2: Rolle des Schreibens und der Schreibdidaktik seit der Humboldtschen Universitätsreform. In: Hochschulwesen 6 (2005b), 214-218.

Kruse, Otto/Ruhmann, Gabriele: Prozessorientierte Schreibdidaktik: Eine Einführung. In: Prozessorientierte Schreibdidaktik, hg. von Otto Kruse, Katja Berger und Marianne Ulmi, Zürich 2006, 13-35.

Perl, Sondra: The Composing Process of Unskilled College Writers. In: Research in the Teaching of English 13 (1979), 317-336.

Ricco, Gabriele L.: Garantiert Schreiben Lernen. Sprachliche Kreativität methodisch entwickeln – ein Intensivkurs auf der Grundlage der modernen Gehirnforschung, Reinbek b. Hamburg 1996.

Russell, David: Activity, Theory and Its Implications for Writing Instructions. In: Reconceiving Writing, Rethinking Writing Instructions, hg. von Joseph Petraglia, Mahwah, NJ 1995, 51-77.

Sommers, Nancy: Revision Strategies of Student Writers and Experienced Adult Writers. In: College Composition and Communication 31 (1980), 378-388.

Schreiben im Studium

Studentisches Schreiben in Geschichte und Gegenwart

Thorsten Pohl

Wenn heutzutage Studierende ihre Haus-, Seminar- oder Abschlussarbeiten verfassen, wird dies oftmals sowohl in ihrer eigenen Perspektive wie auch in der Wahrnehmung der betreuenden bzw. später begutachtenden Hochschullehrenden als notwendiges Übel oder gar Last gesehen. Für die Lernenden bilden Aufgaben im wissenschaftlichen Schreiben i.d.R. Formen der Leistungskontrolle, für die Lehrenden den Einblick in z.T. noch nicht oder unzureichend ausgebildete fachliche wie auch fachsprachliche Kompetenzen.

Gleichwohl ist Wissenschaft ohne Schriftlichkeit nicht zu haben. Spätestens mit dem Entstehen eines modernen Wissenschaftsverständnisses bildet Wissenschaft ein genuin schriftliches Unternehmen, so dass unser heutiges wissenschaftliches Wissen durchgehend schriftbasiert bzw. schriftlich niedergelegt ist. Unter anderem kommt dies in Rezeptions- wie Publikationsgeboten (vgl. z.B. Weinreich 1988, 45) zum Ausdruck – aphoristisch oftmals gefasst in der Maxime: Publish or perish! Ganz folgerichtig sehen sowohl sozial- wie geisteswissenschaftliche Studiengänge als auch natur- wie technikwissenschaftliche Studiengänge spätestens bei den Studienabschlussarbeiten (Bachelor-, Master-, Staatsexamensarbeiten) Prüfungsformen vor, die im Gravitationsfeld professionellen wissenschaftlichen Schreibens stehen wie der wissenschaftlichen Monographie oder dem wissenschaftlichen Aufsatz (auch *scientific paper*). Ausbildungsziel ist also immer auch, die wissenschaftlichen Novizen an dieser – zentralen – Facette des wissenschaftlichen ‚Alltagsgeschäfts' teilhaben zu lassen.

Die zurzeit oftmals geäußerte Kritik an den studentischen Schreibleistungen ist breit gefächert (vgl. Abschnitt 2), betrifft gerade aber auch Teilkompetenzen, die für wissenschaftliches Schreiben als spezifisch angesehen werden müssen (vgl. Abschnitt 3). Studien, die die Schreibleistungen von Studierenden während ihres Studiums verfolgt haben, führen zu der Einsicht, dass die Lerner in ihrem Bemühen, wissenschaftliche Texte zu verfassen, einen Entwicklungs- oder Aneignungsprozess durchlaufen, bevor sie den komplexen Anforderungen, die das wissenschaftliche Schreiben stellt, gerecht werden können (vgl. Abschnitt 4). Fragt man nach Vermittlungs- und Förderungskonzepten zum wissenschaftlichen Schreiben, ist ein Blick auf die historischen Wurzeln studentischen Schreibens gewinnbringend (vgl. Abschnitt 5). Gleichwohl ist davon auszugehen, dass je nach wissenschaftlicher Disziplin mit ihrem je eigenen akademischen Habitus unterschiedliche Vermittlungskonzepte denkbar und sinnvoll sind (vgl. Abschnitt 6).

1 Studentisches Schreiben in der Kritik

Im akademischen Alltag nehmen Dozentinnen und Dozenten studentische Schreibleistungen oftmals als unzureichend oder mangelhaft wahr und üben dahingehend Kritik, dass die Studierenden nicht (mehr) ,richtig' schreiben könnten. Dies kann zunächst die wissenschaftlichen Schreibprozesse betreffen, also die Organisation des Arbeitsprozesses mit Literaturrecherche, Lektüre, ggf. Erhebung/Untersuchung bis hin zum Formulieren und Niederschreiben des Textes. Gabriela Ruhmann etwa erklärt als universitäre Schreibberaterin: Unter anderem sei das *„Nicht-anfangen* und *Nicht-aufhören"* das allgemeinste „auf Anhieb erkennbare Muster der Schreibstörungen" (1995, 89ff.; Hervorh. i. Orig.). Dieses könne sich sowohl im Lese- als auch im Schreibvorgang ausprägen. Zudem fehle es den Studierenden an „kognitiven Strategien zur Lösung ihrer Schreibaufgabe" (ebd., 88), was sogar zum Schreibabbruch führen könne, so dass gar keine Texte mehr entstünden.

Sodann betrifft die Kritik an studentischen Schreibleistungen v.a. aber die Schreibprodukte, also die ,fertig' eingereichten Texte selbst. Auffällig an den in der Literatur genannten „typischen Mängeln von Studienarbeiten" (Ruhmann 1997, 137) ist die Bandbreite der Phänomene: Die Liste reicht von

- allgemeinen rechtschriftlichen Mängeln wie „Fehler[n] in deutscher Grammatik und Orthographie" (Ruhmann 2000, 44) über
- allgemeinschriftsprachliche Aspekte wie „zu komplizierte Formulierungen" (Kruse 1997, 141) bis hin zu
- allgemeinen textorganisatorischen Mängeln: Textteile erschienen u.a.: „zufällig, nicht stringent zusammenhängend" (Fischer/Moll 2002, 237).

Daneben werden aber auch Probleme genannt, die funktionsspezifisch für die wissenschaftliche Textproduktion sind:

* Wissenschaftliches Zitieren und Referieren: Es komme z.b. zur „Verfälschung und Entstellung von Quellen" (Jakobs 1997, 86).
* Wissenschaftliches Argumentieren: Thesen würden oftmals nicht „explizit formuliert", „so daß Begründungen [...] in der Luft hängen" (Püschel 1994, 131).

Bei solchen Mängelbekundungen ist zunächst zu bedenken, dass es sich um subjektive Einschätzungen handelt, die nicht auf einer empirisch abgesicherten Fehlerstatistik oder dergleichen basieren. Es ist ferner zu bedenken, dass Abiturienten bzw. Studierende in ihrer literalen Kompetenzentwicklung vergleichsweise weit fortgeschrittene/erfahrene Schreibende sind. Gleichzeitig gilt jedoch, dass die wissenschaftliche Textproduktion Anforderungen stellt, die für die Studierenden zumindest z.T. neu und unbekannt sind. Vor diesem Hintergrund verwundert es daher nicht unbedingt, dass es insbesondere im Bereich der wissenschaftlichen Intertextualität und des wissenschaftlichen Argumentierens zu Problemen bzw. Schwächen kommt. Bei beidem handelt es sich um zwei überaus zentrale Teilkompetenzen wissenschaftlichen Schreibens, wie die Begriffsbestimmung im nachfolgenden Abschnitt zeigen soll. Aus der Schreibforschung wissen wir, dass solche unbekannten und kognitiv stark herausfordernden Schreibkontexte dazu führen können, dass die Lerner Fehler auf sprachlichen Ebenen machen, die im Erwerb eigentlich als bereits erworben gelten müssen (sog. Breakdown-Phänomene, vgl. Ortner 1993, 100).[1]

2 Begriffsbestimmung Wissenschaftliches Schreiben

Bisher wurde ein allgemeines Verständnis von wissenschaftlichem Schreiben vorausgesetzt, das jetzt spezifiziert werden soll. Während im Alltagsverständnis wissenschaftliche Texte gemeinhin mit bestimmten Textsortenmerkmalen identifiziert werden, wie etwa Fußnoten, Zitate, Literatur- und Quellenangaben oder auch eine hohe Frequenz von Fachtermini, eine komplexe Ausdrucksweise sowie generell ein unpersönlicher, sachlicher Stil, wird in der Wissenschaftslinguistik primär gar nicht so sehr auf diese Merkmale abgehoben. Denn so zutreffend die genannten Merkmale letztlich sind, so äußerlich bleiben sie gegenüber

---

1 Davon sicherlich auszunehmen wären allerdings allgemeinschriftsprachliche Mängel (Orthographie, Grammatik), die als Basiskompetenzen im universitären Kontext nicht mehr zu akzeptieren sind und spätestens mit dem Abitur erworben sein sollten.

einer Begriffsbildung, die gerade auch den besonderen Anforderungscharakter wissenschaftlichen Schreibens herausarbeiten soll. Die Literatur bietet dazu eine Vielzahl von Ansätzen und Konzepten, die hier nicht gesamthaft dargestellt werden können (vgl. für einen Überblick z.b. Gruber 2010). Bei aller Heterogenität der vorgeschlagenen Konzepte lässt sich eine Konstante aufweisen, die sich immer wieder in den Begriffsbestimmungen zeigt, wie bei Pohl (im Druck) herausgearbeitet wird. Dies ist die besondere Polyperspektivität des wissenschaftlichen Textes.

Für das Folgende soll exemplarisch lediglich ein Ansatz herangezogen werden, der aber dezidiert umfassend sowohl auf natur- wie auch geisteswissenschaftliche Disziplinen bezogen ist: Harald Weinrich fragt nach der „Einheit der Wissenschaft" hinsichtlich ihrer kommunikativ-sprachlichen Mittel und untersucht zu diesem Zweck zwei, was Umfang und wissenschaftliche Disziplin anbelangt, weit auseinander liegende Wissenschaftstexte: einmal Watsons und Cricks molekularbiologisches Paper aus dem Jahr 1953, das zur Erlangung des Nobelpreises führte, und zum anderen die kunstgeschichtliche Monographie von Frances A. Yates *The Art of Memory* von 1966. Weinrichs Analyse zufolge realisieren beide Beiträge in einer Abfolge von abgrenzbaren Textteilen einen „wissenschaftlichen Vierschritt" (1995, 160). In jedem Textteil wird ein eigenes Konzept wissenschaftlicher Wahrheit bedient:

1. Die „Referenzwahrheit" behandelt den Stand der Forschung (abgeleitet von Referieren).
2. Die „Protokollwahrheit" benennt die Forschungsergebnisse und berichtet, wie sie zustande gekommen sind (abgeleitet von Protokollieren).
3. Die „Dialogwahrheit" oder „argumentative Wahrheit" verbindet die ersten beiden, indem die Ergebnisse vor dem Hintergrund anderer Forschungspositionen und -ergebnisse diskutiert werden.
4. Die „Orientierungswahrheit" gibt einen „Ausblick auf weitere Forschung" (Weinrich 1995, 159 ff.).

Dieser „wissenschaftliche Vierschritt" gilt Weinrich als „allgemeines Modell des wissenschaftlichen Verfahrens". Besonderes Gewicht legt er auf die Verschränkung, die der Vierschritt erforderlich macht und mit der „sich ein Forscher in den Kommunikationszusammenhang seiner Disziplin einordnet", sich also „als ein Glied in der Kette dieser Wissenschaft definiert" (ebd., 160).

Pohl (2010, 100) zufolge lassen sich die vier Wahrheitskonzepte nach Weinrich und anderen in der Literatur genannte Perspektiven, die in einem wissenschaftlichen Text etabliert und entfaltet werden, auf drei zentrale Dimensionen zurückführen. Diese sind die Gegenstands-, die Diskurs- und die Argumentationsdimension. Dahinter steht folgender Gedankengang: Wie jeder andere Text hat auch der wissenschaftliche Text ein Thema/einen Schreibgegenstand. In der Regel ist der wissenschaftliche Schreibgegenstand für den Schreibenden in anderen wissenschaftlichen Texten – als Teil eines wissenschaftlichen Diskurses – niedergelegt. Gleichwohl ‚begegnet' der Autor eines wissenschaftlichen Textes seinem Gegenstand u.U. auch isoliert, wenn er beispielsweise eigenständig eine bestimmte Analyse oder Untersuchung an diesem Gegenstand durchführt. In diesem Sinne lässt sich die Gegenstandsdimension als erste zentrale Dimension isolieren (bei Weinrich die „Protokollwahrheit"). Im angedeuteten wissenschaftlichen Diskurs über einen wissenschaftlichen Gegenstand besteht die zweite Dimension (u.a. in Form von kanonischen Texten, Handbuchartikeln und Forschungsbeiträgen der betreffenden Disziplin). Der Diskurs muss vom Schreibenden eines wissenschaftlichen Textes nicht nur zur Kenntnis genommen, sondern auch ‚verarbeitet' werden; er ist genuiner Darstellungsgegenstand eines wissenschaftlichen Textes und bildet die zweite Dimension wissenschaftlichen Schreibens (bei Weinrich die „Referenzwahrheit"). Nun muss sich der Schreibende dem Diskurs gegenüber zwar in keiner vorgegebenen, aber in irgendeiner Art und Weise ‚verhalten', also positionieren. Dazu entfaltet er eine wissenschaftliche Argumentation in seinem Text. In dieser Hinsicht wird die Diskursdimension als eigenständiger Analyse- und Erkenntnisgegenstand in die Argumentation ebenso einbezogen wie die durch den Schreibenden durchgeführten eigenständigen Analysen und Untersuchungen des wissenschaftlichen Gegenstandes selbst. Die Argumentationsdimension hält so Gegenstands- und Diskursdimension auf einer höheren Ebene zusammen (bei Weinrich die „Dialogwahrheit").

Zwar müssen nicht immer zugleich alle drei Dimensionen im wissenschaftlichen Text bedient werden, aber insbesondere in Einleitungs- und Schlussteilen sowie bei textuellen Gelenkstellen treffen die Dimensionen im Text aufeinander. Und genau in diesem Aufeinandertreffen der drei Bezugsdimensionen liegt das spezielle Anforderungspotenzial wissenschaftlicher Textproduktion, das für die Studierenden zu Beginn des Studiums oftmals unbekannt ist und gegebenenfalls zu schwachen Schreibleistungen führt, wie sie im Abschnitt zuvor genannt wurden.[2]

Nun ist man eventuell geneigt anzunehmen, natur- und technikwissenschaftliche Texte seien im Gegensatz zu geistes- und sozialwissenschaftlichen nicht positionshaft oder argumentativ. Diese Einschätzung scheint insofern nicht haltbar, als das argumentative Moment dem für naturwissenschaftliche Paper kanonischen IMRaD-Schema (Introduction, Methods, Results and Discussion, vgl. z.b. Swales 1990, 127ff.) geradezu ‚eingeschrieben‘ ist: In der Einleitung wird der Bezug zum Forschungsstand hergestellt und damit die Diskursdimension bedient. In den Teilen Methoden und Ergebnisse wird das eigene Forschungsvorgehen dargestellt, also die Protokollwahrheit bzw. die Gegenstandsdimension realisiert. Der Diskussionsteil schließlich diskutiert die Forschungsergebnisse vor dem Hintergrund des im Diskurs niedergelegten Forschungsstandes. In der Regel werden dabei die eigenen Forschungsergebnisse einschließlich der angewendeten wissenschaftlichen Methode als Argumente für die bezogene Position eingesetzt.

3 Wissenschaftliches Schreiben in der Entwicklung

Zwei Studien, die zum Erwerb wissenschaftlicher Schreibkompetenzen vorliegen (Pohl 2007 und Steinhoff 2007), analysieren studentische Texte aus verschiedenen Phasen des Studiums. Die Autoren kommen jeweils auf der Basis unterschiedlicher Korpora und Auswertungskategorien, die aber in einem ergänzenden Verhältnis zueinander stehen, zu dem Ergebnis, dass die Studierenden erst während ihres Studiums und Schritt für Schritt die für das wissenschaftliche Schreiben spezifischen Schreibkompetenzen erwerben. Indirekt lassen die beiden Schreibentwicklungsstudien damit auch noch nicht erworbene Teilkompetenzen erkennen, die in anderer Wahrnehmung als Kompetenzdefizite oder als die in Abschnitt 2 thematisierten Schreibmängel erscheinen.

Gemäß dem Modell von Pohl (vgl. für das Folgende Pohl 2007, 487 ff.) vollzieht sich die Entwicklung entlang der im Abschnitt zuvor dargestellten Dimensionen wissenschaftlichen Schreibens. Ein Anfangsstadium, in dem die Stu-

---

2   Die o.g. wissenschaftliche Intertextualität betrifft dabei die Diskursdimension, das wissenschaftliche Argumentieren, wie der Name erkennen lässt, die Argumentationsdimension.

dierenden dominant die Gegenstandsdimension thematisieren, wird abgelöst von einer Erwerbsphase, in der primär der wissenschaftliche Diskurs fokussiert wird, bevor es den Studierenden gelingt, auch die Argumentationsdimension in ihren Texten zu realisieren. Dabei handelt es sich um eine integrative Entwicklungsfolge, in der die vorausgehenden Erwerbsstadien nicht überwunden werden, sondern in die neu zu erwerbenden eingehen:

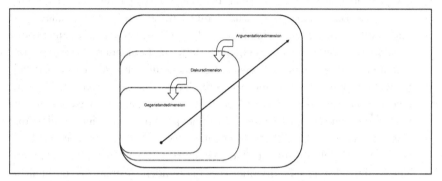

Abb. 1: Ontogenese wissenschaftlichen Schreibens nach Pohl (2007, 488)

1. Entwicklungsniveau Gegenstandsbezogenes Schreiben: In Ermangelung entsprechender sprachlicher Ausdrücke bedienen sich die Studierenden (vgl. auch Steinhoff 2007) alltagssprachlicher oder stark imitierender Formulierungen, die oftmals für die speziellen Formulierungsaufgaben wissenschaftlicher Texte noch nicht ausreichen. Im Effekt kommt es zu grammatisch defekten und/oder idiomatisch verunglückten Formulierungen. Beim Zitieren sind Textentlastungszitate häufig, bei denen die Studierenden komplexe inhaltliche Zusammenhänge durch ein Zitat in den eigenen Text einzubinden versuchen, ohne weiterführend darauf einzugehen. Die Folge können Kohärenzbrüche sein, in extremen Fällen entstehen ganze Zitatkollagen. Dadurch, dass sich die Studierenden auf den ‚reinen' Gegenstand konzentrieren, werden aus der Forschungsliteratur Argumente oder bestimmte Modifizierungen nicht übernommen; so passiert es etwa leicht, dass aus Thesen Tatsachen werden. Die Isolierung der Gegenstandsdimension zeigt sich auch an den verwendeten Textorganisationsformaten: Oft liegen systematische oder rein additive Strukturen vor; der Gegenstand wird gewissermaßen ‚ausgeschrieben'. Dies wiederum hat zur Folge, dass die

Hausarbeit mit einem evaluativen Appendix beendet wird, um eine ‚eigene Position' oder ‚persönliche Meinung' in den Text einzubringen. Durch das gewählte Textorganisationsformat ist dieser Appendix nicht oder nur schwach durch den Haupttext motiviert und bildet keine Konklusion im engeren Sinne.

2. Entwicklungsniveau Diskursbezogenes Schreiben: Die Studierenden verfügen jetzt über einen Grundstock an Formulierungsvarianten, die für wissenschaftliche Texte angemessen sind. Unter Umständen kommt es allerdings durch die zusätzliche Bezugnahme auf den Diskurs zu einer überkomplexen Syntax (extrem verschachtelte Sätze). Die Lernenden verbinden jetzt Zitatinhalte stärker durch eigenständiges Formulieren und erläutern dabei ihr Zitatverständnis. Auf einer mittleren Textebene erkennen die Autoren divergierende Positionen, geben sie als solche wieder und setzen sich mit ihnen argumentativ auseinander. Dies hat jedoch noch keine Effekte für den Gesamttextaufbau, sondern ereignet sich an lokalen Stellen im Text (z.B. beim Forschungsreferat). Der Gesamttextaufbau folgt eher einem am Verständnis des Lesers orientierten erläuternden Aufbau als tatsächlich einer konklusiven Struktur. Entsprechend kommt es auch in dieser Entwicklungsphase noch zu evaluativen Appendizes.

3. Entwicklungsniveau Argumentationsbezogenes Schreiben: Die Lernenden verfügen jetzt über ein erweitertes Spektrum an wissenschaftssprachlichen Formulierungsroutinen, das ihnen auch ermöglicht, sich aktiv in eine argumentative Auseinandersetzung mit dem wissenschaftlichen Diskurs zu begeben. Auf syntaktischer Ebene realisieren die Autoren verstärkt komplexe Substantivgruppen, um die drei Komplexitätsdimensionen bearbeiten und gleichzeitig zu stark verschachtelte Sätze vermeiden zu können. Das Argumentieren tritt als allgemeines Konstitutionsprinzip des wissenschaftlichen Textes auf und wird auch für den Gesamttextaufbau relevant: Die Autoren arrangieren ihren Text so, dass seine Teile auf einen konklusiven Schlussteil zulaufen.

Man muss sich nun klar machen, dass die Studierenden i.d.R. erst zum Ende Ihres Studiums zur dritten Erwerbsphase und damit zu voll entfaltetem wissenschaftlichen Schreiben kommen.[3] Zu einem ähnlichen Ergebnis kommt auch

---

3   Ungünstigen Falles erreichen sie diese Phase auch gar nicht.

die Studie von Steinhoff (2007). Ferner ist zu bedenken, dass sowohl die Studie von Pohl als auch diejenige von Steinhoff, die hier *en détail* nicht vorgestellt werden kann, mit studentischen Texten aus den Geisteswissenschaften durchgeführt wurde. Ob sich der Erwerbsverlauf in natur- und technikwissenschaftlichen Disziplinen ähnlich darstellt, wäre empirisch zu überprüfen. Dennoch sollen im Folgenden Überlegungen bezüglich universitärer Vermittlungs- und Förderungsmöglichkeiten angestellt werden. Wie einleitend erklärt, lohnt sich diesbezüglich ein Blick in die Geschichte studentischen Schreibens.

4 Historische Wurzeln studentischen Schreibens

Über Jahrhunderte war die akademische Tradition oral geprägt. Dies gilt noch weit hinaus über die Scholastik bzw. die mittelalterliche Universität und endet erst mit dem Aufkommen der ersten wissenschaftlichen Zeitschriften im 17. und 18. Jahrhundert. Ganz folgerichtig war auch die Ausbildung der Studierenden primär an das Mündliche gebunden (vgl. für das Folgende insgesamt Pohl 2009): Die dominierende Veranstaltungsform war die Vorlesung, die *lectio*, in der die Studierenden zwar mit-, bzw. wie man formulierte, nachschrieben, aber nicht konzeptionell-kompositionell selbstständig Texte verfassten. Das galt sogar auch für die zentrale Prüfungsform, die *disputatio*, dem wissenschaftlichen Streitgespräch, mit seiner konsequenten Rollenfixierung und Aufgabenverteilung von Respondent, Opponent und Präses.

Erst als das Seminar zum Ende des 18. Jahrhunderts als ‚Pflanzschule wissenschaftlicher Künstler' erfunden wird, kommt es zu einem Bruch mit der stark oralen Orientierung in der Ausbildung der Studierenden.[4] Im Gegensatz zur Vorlesung, die in erster Linie wissenschaftliche Inhalte, Erkenntnisse und ‚Fakten' vermittelte, sollte sich der seminaristische Unterricht mit seinem Selbsttätigkeitsprimat auf die Vermittlung wissenschaftlicher Arbeitstechniken, Vorgehensweisen und Methoden konzentrieren. Nicht Wissen als solches, sondern

---

4   Als Vorform gilt das durch August Wilhelm Francke um 1700 gegründete Seminar zur Trennung von Pfarr- und Lehramt. Ähnlich motiviert war dann die Gründung des *seminarium philologicum* von Johann Mathias Gesner 1737 in Göttingen. Bereits Gesners erster Nachfolger Christian Gottlob Heyne ließ allerdings die Bedürfnisse des Lehramtes zugunsten philologischer Studien schleifen. Das von Friedrich August Wolf 1786 gegründete philologische Seminar in Halle hatte nunmehr eine rein fachwissenschaftliche Orientierung.

Wissenschaftlichkeit war das angestrebte Ziel, oder wie Paulsen formuliert: „nicht blos das Wissen selbst, sondern auch das Wissen darum, wie man zu diesem Wissen gelangt" (1966, 266f.). Gegenüber der *disputatio* kam es durch die Einführung von obligatorisch zu verfassenden Seminararbeiten zu einem einschneidenden medialen Wechsel; die Studierenden begannen wissenschaftlich zu schreiben und ihr Professor fungierte als Anleiter dazu.[5] Bei all dem war das Seminar mehr als eine reine Veranstaltungsform, wie wir sie heute meistenteils kennen. Es bildete ein kleines Forschungsinstitut mit einem eigenen vom preußischen Ministerium zur Verfügung gestellten Etat. Versucht man einen Vergleich zwischen der heutigen Veranstaltungsform mit dem ursprünglichen Seminarkonzept zu ziehen, wie es in der ersten Hälfte des 19. Jahrhunderts ausgeprägt wurde, ergibt sich in etwa folgendes Bild (entnommen aus Pohl 2013, 43):

Tab. 1: Seminare in ihrer aktuellen und in ihrer frühen Form im Vergleich

Seminare heute	frühe Seminare
(ungünstigsten Falles) bis zu mehrere **100** Teilnehmende	reglementiert auf ca. **5 bis 15** Teilnehmende
Besuch für **ein Semester**	Besuch für mindestens **drei Jahre**
ein Studierender besucht **mehrere Seminare** während des Studiums	ein Studierender besucht ein **einziges Seminar** während des Studiums
ein Studierender besucht Seminare **unterschiedlicher** Fachdisziplinen	ein Studierender besucht das Seminar **einer einzigen** Fachdisziplin
Studierende haben Seminare bei **verschiedenen** Lehrenden	Studierende haben Seminare bei **einem einzelnen** Professor
Eine Seminararbeit pro Seminar und Semester ist **eventuell** obligatorisch.	**Zwei** Seminararbeiten pro Semester sind **immer** obligatorisch.
Seminarbesuche sind **obligatorisch**	Seminarbesuche sind **fakultativ**

Für ein Universitätsstudium war die Aufnahme in ein Seminar zunächst nicht der Regelfall. Im Gegenteil, die Seminarteilnahme bedeutete eine hohe Auszeichnung für die Studierenden, denen diese zuteil wurde. Das heißt auch, dass

5   Gleichwohl wurde die *disputatio* nunmehr als Seminardiskussion ein Stück weit und in gewandelter Form in das neue Modell integriert.

nur diejenigen studienbegleitende Schreibleistungen erbringen mussten, die in einem Seminar studierten, alle anderen Studierenden nicht. Die Seminaristen erhielten dafür eine Reihe von materiellen wie ideellen Vergünstigungen (u.a. Stipendien, Druckkostenzuschüsse für spätere Promotionsarbeiten, bevorzugte Einstellung im Staatsdienst etc.; vgl. detailliert Pohl 2013, 45). Erst zum Ende des 19. und v.a. dann beginnenden 20. Jahrhunderts wurde das Seminar zu einer Standard-Veranstaltungsform und mit ihm das Schreiben für die Studierenden zu einem obligatorischen Bestandteil des Studiums.

Das frühe ‚elitäre' Seminarkonzept kann in der Retrospektive durchaus als ein innovatives und erfolgreiches Studienmodell betrachtet werden. Das gesamte 19. Jahrhundert ist von immer weiteren Seminargründungen an den Universitäten geprägt. Was ursprünglich in der Philologie begonnen hatte und mit einer methodischen Konsolidierung der Disziplin zusammenfiel, erfasste zusehends auch alle anderen Fachdisziplinen; so bildeten sich beispielsweise auch naturwissenschaftlich-mathematische Seminare wie z.b. dasjenige in Königsberg von 1834, und auch diese sehen obligatorische Seminararbeiten für ihre studentischen Mitglieder vor (vgl. Pohl 2009, 42ff.).

Wenn es sich bei dem ursprünglichen Modell des Seminars und des darin realisierten studentischen Schreibens tatsächlich um ein ‚Erfolgsmodell' gehandelt hat[6] – immerhin war es so erfolgreich, dass es eine Reihe Implementierungsversuche in andere akademische Traditionen gab[7] –, dann wäre sicherlich das Zusammenspiel folgender Faktoren als ausschlaggebend für eben diesen Erfolg anzusehen:

- extrem kleine Arbeitsgruppen

- Konzentration auf nur eine Disziplin oder ein Fachgebiet

- anhaltende intensive Betreuung durch nur einen Lehrenden

- ‚Zirkulation' der Seminararbeiten unter den Seminaristen (eine Art von *peer review*)

- Evaluation der Seminararbeiten durch Seminardiskussion

---

6   Vgl. aber Spoerhase (2010), der dies anhand eines konkreten Beispiels aus dem Seminar Useners hinterfragt (betrifft allerdings bereits die zweite Hälfte des 19. Jahrhunderts).

7   Insbesondere in die akademische Tradition der Vereinigten Staaten, vgl. Pohl 2009, 139 ff.

Alles in allem sieht es so aus, als führte das Zusammenwirken der genannten institutionellen Rahmenbedingungen dazu, dass die frühen Seminare des 19. Jahrhunderts so etwas wie miniaturisierte Diskursgemeinschaften ausbildeten, eine wissenschaftliche *community* im Modell, die wahrscheinlich für die Ausbildung wissenschaftlicher Schreibfähigkeiten eine zentrale Stütze bildete, die von unseren heutigen Seminaren und anderen Veranstaltungen so nicht mehr geboten wird.

5 Vermittlungskonstellationen und -konzepte

Aus Perspektive der Schreibentwicklungsforschung sind folgende Faktoren minimal notwendig, damit es zur Ausbildung wissenschaftlicher Schreibkompetenzen während des Studiums kommt (Pohl 2007, 526):

- der beständige Aufbau fachlichen Wissens
- die regelmäßige Rezeption wissenschaftlicher Literatur
- die Möglichkeit wiederholter und variierter Schreibversuche
- v.a. also Entwicklungs*zeit*

Darüber hinaus sind unterschiedliche Förderkonzepte und -zugänge flankierend möglich und u.U. auch nötig (systematisiert in ebd., 47):

1. instruktionsbasierte Ansätze (Schreibseminare, -tutorien, -übungen etc.)
2. rückmeldungsbasierte Ansätze (Beratungsstellen, -büros, Lernbündnisse)
3. integrative Ansätze (sowohl instruktions- als auch rückmeldungsbasiert)
4. reflexions-/rezeptionsbasierte Ansätze (Analyse von wissenschaftlichen Texten)
5. curriculare Ansätze (Vorschläge zur Veränderung des akademischen Schreibcurriculums)

Bei all dem ist die Anbindung an das Universitätsfach bzw. die wissenschaftliche Disziplin von entscheidender Bedeutung. Schreibformen und Textkonventionen, ja sogar bestimmte präferierte Formulierungsroutinen (Fachtermini ohnehin) sind derart stark disziplingebunden und -spezifisch, dass Schreiblehrgänge allenfalls hinsichtlich allgemeiner Prozessphänomene, also insbesondere der globalen Organisation und Strukturierung des Schreibprozesses, schreibdidaktisch überhaupt sinnvoll sind. Damit kommen für die Konzeption von Förderkonzepten die akademischen Habitus der einzelnen Fächer, insbesondere mit Blick auf die wissenschaftlichen Schreibanforderungen, in den Blick. Die Untersuchung von Ehlich und Steets lässt hinsichtlich der Schreibintensität im

Studium drei Gruppen erkennen (2003, 142 f.): Geisteswissenschaftliche Fächer müssen als am schreibintensivsten gelten, während natur- und technikwissenschaftliche Fächer während des Studiums eher geringe Schreibanforderungen stellen (abgesehen von Klausurarbeiten); die Wirtschaftswissenschaften nehmen eher eine Mittelstellung ein. Das heißt indes nicht, dass der Bedarf an entwickelten Schreibkompetenzen in den zuletzt genannten Fächergruppen geringer wäre, wie etwa die Befragung von Lehnen und Schindler (2008) für ingenieurwissenschaftliche Studiengänge sehr deutlich zeigt.

Unabhängig vom Fach ist bei der Konzeption von Förderkonzepten von rein instruktionsbasierten Ansätzen (vgl. oben in der Aufstellung Gruppe 1), wie sie z.B. auch in der Ratgeberliteratur zum wissenschaftlichen Schreiben vorliegen,[8] abzuraten. Aus Perspektive der Schreibforschung ist davon auszugehen, dass die Lernenden unbedingt auch Möglichkeiten eigenständigen Erprobens bzw. des Übens bedürfen. Gewinnbringender könnte daher eine gezielte (Um-) Gestaltung des fachinternen Schreibcurriculums sein (in der Aufstellung oben Punkt 5: curriculare Ansätze), z.B. entlang der Entwicklungsphasen, wie sie für die geisteswissenschaftlichen Fächer in Abschnitt 4 aufgezeigt wurden: von 1. gegenstandsbezogenen Schreibübungen zu 2. diskursbezogenen Schreibübungen zu 3. voll entfaltetem wissenschaftlichen Schreiben einschließlich der Argumentationsdimension. Für die oben in der Aufstellung genannten rückmeldungs- und reflexionsbezogenen Förderansätze (Punkte 2 bis 4) wäre – sofern dies im gegebenen institutionellen Rahmen möglich ist – eine Rückbesinnung auf die Frühphasen des Seminars sinnvoll und damit die Ausbildung angeleiteter studentischer Arbeitsgruppen als miniaturisierte Diskursgemeinschaften.

Literatur

Ehlich, Konrad/Steets, Angelika: Wissenschaftliche Schreibanforderungen in den Disziplinen. Eine Umfrage unter ProfessorInnen der LMU. In: Wissenschaftlich schreiben – lehren und lernen, hg. von dens., Berlin/New York City, NY 2003, 129-154.

Fischer, Almut/Moll, Melanie: Die Seminararbeit als Einstieg ins wissenschaftliche Schreiben. In: „Effektiv studieren". Texte und Diskurse in der Universität, hg. von Angelika Redder, Oldenburg 2002, 135-165.

---

8   Eine kritische Analyse von ingenieurwissenschaftlichen Ratgebern zum wissenschaftlichen Schreiben legen Schindler et al. 2008 vor.

Gruber, Helmut: Modelle des wissenschaftlichen Schreibens. Ein Überblick über zentrale Ansätze und Theorien. In: Schreibprozesse begleiten. Vom schulischen zum universitären Schreiben, hg. von Annemarie Saxalber und Ursula Esterl, Innsbruck u.a.. 2010, 17-39.

Jakobs, Eva-Maria: Lesen und Textproduzieren. Source reading als typisches Merkmal wissenschaftlicher Textproduktion. In: Schreiben in den Wissenschaften, hg. von Eva-Maria Jakobs und Dagmar Knorr, Frankfurt a.M. u.a. 1997, 75-90.

Kruse, Otto: Wissenschaftliche Textproduktion und Schreibdidaktik. Schreibprobleme sind nicht einfach Probleme der Studierenden; sie sind auch Probleme der Wissenschaft selbst. In: Schreiben in den Wissenschaften, hg. von Eva-Maria Jakobs und Dagmar Knorr, Frankfurt a.M. u.a. 1997, 141-158.

Lehnen, Katrin/Schindler, Kirsten: Schreiben in den Ingenieurwissenschaften. Anforderungen, Bedingungen, Trainingsbedarf. In: Profession und Kommunikation, hg. von Susanne Niemeyer und Hajo Diekmannshenke, Frankfurt a. M. 2008, 229-247.

Ortner, Hanspeter: Die Entwicklung der Schreibfähigkeit. In: Informationen zur Deutschdidaktik 17 (1993), H. 3, 94-125.

Paulsen, Friedrich: Die deutschen Universitäten und das Universitätsstudium, Hildesheim 1966 [¹1902].

Pohl, Thorsten: Studien zur Ontogenese wissenschaftlichen Schreibens, Tübingen 2007.

Ders.: Die studentische Hausarbeit. Rekonstruktion ihrer ideen- und institutionsgeschichtlichen Entstehung, Heidelberg 2009.

Ders.: Das epistemische Relief wissenschaftlicher Texte – systematisch und ontogenetisch. In: Textformen als Lernformen, hg. von Thorsten Pohl und Torsten S. Steinhoff, Duisburg 2010, 97-116.

Ders.: Die Seminararbeit. Eine Skizze ihrer institutionellen Rahmenbedingungen im 19. und beginnenden 20. Jahrhundert. In: ZfG 23 (2013), H. 2, 293-310.

Ders.: Wissenschaftliche Schreibkompetenzen zwischen Schule und Universität. In: Schreiben als Lernen. Kompetenzentwicklung durch Schreiben in allen Fächern, hg. von Sabine Schmölzer-Eibinger und Eike Thürmann, Münster/New York City, NY (im Druck).

Püschel, Ulrich: Schreiben im Studium. Überlegungen zu einer Schreibanleitung für Wissenschaftstexte. In: Rhetoric and Stylistics today. An international Anthology, hg. von Peder Skyum-Nielsen und Hartmut Schröder, Frankfurt a.M. u.a. 1994, 127-137.

Ruhmann, Gabriela: Schreibprobleme – Schreibberatung. In: Schreiben. Prozesse, Prozeduren und Produkte, hg. von Jürgen Baumann und Rüdiger Weingarten, Opladen 1995, 85-106.

Dies.: Ein paar Gedanken darüber, wie man wissenschaftliches Schreiben lernen kann. In: Schreiben in den Wissenschaften, hg. von Eva-Maria Jakobs und Dagmar Knorr, Frankfurt a.M. u.a. 1997, 125-139.

Dies.: Keine Angst vor dem ganzen Satz. Zur Schreibförderung am Studienbeginn. In: Deutschunterricht 53 (2000), H. 1, 43-50.

Schindler, Kirsten/Pierick, Simone/Jakobs, Eva-Maria: Klar, kurz, korrekt. Anleitungen zum Schreiben für Ingenieure. In: Fachsprache 29 (2007), H. 1-2, 26-43

Spoerhase, Carlos: Die Genealogie der akademischen Hausarbeit. In: FAZ, 17.03.2010.

Steinhoff, Torsten: Wissenschaftliche Textkompetenz. Sprachgebrauch und Schreibentwicklung in wissenschaftlichen Texten von Studenten und Experten, Tübingen 2007.

Swales, John M.: Genre Analysis. English in Academic and Research Settings, New York City, NY u.a. 1990.

Weinrich, Harald: Sprache und Wissenschaft. In: Ders.: Wege der Sprachkultur, Stuttgart 1988, 42-60.

Ders.: Wissenschaftssprache, Sprachkultur und die Einheit der Wissenschaft. In: Linguistik der Wissenschaftssprache, hg. von Heinz L. Kretzenbacher und Harald Weinrich, Berlin/New York City, NY 1995, 155-172.

Prokrastination beim Schreiben von Texten im Studium

Katrin B. Klingsieck / Christiane Golombek

1 Hintergrund und Fragestellung

Das Phänomen der Prokrastination, des unnötigen Aufschiebens von intendierten – und dabei notwendigen oder persönlich wichtigen – Tätigkeiten, ist in den letzten Jahren aus den unterschiedlichsten Perspektiven in der psychologischen Forschung untersucht worden (vgl. Klingsieck 2013). Bei Prokrastination handelt es sich nicht um eine strategische Form des Priorisierens, sondern um eine dysfunktionale Form des Aufschiebens, die mit negativen Konsequenzen einhergeht.

Gerade der Prokrastination von studiumsrelevanten Tätigkeiten kommt ein hoher Anteil des Forschungsinteresses zu. Diese akademische Prokrastination ist unter Studierenden mit bis zu 70 % (vgl. Steel 2007) weit verbreitet. Sie nimmt in Form von Treffen mit Freunden, Fernsehen und Schlafen fast ein Drittel der Tagesaktivitäten von Studierenden ein; (vgl. Pychyl/Lee/Thibodeau/Blunt 2000). Ferner werden häufig beträchtliche Konsequenzen von Prokrastination berichtet (vgl. Tice/Baumeister 1997; van Eerde 2003).

In diesem Beitrag wird eine Studie zu Prokrastination beim Schreiben von Texten im Studium (im Folgenden als Prokrastination beim akademischen Schreiben bezeichnet) vorgestellt. Bisherige Studienergebnisse zeigen, dass das Schreiben von Hausarbeiten die am häufigsten prokrastinierte studiumsrelevante Tätigkeit ist (vgl. Solomon/Rothblum 1984). Darüber hinaus gaben in dieser Studie mehr als 40 % der befragten Studierenden an, immer oder fast immer das Schreiben einer Hausarbeit aufzuschieben. Boice (1985) sieht ferner in der Prokrastination eine von sieben kognitiven Komponenten einer Schreibblockade.

Bisher sind im Rahmen psychologischer Forschung wenige Studien zu dieser Facette der akademischen Prokrastination entstanden. Diese wenigen Studien untersuchten die Häufigkeit von Prokrastination beim akademischen Schreiben (vgl. Boice 1989), den Zusammenhang zwischen Prokrastination und der verspäteten Abgabe eines Schreibprojekts (vgl. Fritzsche/Young/Hickson

2003; Muszynski/Akamatsu 1991), den Zusammenhang zwischen Prokrastination und Versagensangst bzw. Ängstlichkeit (vgl. Fritzsche et al. 2003; Onwuegbuzie/Collins 2001) sowie die Rolle von festen Schreibgewohnheiten (vgl. Boice 1989) und Feedbackmöglichkeiten (vgl. Fritzsche et al. 2003) zur Prävention von Prokrastination beim akademischen Schreiben.

Im Rahmen der diesem Beitrag zugrundeliegenden Studie sollten die Zusammenhänge von Prokrastination beim akademischen Schreiben mit der allgemeinen Prokrastination, der Organisiertheit, der Schreibkompetenz und den Noten für Schreibprojekte untersucht werden. Mit der Prokrastination beim akademischen Schreiben greifen wir eine Facette der akademischen Prokrastination heraus und betrachten diese genauer. Damit soll zum einen ein Beitrag zur weiteren Differenzierung des Phänomens geleistet werden. Je mehr Studien entstehen, die Prokrastination bezogen auf unterschiedliche Tätigkeitskomplexe untersuchen, wird sich ein desto klareres Bild von dem Gesamtphänomen ergeben. Zum anderen soll in Zeiten, in denen vermehrt Schreibzentren an Universitäten entstehen, geklärt werden, ob die Prokrastination beim akademischen Schreiben ein Schreibproblem für Studierende darstellt, für das es Interventionen zu entwickeln gilt.

Die allgemeine Prokrastination, die Organisiertheit, die Schreibkompetenz und die Noten für Schreibprojekte wurden aus den folgenden Gründen für diese Studie gewählt: In den meisten Studien weist die allgemeine Prokrastination einen großen positiven Zusammenhang mit der akademischen Prokrastination auf (vgl. Klingsieck/Fries 2012). Die Organisiertheit gilt als eine Facette der Gewissenhaftigkeit, welche einen großen negativen Zusammenhang mit Prokrastination aufweist (vgl. Steel 2007). Die fehlende Studienkompetenz, von der die Schreibkompetenz eine Facette ist, wird von Studierenden als Antezedens der akademischen Prokrastination genannt (vgl. Klingsieck/Grund/Schmid/Fries 2013). In vielen Studien wurde der negative Zusammenhang von Prokrastination auf Studienerfolg und -leistung (Noten) gezeigt (vgl. Steel 2007). Es ist anzunehmen, dass Prokrastination beim akademischen Schreiben den Studienerfolg in schreibintensiven Seminaren bzw. Phasen des Studiums beeinträchtigen kann, da für den komplexen Prozess des Schreibens und Überarbeitens zu wenig Zeit verbleibt.

Aufgrund der berichteten Befundlage erwarteten wir (1) einen großen positiven Zusammenhang zwischen der allgemeinen Prokrastination und der Prokrastination beim akademischen Schreiben, welcher die Konzeptualisierung von

Prokrastination als Persönlichkeitseigenschaft unterstützt (vgl. Klingsieck 2013); (2) einen großen negativen Zusammenhang zwischen der Organisiertheit und der Prokrastination beim akademischen Schreiben; (3) einen negativen Zusammenhang zwischen der Schreibkompetenz und der Prokrastination beim akademischen Schreiben sowie (4) einen negativen Zusammenhang zwischen den Noten für Schreibprojekte und der Prokrastination beim akademischen Schreiben.

2 Methode

Stichprobe

Die Stichprobe setzte sich aus 196 Teilnehmern zusammen, die über Studierendenforen im Internet (z.B. *Facebook*) rekrutiert wurden. Insgesamt waren 683 Personen dem Link zur Online-Befragung gefolgt, jedoch beendeten nur 225 die Befragung. Von diesen erfüllten 29 das Einschlusskriterium nicht, bereits einen Text im Rahmen des Studiums geschrieben zu haben. Von den endgültigen 196 Teilnehmern hatten 38 das Studium bereits abgeschlossen, die anderen 158 studierten im Durchschnitt im 5. Hochschulsemester ($M = 5.34$; $SD = 3.53$; Fachsemester: $M = 6.81$; $SD = 4.03$). Die am häufigsten vertretenen Studienfächer waren Psychologie (16 %) und BWL (12 %). Das Durchschnittsalter betrug 24.98 Jahre ($SD = 4.82$), 66 % der Teilnehmer waren weiblich. Als Kompensation für die Teilnahme wurden unter allen Teilnehmern Geschenkgutscheine verlost.

Instrumente

Die berichteten internen Konsistenzen beziehen sich immer auf die vorliegende Studie. Sämtliche Skalen sind so gepolt, dass hohe Werte auf der Skala eine hohe Ausprägung auf dem Konstrukt wiedergeben.

Prokrastination: In bisherigen Studien wurde die Prokrastination beim akademischen Schreiben nicht konkret erfragt. Für die vorliegende Studie wurde diese durch die Adaptation eines Instruments zur Selbsteinschätzung von Prokrastination bei Studierenden operationalisiert. Die Items des Prokrastinationsfragebogen für Studierende (PfS; vgl. Glöckner-Rist/Engberding/Höcker/Rist 2009) wurden dafür durch den Zusatz „beim Schreiben von (wissenschaftlichen) Texten" ergänzt (PfS-S; 7 Items; 5-stufiges Antwortformat; α = .92; Beispielitem: „Ich fange mit dem Schreiben eines [wissenschaftlichen] Textes erst an, wenn ich unter Druck gerate"). Zur Erfassung von allgemeiner Prokrastination wurde die deutsche Kurzversion der General Procrastination Scale (Lay 1986) eingesetzt (GPS-K; vgl. Klingsieck/Fries 2012; 9 Items; 4-stufiges Antwortformat; α = .89; Beispielitem: „Selbst kleine Sachen, bei denen man sich nur hinsetzen und sie erledigen müsste, bleiben häufig für Tage liegen").

Organisiertheit: Die Organisiertheit wurde mittels der Subskala Organisiertheit (MPS_O; 6 Items; α = .92; Beispielitem: „Ich bemühe mich, organisiert zu sein") der mehrdimensionalen Perfektionismusskala (MPS; vgl. Altstötter-Gleich/Bergemann 2006; 6-stufiges Antwortformat) erfasst.

Schreibkompetenz: Da bisher keine etablierten Instrumente zur Erfassung von Schreibkompetenz existieren, wurde ein mehrdimensionales Selbsteinschätzungsinstrument, welches die unterschiedlichen Facetten der Schreibkompetenz erfasst, entwickelt (vgl. Golombek/Klingsieck 2012). In einem ersten Schritt wurden auf Basis eines mehrdimensionalen Kompetenzmodells wissenschaftlichen Schreibens (vgl. Kruse 2007) operationale Definitionen für die im Modell postulierten vier Dimensionen Kontent (z.b. Fachkompetenz, Forschungskompetenz), Prozess (z.b. Zeitplanung, Strategieeinsatz), Produkt (z.b. allgemeine schriftsprachliche Normen, Zitier- und Gestaltungskonventionen) und Kontext (z.b. Perspektivenübernahme, Verständnis der Rolle als Autor) formuliert. Anschließend erfolgte eine Sammlung von für die jeweilige Dimension relevanten Verhaltensindikatoren, welche letztlich die Grundlage für die Itemformulierung darstellten. Erste Hinweise auf die Güte und inhaltliche Validität der Items lieferte eine Beurteilung der Items durch Experten (Personen mit schreibdidaktischem Hintergrund). Im Rahmen von fünf kognitiven Pretest-Interviews (Prüfer/Rexroth 2005) wurden die Verständlichkeit und Eindeutigkeit der Items sowie der Instruktionen überprüft. Dadurch konnten mögliche Schwachstellen identifiziert und behoben werden.

Im nächsten Schritt wurde der Fragbogen (mit 80 Items) an einer studentischen Stichprobe (N = 143; M_{Alter} = 25.87 Jahre; SD_{Alter}= 4.45; 70.6 % weiblich) erprobt. Aufgrund der Kennwerte der konfirmatorischen Faktorenanalyse (χ^2/df = 2.06, CFI = .44 und RMSEA = .09) wurde die dem Kompetenzmodell wissenschaftlichen Schreibens zugrundeliegende vierfaktorielle Struktur verworfen. Eine explorative Hauptkomponentenanalyse ergab nach dem Kriterium der Parallelanalyse eine fünffaktorielle Struktur des Fragebogens. Aufgrund statistischer (Trennschärfeanalysen, Faktorladungen) und inhaltlicher Kriterien wurden 22 Items in dem Fragebogen beibehalten. Die Items des neu konstruierten mehrdimensionalen Schreibkompetenzinventars (MSI) verteilen sich auf die Skalen (1) Prozess-Affekt (5 Items; α = .84, Beispielitem: „Wenn ich an einem wissenschaftlichen Text arbeite, fühle ich mich in der Rolle des Autors wohl"), (2) Prozess-Strukturierung (5 Items; α = .69, Beispielitem: „[...], fasse ich schon beim Durchlesen meiner Literatur die wichtigsten Aussagen daraus zusammen"), (3) Kontent (4 Items; α = .76; Beispielitem: „[...], interpretiere ich die Ergebnisse vor dem Hintergrund des bisherigen Forschungsstands"), (4) Produkt (4 Items; α = .83, Beispielitem: „[...], korrigiere ich den Text sehr genau in Hinblick auf die formalen Gestaltungsrichtlinien") und (5) Kontext-Perspektivenübernahme (4 Items; α = .67; Beispielitem: „[...], frage ich mich, wie der Text auf den Leser wirkt"). Erste Hinweise auf die konvergente Validität des Fragebogens konnten anhand von Korrelationen mit den Variablen Motivationsregulation (r = .63; FMR; vgl. Schwinger/Laden/Spinath 2007), Lernstrategien im Studium (r = .54; vgl. Wosnitza 2000) und der Einstellung zum Schreiben (r = .54; vgl. Graham/Schwartz/MacArthur 1993) gesammelt werden. Mit dem MSI liegt somit ein ökonomisches Instrument zur Selbsteinschätzung von Schreibkompetenz vor, welches über gute psychometrische Kennwerte verfügt. Die 22 Items (4-stufiges Antwortformat) erzielten in der vorliegenden Studie eine interne Konsistenz von α = .88.

Note: Es wurden die Noten von sämtlichen Schreibprojekten (z.B. Hausarbeit, Bachelorarbeit) per Selbstbericht erfasst. Daraus wurde jeweils eine Durchschnittsnote für Schreibprojekte, die im Rahmen einer Veranstaltung entstehen (Hausarbeit, Seminararbeit, Referatausarbeitung, Bericht, Essay), und für die Schreibprojekte, die einen Studienabschnitt bzw. das gesamte Studium abschließen (Examensarbeit, Diplomarbeit, Bachelorarbeit, Masterarbeit) für jeden Teilnehmer gebildet.

3 Ergebnisse

Die deskriptiven Statistiken der einzelnen Skalen sowie die Korrelationen zwischen den einzelnen Skalen sind in Tab. 1 dargestellt. Besonders auffällig ist, dass wir eine Stichprobe von Studierenden gezogen haben, die – laut Selbstbericht – sehr gute Noten in ihren Schreibprojekten erzielte. So liegt die durchschnittliche Note der veranstaltungsbezogenen Schreibprojekte bei 1.6 (*SD* =

.60) und die durchschnittliche Note der Abschluss-Schreibprojekte bei 1.57 (SD = 64). Die Noten unterscheiden sich weder zwischen den Absolvent/innen und den Studierenden noch zwischen den männlichen und weiblichen Teilnehmern. Die Mittelwerte der Prokrastinationsskalen (PfS-S: M = 2.86, SD = 1.04; GPS: M = 2.61, SD = .63) liegen auf dem Skalenwert *manchmal* (PfS-S) bzw. zwischen den Skalenwerten *eher untypisch* und *eher typisch* (GPS). Dies spricht für keine auffällige durchschnittliche Prokrastination in dieser Stichprobe, sowohl allgemein als auch auf das Schreiben bezogen. Ferner unterscheiden sich die Prokrastinationswerte weder zwischen den Studierenden und den Absolvent/innen noch zwischen den männlichen und weiblichen Teilnehmern. Sowohl die Organisiertheit (M = 4.3; SD = 1.02) als auch die Schreibkompetenz (M = 2.88; SD = .46) entspricht dem Skalenwert von *trifft eher zu*. Während für beide Skalen kein Unterschied zwischen den Absolventen und Studierenden vorliegt, sind die Frauen signifikant organisierter (M = 4.48 [.89]) sowie schreib-kompetenter (M = 2.94 [.38]) als die Männer (MPS_O: M = 3.96 [1.18]; MSI: Männer: M = 2.76 [.56]), $t_{MPS\text{-}O}$ (103,700) = -3.12, p < .01, d = .52; t_{MSI} (194) = -3.43, p < .01, d = .40. Aufgrund der fehlenden deutlichen Unterschiede zwischen den Subgruppen wurden die folgenden Analysen nur für die Gesamtstichprobe durchgeführt.

Tab. 1: Deskriptive Statistiken und Interkorrelationen der Skalen

		M	SD	1	2	3	4	5	6	7	8	9	10	11
1	PfS-S	2.86	1.04	-										
2	GPS-K	2.61	0.63	.78**	-									
3	MPS_O	4.30	1.02	-.23**	-.45**	-								
4	MSI	2.88	0.46	-.23**	-.23**	.34**	-							
5	MSI_PA	2.51	0.71	-.33**	-.31**	.20**	.74**	-						
6	MSI_PS	2.72	0.62	-.20**	-.24**	.33**	.67**	.26**	-					
7	MSI_PR	3.50	0.58	.03	.02	.24**	.68**	.32**	.37**	-				
8	MSI_KT	2.86	0.62	-.13	-.11	.20**	.77**	.49**	.42**	.45**	-			
9	MSI_KP	2.97	0.61	-.11	-.13	.26**	.75**	.49**	.34**	.45**	.50**	-		
10	Note_vb	1.60	0.59	.08	.07	-.14	-.12	-.09	-.01	-.10	-.18*	-.07	-	
11	Note_ab	1.57	0.64	.19	.22*	.03	-.20	-.14	-.14	-.11	-.11*	-.15	.36**	-

Anmerkungen. PfS-S = Prokrastinationsfragebogen für Studierende – Schreiben; GPS-K = Kurzskala der General Procrastination Scale;

MPS_O = Multidimensionale Perfektionismusskala Subskala Organisiertheit; MSI = Multidimensionales Schreibkompetenzinventar;

MSI_PA = MSI-Skala Prozess-Affekt; MSI_PS = MSI-Skala Prozess-Strukturierung; MSI_PR = MSI-Skala Produkt; MSI-KT = MSI-Skala Kontent; MSI_KP = MSI-Skala Kontext-Perspektivenübernahme; vb = veranstaltungsbezogenes Schreibprojekt; ab = Abschluss-Schreibprojekt; *p* < . 05; **p* < .01.

Die Korrelation zwischen den beiden Prokrastinations-Skalen entspricht einem
großen Effekt (vgl. Cohen 1992). Die negative Korrelation zwischen Organisiertheit (MPS_O) und der Prokrastination beim akademischen Schreiben entspricht einem kleinen Effekt (ebd.). Schaut man sich die negative Korrelation
zwischen der Schreibkompetenz (MSI) und Prokrastination beim akademischen
Schreiben (PfS-S) auf Skalenebene an, so zeigt sich, dass Prokrastination beim
akademischen Schreiben nur mit den beiden Prozess-Skalen (Prozess-Affekt,
Prozess-Strukturierung) korreliert. Die Korrelationen entsprechen jeweils einem
mittleren Effekt. Die Höhe der Abschlussschreibprojekt-Note korreliert ausschließlich mit der allgemeinen Prokrastination, während die Note der veranstaltungsbezogenen Schreibprojekte lediglich mit der Schreibkompetenzskala
Kontent korreliert.

4 Diskussion

Die vorliegende Studie untersuchte die Zusammenhänge von Prokrastination
beim akademischen Schreiben mit der allgemeinen Prokrastination, der Organisiertheit, der Schreibkompetenz und den Noten für Schreibprojekte. Mit der
Prokrastination beim akademischen Schreiben wurde eine Facette der akademischen Prokrastination (die Prokrastination von studiumsrelevanten Tätigkeiten)
herausgegriffen und genauer untersucht. Es lässt sich festhalten, dass der große
Zusammenhang zwischen der allgemeinen Prokrastination und der Prokrastination beim akademischen Schreiben dem in anderen Studien gefundenen Zusammenhang zwischen allgemeiner und akademischer Prokrastination entspricht (vgl. Klingsieck/Fries 2012).

Die vorliegenden Ergebnisse lassen sich jedoch lediglich auf Studierende
generalisieren, die gute bis sehr gute Noten in ihren Schreibprojekten erzielen
und somit als erfolgreiche Schreiber betrachtet werden können. Die Stichprobe
deckt nicht das gesamte Notenspektrum der Schreibprojekte ab. Ferner sind
auch die Selbsteinschätzungen der Studierenden in Bezug auf ihre Schreibkompetenz sowie ihre Organisiertheit recht hoch und die Selbsteinschätzungen der
Prokrastination recht niedrig. In zukünftigen Studien gilt es, Studierende von
der anderen Seite des Noten- und Prokrastinationsspektrums zu akquirieren
bzw. eine ausgewogene Stichprobe zu bilden. In diesem Rahmen sollten die
Noten nicht, wie in dieser Studie, durch Selbstbericht erfasst werden.

Aus dieser eingeschränkten Stichprobenziehung resultiert jedoch eine interessante Forschungsfrage, die es zukünftig zu verfolgen gilt: Zunächst scheinen die Ergebnisse der Studie die Idee der differentialpsychologischen Perspektive, welche Prokrastination als eine Persönlichkeitseigenschaft konzeptualisiert (vgl. Klingsieck 2013), zu unterstützen. Die Rolle der Kompetenz für eine Tätigkeit und der Erfolg dieser Tätigkeit (hier das Schreiben von Texten) im Rahmen dieser Konzeptualisierung ist jedoch noch nicht untersucht worden. So könnte die Vorhersagekraft der allgemeinen für die tätigkeitsspezifische Prokrastination durchaus im Falle von Tätigkeiten, für die die Kompetenz und der Erfolg niedrig(er) sind, abnehmen. Vor dem Hintergrund unserer Ergebnisse ist eine Aussage darüber erst möglich, wenn weniger kompetente und weniger erfolgreiche Schreiber befragt werden.

In Zukunft soll die Studie von Prokrastination beim akademischen Schreiben auf weitere Personengruppen, die im Rahmen von universitärer Lehre und Forschung an Schreibprojekten arbeiten (z.B. Doktoranden), erweitert werden. Das im Methodenteil vorgestellte, neu entwickelte ökonomische Instrument zur mehrdimensionalen Erfassung von Schreibkompetenz soll dazu in weiteren Studien auf diese Personengruppen zugeschnitten werden. Ferner streben wir die Entwicklung einer tätigkeitsspezifischen Skala zur Erfassung von Prokrastination beim akademischen Schreiben an.

Auf die beiden eingangs konstatierten Ziele dieses Beitrags zurückkommend, lässt sich festhalten, dass das Bild des Gesamtphänomens der Prokrastination um die Rolle der Kompetenz und des Erfolgs erweitert werden kann. In Hinblick auf die Konzeption von Interventionen gegen Prokrastination beim akademischen Schreiben scheint es im Blick auf die vorliegenden Ergebnisse zunächst nicht nötig, Interventionen zu entwickeln, die speziell auf die Prokrastination beim akademischen Schreiben zugeschnitten sind. Jedoch ist anzunehmen, dass gerade die letzte der beiden Schlussfolgerungen nach einer weiteren Studie mit weniger erfolgreichen Studierenden revidiert werden kann.

Literatur

Altstötter-Gleich, Christine/Bergemann, Niels: Testgüte einer deutschsprachigen Version der Mehrdimensionalen Perfektionismus Skala von Frost, Marten, Lahart und Rosenblate (MPS-F). In: Diagnostica, H. 52 (2006), 105-118.

Boice, Robert: Cognitive Components of Blocking. In: Written Communication, H. 2 (1985), 91-104.

Ders.: Procrastination, Busyness and Bingeing. In: Behavioral Research Therapy, H. 27 (1989), 605-611.

Cohen, Jacob: A Power Primer. In: Psychological Bulletin, H. 112 (1992), 155-159.

Fritzsche, Barbara A./Young, Beth R. /Hickson, Kara C.: Individual Difference in Academic Procrastination Tendency and Writing Success. In: Personality and Individual Differences, H. 35 (2003), 1549-1557.

Glöckner-Rist, Angelika et al.: Prokrastinationsfragebogen für Studierende (PFS). In: Zusammenstellung sozialwissenschaftlicher Items und Skalen, hg. von Angelika Glöckner-Rist, Bonn 2009.

Golombek, Christiane/Klingsieck, Katrin B.: Betrachtung von Schreibkompetenz im Studium aus selbstregulatorischer Perspektive-Entwicklung und Validierung eines mehrdimensionalen Selbsteinschätzungsinstruments. Poster präsentiert auf dem 48. Kongress der Deutschen Gesellschaft für Psychologie (DGPS), Bielefeld 2012.

Graham, Steve/Schwartz, Shirley S./MacArthur, Charles A.: Knowledge of Writing and the Composing Process, Attitude Toward Writing, and Self-Efficacy for Students with and without Learning Disabilities. In: Journal of Learning Disabilities, H. 26 (1993), 237-249.

Klingsieck, Katrin B.: Procrastination: When Good Things Don't Come to Those Who Wait. In: European Psychologist, H. 18 (2013), 24-34.

Klingsieck, Katrin B./Fries, Stefan: Allgemeine Prokrastination: Entwicklung und Validierung einer deutschsprachigen Kurzversion der General Procrastination Scale (Lay, 1986). In: Diagnostica, H. 58 (2012), 182-193.

Klingsieck, Katrin B. et al.: Why Students Procrastinate: A Qualitative Approach. In: Journal of College Student Development, H. 54 (2013), 397-412.

Kruse, Otto: Schreibkompetenz und Studierfähigkeit. Mit welchen Schreibkompetenzen sollten die Schulen ihre Absolvent/innen ins Studium entlassen? In: Kölner Beiträge zur Sprachdidaktik, hg von Michael Becker-Mrotzek und Kirsten Schindler, Duisburg 2007, 117-144.

Lay, Clarry H.: At Last, my Research Article on Procrastination. In: Journal of Research in Personality, H. 20 (1986), 474-495.

Muszynski, Susan Y./Akamatsu, John T.: Delay in Completion of Doctoral Dissertation in Clinical Psychology. In: Professional Psychology: Research and Practice, H. 22 (1991), 119-123.

Onwuegbuzie, Anthony J./Collins, Kathleen M.T.: Writing Apprehension and Academic Procrastination among Graduate Students. In: Perceptual and Motor Skills, H. 92 (2001), 560-562.

Prüfer, Peter/Rexroth, Margrit: Kognitive Interviews. In: Zentrum für Umfragen, Methoden und Analysen: How-to-Reihe, Mannheim 2005.

Pychyl, Tim A. et al.: Five Days of Emotion: An Experience Sampling Study of Undergraduate Student Procrastination. In: Journal of Social Behavior, H. 15 (2000), 239-254.

Schwinger, Malte/Laden, Tanja/Spinath, Birgit: Strategien zur Motivationsregulation und ihre Erfassung. In: Zeitschrift für Entwicklungspsychologie und Pädagogische Psychologie, H. 39 (2007), 57-69.

Solomon, Laura J./Rothblum, Esther D.: Academic Procrastination: Frequency and Cognitive Behavioral Correlates. In: Journal of Counseling Psychology, H. 31 (1984), 503-509.

Steel, Piers: The Nature of Procrastination: A Meta-Analytic and Theoretical Review of Quintessential Self-Regulatory Failure. In: Psychological Bulletin, H. 133 (2007), 65-94.

Tice, Dianne M./Baumeister, Roy F.: Longitudinal Study of Procrastination, Performance, Stress, and Health: The Costs and Benefits of Dawdling. In: Psychological Science, H. 8 (1997), 454-458.

van Eerde, Wendelien.: A Meta-Analytically Derived Nomological Network of Procrastination. In: Personality and Individual Differences, H. 35 (2003), 1401-1419.

Wosnitza, Marold.: Motiviertes selbstgesteuertes Lernen im Studium, Landau 2000.

Wissenschaftliches Schreiben: Ein Erfahrungsbericht von der TU Chemnitz

Burkhard Müller

Von nichts hängt der Erfolg eines Studiums so sehr ab wie von der Gestaltung der zahlreichen schriftlichen Haus- und Abschlussarbeiten, die den Studieren-den abverlangt werden. Gerade das aber, das richtige und gute Schreiben, bringt den Studierenden i.d.R. niemand systematisch bei. Selbst bei guter fachlicher Betreuung bleibt die sprachlich-darstellende Form oft unberücksichtigt. Die fast in jedem Fach vorgeschriebenen Kurse zum wissenschaftlichen Arbeiten be-schäftigen sich gleichfalls mit anderen Dingen: mit der Recherche, der richtigen Zitation, der äußeren Normierung usw. Wenn die Studierenden ihre benoteten Texte zurückerhalten, können sie den beigegebenen Kommentaren in aller Regel nur wenig entnehmen, was sie konkret schreibtechnisch weiterbringt. Mit anderen Worten: Die Universität fordert und bewertet etwas, das sie nicht selbst lehrt, das die Studenten entweder von Haus mitbringen oder sich auf eher in-formellen, halb unbewussten Wegen selbst anzueignen haben. Schreiben ‚kann man eben' – oder eben auch nicht.

Hier setzen die Kurse zum wissenschaftlichen Schreiben an, die ich an der TU Chemnitz anbiete, teils als Semesterkurse mit zwei Wochenstunden, teils als einwöchige Intensivkurse. Adressaten sind v.a. Studierende der Wirtschaftswis-senschaften, die als bislang einzige Fakultät bei uns entsprechende Kurse ver-bindlich vorsieht; doch nehmen regelmäßig auch Studierende der Politikwissen-schaft, der Pädagogik und aus anderen Fächern teil. Sie erhalten einen unbeno-teten Teilnahmeschein mit 2 ECTS-Punkten.

Die Kurse haben den Charakter einer Übung; sie konzentrieren sich auf Texte, die die Studierenden selbst verfasst haben und zur Diskussion stellen – idealerweise von Projekten, die derzeit gerade entstehen, so dass Verbesserun-gen noch greifen können. Es gibt keinen vorgefertigten Semester-Ablaufplan, sondern alle Fragen werden in dem Maß und in der Reihenfolge behandelt, wie sie bei der Besprechung dieser Texte auftauchen. Da es immer wieder die glei-chen Fragen sind, die sich ergeben, muss man auch bei einem solchen Vorge-hen, das sich von seinen Anlässen inspirieren lässt, nicht befürchten, dass wesentliche Aspekte übersehen werden. Um darzustellen, wie wir im Kurs arbeiten, eignet sich am besten ein Erfahrungsbericht mit protokollartigen Passagen, der den Verlauf einzelner typischer Sitzungen nachzeichnet.

Angestrebt wird eine möglichst große Vielfalt von Textsorten (lediglich rein belletristische Textsorten scheiden aus). Es wiegen jedoch Seminar- und Bachelor-Arbeiten vor, und bei diesen wiederum die Gliederungen und die Einleitungen. Das ist durchaus sinnvoll, denn hier werden die Weichen für die Arbeit insgesamt gestellt, hier kann man dem Schreibenden am ehesten grundsätzlich helfen. Außerdem werden hier die Grundlagen des Projekts dargelegt, so dass auch ein Außenstehender begreifen kann, worum es geht – sehr wichtig bei einer fachlich gemischten Gruppe. Andererseits führt die Häufung dieser beiden Textsorten zuweilen zu einer gewissen Monotonie. Darum ermutige ich die Studierenden, auch Projektbeschreibungen, Rezensionen, Abstracts, Vorträge, Geschäftspläne, journalistische Arbeiten, Bewerbungsbriefe und ähnliches vorzulegen.

Der Umfang des mitgebrachten Texts ist einheitlich auf zwei Seiten begrenzt, was bedeutet, dass i.d.R. keine kompletten Arbeiten besprochen werden können, sondern ausgewählte und möglichst in sich abgeschlossene Passagen; ihre Behandlung geschieht exemplarisch. Zwei Seiten stellen erfahrungsgemäß die Textmenge dar, die bei einer Sitzung von 90 Min. im Detail durchgesprochen werden kann. Ein Kurs hat im Schnitt 15 Teilnehmer, das Semester 15 Wochen und ebenso viele Sitzungen, so dass im Großen und Ganzen die Gleichung 1 Sitzung = 1 Text aufgeht.

Zwei Seiten scheinen zunächst wenig. Die Studierenden erfahren in diesen Sitzungen eine so gründliche Kritik des von ihnen Geschriebenen wie sonst nie im Studium, denn die Korrektur einer kompletten Arbeit kann sich nicht in gleichem Maß mit Einzelheiten beschäftigen. Was herauskommt, hat oft augenöffnende Wirkung. Den Text lasse ich mir vorab per E-Mail zuschicken, so dass ich ihn für die Sitzung vorbereiten und Schwerpunkte setzen kann.

Schreibaufträge als Hausaufgabe zu vergeben, hat sich als nicht praktikabel erwiesen. Zum einen ist die Bereitschaft, über die Anwesenheit im Kurs hinaus zuhause zu arbeiten, gering, zum anderen führt es zu einer Vielzahl sehr ähnlicher Lösungen, für deren Besprechung im Kurs die Zeit fehlt. Texte, die nicht von Kursteilnehmern verfasst worden sind, finden gelegentlich Eingang. Es handelt sich dabei entweder um Arbeiten von Teilnehmern früherer Kurse, z.B. in der ersten Sitzung, wenn noch niemand einen eigenen Text dabei hat, oder (seltener) um vorbildliche Problemlösungen, an denen sich etwas lernen lässt – wobei man sagen muss, dass i.d.R. aus eigenen Fehlern weit mehr gelernt wird als aus fremder Mustergültigkeit, zumal wenn es gelingt, besagte Fehler (mit einiger Hilfe) selbst zu entdecken.

Jeder Teilnehmer erhält zu Beginn der Sitzung eine Kopie des Texts, so dass er, während der Verfasser ihn laut vorliest, ihn bereits mit Randnotizen versehen kann. Die Arbeit am Text vollzieht sich darauf typischerweise in zwei Stufen: Zuerst wird der Gesamtaufbau besprochen, die Stringenz der Argumentation usw. In einem zweiten Durchgang konzentrieren die Teilnehmer sich auf die Einzelheiten, Satzbau, Wortwahl und Ähnliches. Alle prinzipiellen Probleme, die sich ergeben, von der sinnvollen Strukturierung eines Einleitungskapitels bis zur Kommasetzung, werden am konkreten Einzelfall behandelt. Ausgesprochene Theorie-Sitzungen sind nicht vorgesehen (es sei denn, die Teilnehmer wünschen das). Das Tempo ist auch darum vergleichsweise so niedrig, weil von einem einzelnen Fall aus sehr grundsätzliche Dinge in den Blick kommen können. Im Folgenden möchte ich einige Beispiele vorführen.

*

Hier handelt es sich um eine Seminararbeit im Fach Wirtschaftsinformatik mit dem Titel *Smart Grid – Informationssicherheit in der Energiewirtschaft.* Vorgelegt wurde folgende Gliederung. (Mit # markierte Punkte erschienen der Verfasserin selbst noch als unausgereift.) Wegen des geringeren Textvolumens erfolgt bei Gliederungen i.d.R. nur ein einziger kritischer Durchgang.

Der Vorspann aus verschiedenen Verzeichnissen ist vom Lehrstuhl bindend vorgeschrieben. Seitenzahlen waren, da die Arbeit gerade erst entstand, leider nicht angegeben – sie erlauben, Umfang und Bedeutung der einzelnen Abschnitte einzuschätzen, und können eine Warnung vor Ungleichgewichten in der Gliederung sein.

Die Diskussion wird eröffnet mit meiner Frage nach Gliederungsumfang und der Gliederungstiefe im Verhältnis zur Gesamtarbeit. (Diese Frage ist leicht zu beantworten und ermutigt zur Beteiligung.) Sie werden für eine Seminararbeit ziemlich einhellig als angemessen eingestuft, wenngleich sofort auffällt, dass Kapitel 2 im Verhältnis sehr lang ist und als einziges bis zur dritten Gliederungsebene hinabsteigt.

Ist das sachlich begründet? – Eher nicht, denn es handelt sich ja um ein Grundlagenkapitel, das zuerst einmal nur die Begriffe vorstellt; es nimmt aber trotzdem rund ein Drittel des Raums ein.

Und was erfährt man in diesen vielen Punkten? – Nicht viel; sie sind mechanisch und allzu . knapp; der Leser, der wissen will, worum es geht, fühlt sich enttäuscht.

Woran zeigt sich, dass... es der Verfasserin selbst nicht wohl dabei ist? – In den recht wolkig formulierten Punkten 2.1.3 und 2.2.3.

Was halten Sie von Kapitel 3, wenn Sie das Thema der Arbeit betrachten? – Es taucht der Begriff der Stromversorgung auf, der ja eigentlich gar nicht thematisch ausgewiesen ist.

Welcher weitere Begriff beherrscht diesen Abschnitt? – „Smart Grid". Fällt Ihnen was auf? – Das sollte doch eigentlich schon in Kapitel 2 geklärt werden!

Was ist daraus zu folgern? – Kapitel 2 und 3 gehören inhaltlich zusammen.

Wie nennen wir dieses Kapitel dann? Immer noch „Begriffserklärungen und –abgrenzungen"? – Nein, denn es muss hier offensichtlich ein bisschen mehr geleistet werden als bloße Definitionen.

Welchen weiteren Begriff wählen wir also, der die Definitionen einschließt, aber zugleich nötige Hintergrundinformationen liefert? – Begriffliche Grundlagen. Damit ist die Zahl der ,Nettokapitel', das heißt abzüglich der Einleitung und des Schlusses, von fünf auf vier verringert.

Was fällt Ihnen bei Kapitel 4 auf? – Es ist als einziges nicht untergliedert.

[Hier meldet sich die Verfasserin zu Wort und meint, das sei ihr schon klar, aber hier wisse sie noch am wenigsten, was sie schreiben solle.] *Das lassen wir also erst mal auf sich beruhen und betrachten stattdessen die Formulierung.*

Wird klar, was in diesem Kapitel beabsichtigt ist? – Nicht so recht.

Warum nicht? – Weil es klingt, als würde nur eine bestimmte Art von Informationen untersucht, wo es doch offensichtlich stattdessen darum geht, wie und ob alle Informationen geschützt und gesichert werden können.

[Gefundener Titel (nach längerer Erörterung): Kritische Betrachtung der Schutzbedürftigkeit und Sicherheitsrelevanz von Informationen.]

Betrachten Sie doch bitte mal die Kapitel 5 und 6 zusammen; Sie werden gleich sehen, warum! [Solche Andeutungen darf man gelegentlich machen, ohne dass man den eigenen Entdeckungen der Studierenden zu sehr vorgreift.] *– Bedrohungen und Gefahrenabwehr liegen jedenfalls eng beieinander. Die Stichworte „physisch" und „informationstechnisch" kommen zweimal vor und lassen in der Durchführung Dubletten befürchten.*

Also? – Wir fassen sie zusammen; die Zahl der Nettokapitel sinkt damit von vier auf drei.

Fällt ihnen bei der Untergliederung von Nr. 6 noch etwas auf? – 6.2, „Rechtliche Normen und Strafbewehrung…" ist ja eigentlich ein Unterpunkt zu 6.4, „#Normen / Standards".

Zur folgenden Sitzung bringt die Verfasserin die veränderte Gliederung mit:

Abbildungsverzeichnis

Tabellenverzeichnis

Algorithmenverzeichnis

Abkürzungsverzeichnis

1 Einleitung

2 Begriffliche Grundlagen
    2.1 Energiewirtschaft heute
    2.2 Smart Grid
    2.3 Rolle der Informationssicherheit

3 Kritische Betrachtung der Schutzbedürftigkeit und Sicherheitsrelevanz von Informationen

4 Bedrohungen und Gefahrenabwehr
    4.1 Normen und rechtliche Vorgaben
    4.2 Physisch
    4.3 Informationstechnisch
    4.4 Organisatorische Aspekte

5 Fazit/Zusammenfassung

Sind wir zufrieden mit dieser Lösung? – Im Großen und Ganzen ja. Punkt 3 ist immer noch unausgearbeitet. Bei 5 sollte sich die Verfasserin noch mal überlegen, ob sie ein Fazit oder eine Zusammenfassung beabsichtigt.

Das führt zur Frage, was der Unterschied zwischen beiden ist, und weiter, wie man überhaupt das letzte Kapitel benennen kann oder sollte. Ich schreibe verschiedene Vorschläge an, außer Fazit und Zusammenfassung auch Schluss, Schlussbetrachtung und Ausblick. Sie voneinander abzugrenzen fällt nicht ganz leicht, doch knüpft sich daran ein Gespräch über die Aufgaben dieses letzten Teils: Soll er wirklich nur zusammenfassen? Bietet er noch Folgerungen darüber hinaus? Will der Verfasser das Thema zu einer größeren Arbeit ausbauen und hat er darum ein Desiderat im Sinn? Dann jedenfalls wird er zum Ausblick greifen.

Bei der Untergliederung von Punkt 4 wird moniert, dass „Physisch" und „Informationstechnisch" äußerst knappe Angaben darstellen. Das bringt uns zu der Frage, welchen Informationsgehalt Gliederungen generell haben sollten. Wer liest sie mit welcher Absicht? Es entwickelt sich im Gespräch ein Dreistufenmodell der Aufmerksamkeit, bei dem der potentielle Leser über Titel, Gliederung und Einleitung immer genauer erkennen kann, ob die Arbeit etwas liefert, das ihn interessiert. Im Licht dieses Modells liegt die nun vorliegende Version am unteren Rand dessen, was eine Gliederung an Information enthalten sollte.

Man darf sich den Ablauf einer Sitzung nicht zu sehr, wie sie hier im Protokoll erscheint, als ein Frage-und-Antwort-Spiel vorstellen. Auf jeden Frage-Impuls folgt i.d.R. ein längeres Gespräch. An mehreren Punkten ist es über seinen konkreten Gegenstand ins Allgemeine hinausgegangen, indem es die Fragen berührte, welchen Umfang und Informationsgehalt eine Gliederung überhaupt haben sollte, welche Aufgabe dem ersten und dem letzten Kapitel zukommt usw. Der Blick wurde geschärft für die Probleme der Vollständigkeit, der Wiederholung und der ordnungsgemäßen Subsumtion. Die aufgedeckten Mängel wurden so weit wie möglich durch eine korrigierte Fassung ersetzt.

*

Die Einleitung ist, neben der Gliederung, die am häufigsten von den Studierenden vorgelegte Textsorte. Der folgende Text stellt die Einleitung einer Seminararbeit mit dem Titel *Ansätze des Umweltcontrolling* dar. Die insgesamt 4 Fußnoten, die ausschließlich dem Zitatnachweis dienen, sind getilgt, da der Kurs sich möglichst wenig mit Zitierregeln beschäftigt, die in oft verwirrender Weise an jedem Lehrstuhl anders aussehen und in die Zuständigkeit der fachspezifischen Veranstaltungen zum wissenschaftlichen Arbeiten fallen.

1.   Einleitung

Unternehmen stehen in ständiger Interaktion mit der Unternehmensumwelt. Das ökologische Verhängnis besteht jedoch darin, dass der Mensch die Umwelt einerseits als Bergwerk, andererseits als Müllhalde (aus-)nutzt. <FN1> Denn ständig werden Stoffe aus der Umwelt bezogen und in veränderter Form wieder an diese zurück gegeben. Diese Entwicklung führt dazu, dass das ökologische System und die Lebensbedingungen der Menschen, Tiere und Pflanzen sich drastisch verschlechtern. Zu den zentralen Umweltproblemen zählen der Treibhauseffekt, die Zerstörung der Ozonschicht und Übersäuerung von Böden und Gewässern. <FN2> Die hohe Umweltbelastung führt dazu, dass Unternehmen ihre Produktionsprozesse, Produkte und Dienstleistungen überdenken müssen, ohne die Wettbewerbsfähigkeit des Unternehmens negativ zu beeinflussen. Diesen Forderungen nachzugehen, verpflichteten sich 178 Staaten auf der im Jahre 1992 durchgeführten Weltkonferenz für Umwelt und Entwicklung in Rio de Janeiro. <FN3> Solch eine nachhaltige Unternehmensführung ist nur möglich, wenn neben der klassischen Ökonomie auch die Ökologie in wirtschaftliche Entscheidungen einbezogen wird. Unter Ökologie versteht man komplexe Zusammenhänge innerhalb der belebten Umwelt (Menschen, Tiere und Pflanzen) und deren Wechselwirkung mit der unbelebten Welt (z.B. Luft, Boden, Wasser) <FN4>. Doch wie lassen sich ökologische und ökonomische Ziele miteinander vereinbaren? Hierbei spielt das Umweltcontrolling eine bedeutende Rolle. Mit Hilfe des Umweltcontrollings, welches als ein Subsystem der Unternehmensführung angesehen werden kann, werden diese Zusammenhänge erfasst, bewertet und kontrolliert. Um die Erfassung und Bewertung durchführen zu können, bedient sich das Umweltcontrolling einer Vielzahl von Konzepten und Instrumenten.

Ziel der Arbeit ist, die Grundgedanken, Ziele und Funktionen des Umweltcontrollings detaillierter herauszuarbeiten und einen Überblick über die Vielzahl von Konzepten und Instrumenten zu schaffen. Aus der Fülle der Instrumente werden, die Möglichkeiten und Grenzen zweier Ansätze, die Umweltkostenrechnung und die Umweltkennzahlen, diskutiert. Die vorliegende Arbeit gliedert sich in sechs Kapitel. Im ersten Teil der Arbeit werden zunächst die begrifflichen Grundlagen (Kapitel 2) und die Funktionen und Ziele (Kapitel 3) des Umweltcontrolling aufgezeigt. Aufbauend auf den Grundlagen erfolgt im nachfolgenden Abschnitt ein Überblick über die Instrumente des Umweltcontrollings (Kapitel 4), um anschließend zwei Instrumente, die Umweltkostenrechnung und die Umweltkennzahlen, näher zu erläutern. Anschließend wird im Kapitel 5 die Anwendung in der Praxis vorgestellt. Das letzte Kapitel 6 widmet sich dem Fazit, das die wesentlichen Erkenntnisse dieser Arbeit zusammenfasst.

Das Standardmodell der Einleitung, das in fast allen Fällen für wissenschaftliche Arbeiten gilt, kann inzwischen als bekannt vorausgesetzt werden: Es hat drei Teile, nämlich Hinführung, Frage- bzw. Problemstellung und Aufbau der Arbeit, dazu bei größeren Projekten u.U. als vierten Teil den Forschungsstand. Die Teilnehmer werden, bevor die Verfasserin den Text vorliest, aufgefordert, die Grenzen dieser Teile aufzufinden und zu entscheiden, ob diese mit der Einteilung der Absätze übereinstimmen. Zudem sollen sie die einzelnen Stufen der Hinführung identifizieren und darauf achten, an welchem Punkt die Schlüsselwörter des Titels auftauchen. Das ist zugegeben ziemlich viel auf einmal, zerlegt sich aber in einzelne Schritte.

Es beginnt der erste Durchgang, der die Organisation des Texts insgesamt im Auge hat.

Wie steigt die Verfasserin ein? – Es fallen die Begriffe des Unternehmens und der Unternehmensumwelt.

Ist das ein enger oder weiter Einstieg? – Angemessen eng, ein wichtiges Stichwort fällt gleich in der ersten Zeile.

Nächster gedanklicher Schritt? – Es wird die Rücksichtslosigkeit im Umgang mit der Natur beklagt.

Bis wohin? – Bis Zeile 7.

Angemessen? – Tritt zu lang auf der Stelle, hält sich mit Beispielen auf, besonders mit einem, das seine Aktualität inzwischen verloren hat (Zerstörung der Ozonschicht).

Nächster Schritt? – Notwendigkeit für Unternehmen, ihr Verhalten zu überdenken, dabei aber Rücksicht auf die Wettbewerbsfähigkeit.

Wie steht es mit Rio de Janeiro? – Greift auf den bereits erledigten Punkt zurück, wirkt störend im Ablauf; außerdem führt es dem Ziel nicht näher; raus damit.

Dann? – Ökologie als selbständiges Ziel neben der Ökonomie, führt den vorigen Gedanken weiter.

Dann? – Definition Ökologie.

Erforderlich? – Vielleicht schon, stört aber wiederum den gedanklichen Aufbau, weil es gleich danach weitergeht mit dem Verhältnis von Ökologie und Ökonomie.

Lösung? – In die Fußnote!

Das gibt Gelegenheit, über die zweifache Aufgabe von Fußnoten zu sprechen, als Zitiernachweis und als Ort für Zusatzinformation, die den Fluss des Textes unterbrechen würde.

Weiter? – Jetzt erscheint der zentrale Begriff des Umweltcontrolling.

Schluss des Absatzes? – Definition und erste Konturen des Umweltcontrolling.

In wie vielen Schritten also vollzieht sich die Hinführung zum Thema? – Keine völlige Einigkeit, doch rund fünf.

Angemessene Engführung des Trichters vom Einstieg bis zum Austritt ins Thema, in Umfang und Logik? – Logik ja, Umfang könnte ein wenig gekürzt werden.

Zweiter Absatz: Was passiert am Anfang? – Die Problemstellung der Arbeit wird formuliert.

Bis wohin? - Bis einschließlich des zweiten Satzes.

Hier, wie Sie wissen, liegt der wichtigste Punkt der Einleitung, vielleicht der ganzen Arbeit. Ist er als solcher gut herausgearbeitet? – Nein, er ist in einen einzigen Absatz mit dem Folgenden zusammengezogen und darum schlecht sichtbar.

Wird das Thema der Arbeit in angemessener Weise deutlich gemacht? – Ja, eigentlich schon.

Was sind denn die Schlüsselworte dieser vier Zeilen? – Konzepte, Instrumente, Ansätze.

Wird völlig klar, wie sie sich zueinander verhalten? – Nicht ganz, die Konzepte werden genannt, aber gleich wieder verabschiedet, und ob die Ansätze mit den Instrumenten identisch sind oder eine Untergruppe von ihnen darstellen, wird nicht deutlich.

Lösung? – Straffen!

Vorschlag nach Diskussion ungefähr: „Aus der Vielzahl der Konzepte und Instrumente werden zwei Ansätze …"; der vorangehende Teilsatz ab „...einen Überblick" bis „schaffen" entfällt.

Was sagen Sie zu „detaillierter"? – Bringt keine Zusatzinformation zu „ausgearbeitet", verwirrt bloß; am besten raus.

Es folgt der letzte Teil, der den Aufbau der Arbeit betrifft.

Ist er übersichtlich? Wenn ja warum, wenn nein warum nicht? – Da alle Kapitel einzeln mit Nummerierung benannt werden, kann man gut folgen.

Ein immer wiederkehrendes formales Problem ist der Umstand, dass Kapitel 2 stets das erste ‚Nettokapitel' darstellt und so die Zählung zur Missverständlichkeit tendiert. Diese Gefahr ist hier, vielleicht auf etwas umständliche Weise, vermieden.

Was halten Sie davon, dass es mal „Kapitel", mal „Abschnitt", mal „Teil" heißt? – Ist hier nicht weiter schlimm, da durch die klare Zählung keine Verwirrung aufkommt.

Daran knüpft eine Diskussion an über Sinn und Unsinn der Variation im Ausdruck. Die Teilnehmer haben eine starke Abneigung gegen Wiederholung. Dem stelle ich die Notwendigkeit gegenüber, Schlüsselbegriffe notfalls auf Kosten der ‚Schönheit' klar zu erhalten. Der letzte Satz lässt die alte Unsicherheit zwischen „Fazit" und „Zusammenfassung" erkennen – ein Evergreen, der uns noch öfter beschäftigen wird.

Damit ist der erste Durchgang abgeschlossen, der sich mit Aufbau und logischer Organisation des Texts beschäftigt hat. Nunmehr geht es auf der mikrologischen Ebene weiter. Der erste Absatz gibt besonders Gelegenheit, Satzverknüpfungen und verweisende Elemente zu betrachten.

Erster und zweiter Satz werden durch „jedoch" verbunden, ist das korrekt? – „Jedoch" wird zunächst als einwendende Verbindung charakterisiert, dann das Resultat: Genau genommen nicht; herauszufinden, warum nicht, kostet Zeit. Wir kommen schließlich darauf, dass zwischen „Unternehmensumwelt" und „ökologischem Verhängnis" eine gewisse gedankliche Lücke klafft und hier noch ein Halbsatz erforderlich wäre.

Wie steht es mit dem „denn", das zwischen Satz 2 und 3 vermittelt? – „Denn" muss zunächst als kausales Bindewort bestimmt werden. Dann kann erkannt werden, dass Satz 3 keineswegs Satz 2 begründet, sondern vielmehr die vorherige Aussage wiederholt, allerdings unter verändertem Vorzeichen, diesmal neutral und nicht als Anklage.

In der 5. Zeile von unten erscheint „hierbei". Was leistet es, steht es zurecht? – Ja; es greift die Gesamtheit des vorangegangenen Satzes auf und tut dies korrekt.

Der ganze Absatz lässt eine Vorliebe für das Demonstrativ-Pronomen „dieser" erkennen (4x), eignet sich also gut, dessen Verwendung zu untersuchen.

Zeile 4: „...wieder an diese zurück gegeben": angemessen? oder vielleicht zu ersetzen? – „Sie" würde hier ohne weiteres reichen, kein herausgehobener Zeigebedarf, umständlich.

Zeile 4/5: „Diese Entwicklung führt dazu..." – Wäre an sich in Ordnung, wenn es sich wirklich um eine Entwicklung handeln würde (es ist aber ein Zustand).

Zeile 9/10: „Diesen Forderungen nachzugehen…" – Derselbe Befund: es würde schon pas-
sen, wenn es sich im letzten Satz tatsächlich um Forderungen handeln würde.
3. Zeile von unten: „diese Zusammenhänge". – Der Bezug ist nicht klar, das Zeigewort
deutet allzu vage in sein Vorfeld.
Auch „solch eine" (Zeile 12) hat Zeigefunktion, stellt aber, wie beim allgemeinen Durchgang
schon analysiert, die Verbindung zum vorletzten statt zum letzten Satz her und wirkt
darum irritierend.

Es schließt sich eine Diskussion über Möglichkeiten und Gefahren der Zeige-
wörter an, zum einen der Demonstrativpronomina wie „dieser" und „solch",
zum anderen des speziell deutschen Musters von „hierbei", „wovon", „dadurch". Sie haben erheblichen ökonomischen Wert, um Wiederholungen zu
vermeiden, aber wenn sie nicht exakt an Vorausliegendes anknüpfen, leidet der
Zusammenhang des Texts.

Beim zweiten Absatz, der v.a. den Aufbau der Arbeit nachzeichnet, steht
das Problem des Passivs und seiner Vermeidbarkeit im Zentrum. Dieses Problem tritt regelmäßig am stärksten beim Schluss der Einleitung hervor, weshalb
es an dieser Stelle exemplarisch betrachtet wird. Das Deutsche hat eine gewisse
Abneigung gegen das Passiv, weil man es so umständlich mit „werden" umschreiben muss und „werden" außerdem noch für andere grammatische Zwecke herhalten muss (Konjunktiv, Futur). Den Studierenden, v.a. in der Wirt-
schaftswissenschaft, ist aber der Gebrauch der ersten Person Singular ausdrücklich verboten, und zwar selbst dort, wo es nicht den Ausdruck unziemlicher
Subjektivität bedeutet („ich finde, dass…"), sondern wirklich bloß den Verfasser der Arbeit in Ausübung seiner Tätigkeit zeigt. Wer tut denn all dies, die
Forschungsfrage stellen, eine Gliederung konstruieren, wenn nicht er oder sie?
Es kommt zu einer längeren Diskussion über diese zwei verschiedenen Formen
des „Ich" in Texten, das unverbindlich meinende und das die Arbeit organisie-
rende, deren Ergebnis lautet: Mag sein, dass es hier einen Unterschied gibt, aber
damit kommen wir bei unseren Professoren nicht durch. Wir gehen an die Sache also pragmatisch heran.

Wie oft steht in dieser Passage Passiv, wie oft Aktiv? – Zweimal, und fünfmal.
Handelt es sich um ein echtes Aktiv, in dem Sinn, dass man sieht, wer was tut? – Nein.

Wer wird aber dann als Subjekt der Handlung benannt? – In drei der fünf Fälle die Arbeit selbst: Die Arbeit gliedert sich; das letzte Kapitel widmet sich; und es fasst die Ergebnisse zusammen. Das wird allgemein als ein ziemlich guter Trick empfunden.

Wie steht es mit „der Überblick erfolgt"? – Hier geschieht etwas anderes; im Kern handelt es sich um ein Passiv (d.h. der Täter wird nicht genannt), das aber durch ein schwaches Funktionsverb ins Aktiv umgedreht worden ist.

Und „um ... näher zu erläutern"? – Es dauert einige Zeit, bis die grammatische Eigenart dieser Formulierung erkannt ist, nämlich als nebensatzwertiger Infinitiv, der die Nennung des Täters überflüssig macht und damit auch das Passiv.

Alle drei Strategien zur Passiv-Vermeidung werden ausdrücklich zur Nachahmung empfohlen. Ich erwähne um der Vollständigkeit auch die Umschreibungsmöglichkeiten mit „man" und „lassen".

Diese zwei wichtigen Problemfelder also – Satzverknüpfungen und verweisende Elemente, Rolle des Passivs im Deutschen – haben sich an dieser Arbeit besonders gut demonstrieren lassen. Es ging dabei nicht ohne ein ausgewähltes Instrumentarium an grammatikalischen Begriffen ab, ohne die eine Bewusstwerdung gewisser sprachlicher Phänomene nicht gelingen kann. Darüber hinaus lenke ich die Aufmerksamkeit noch auf zwei isolierte, aber interessante Punkte.

Punkt 1: In Zeile 3 steht „... als Müllhalde (aus-)nutzt." Kann und soll man ein Wort so schreiben? – Man hat ein unbehagliches Gefühl dabei.

Doch warum? Eigentlich spart es Platz und eine lästige Wortwiederholung. – Aber es ist ja kein richtiges Wort.

Lesen Sie es doch bitte mal vor! – Es erweist sich, dass es sehr schwer ist, beim lauten Lesen der angegebenen geklammerten Schreibweise zu ihrem Recht zu verhelfen. Der Einwand gegen diese und ähnliche Lösungen besteht also in der fehlenden akustischen Repräsentanz des Schriftbilds.

Das Problem wird wiederkehren, wenn das sog. Binnen-I aufs Tapet kommt, also Schreibungen wie „LehrerInnen", die die Doppelung bei Berücksichtigung beider Geschlechter vermeiden sollen.

Punkt 2: „Aus der Fülle der Instrumente werden, die Möglichkeiten und Grenzen zweier Ansätze, die Umweltkostenrechnung und die Umweltkennzahlen, diskutiert." Dieser Satz enthält einen grammatischen Fehler: welchen?

Solche Suchspiele wecken immer den sportlichen Ehrgeiz. Das falsche Komma nach „werden" wird moniert, aber das ist kein grammatikalisches Problem, und Kommasetzung machen wir heute nicht, das lässt sich besser an anderen Arbeiten untersuchen. Der Fehler wird nicht gefunden, so dass ich nachhelfen muss:

Er steckt in „die Umweltkostenrechnung" und „die Umweltkennzahlen". Was stimmt daran nicht? – Es muss zweimal heißen „der".

Genau; aber warum? Auch hier gelingt die Antwort nur über das grammatikalische Vokabular, über das die Teilnehmer in sehr unterschiedlichem Grad verfügen. Aber es ist jemand dabei, der den Unterschied als den von Nominativ und Genitiv erkennt.

Warum muss der Genitiv stehen? – Der Einschub bezieht sich nicht auf „Möglichkeiten und Grenzen", sondern auf „zweier Ansätze", und das steht eben im Genitiv.

Da für viele das Problem damit noch nicht völlig durchsichtig geworden ist, muss ich nun doch zum Begriff der Apposition greifen, den ich gern gemieden hätte: nachgestelltes mehrgliedriges Attribut, das mit dem Bezugswort im Kasus kongruiert. Solche Fälle können durchaus zur Sprache kommen; die Teilnehmer müssen sich das nicht merken, verstehen aber doch, dass hinter den Urteilen über Richtig und Falsch einer sprachlichen Wendung nicht nur ein Gefühl steht und die entsprechenden Auskunftsquellen nicht als Orakel amtieren, sondern dass es sich um ein durchgearbeitetes System handelt.

*

Im Folgenden geht es um das größte einzelne Problem auf der Ebene des Einzelsatzes: die Vorliebe für Nominalketten, die oft für besonders ‚wissenschaftlich' gehalten werden, und die dadurch oft bis zur Unverständlichkeit gesteigerte Länge des Satzbogens.

> Da sich die EU-Staaten im Vertrag zur Gründung der Europäischen Gemeinschaft für Zwecke der Harmonisierung des europäischen Binnenmarkts im Bereich der Umsatzsteuer der Regierungskompetenz des heutigen Rates der Europäischen Union unterworfen haben, ist neben nationalem Umsatzsteuerrecht grundsätzlich auch die Mehrwertsteuersystemrichtlinie zu beachten.

Was halten Sie von diesem Satz? – Sehr verschachtelt, man versteht ihn erst mal überhaupt nicht.

Woran liegt das? – An der Länge.

Aber das stimmt nicht ganz, so entsetzlich lang ist der Satz mit seinen fünf Zeilen letztlich gar nicht. Es muss nachgeholfen werden:
Wie viele Satzbögen erkennen Sie, und von wo bis wo erstrecken sie sich?

Der Begriff des Satzbogens ist bereits eingeführt: die in sich geschlossene syntaktisch-logische Einheit, die nur als Ganzes aufgenommen und verstanden werden kann und daher bestimmte Anforderungen an den mentalen Zwischenspeicher stellt. Im Deutschen tendieren Satzbögen im Nebensatz oft zu übermäßiger Länge.

Zwei Satzbögen, der erste von „Da sich..." bis „...unterworfen haben", der zweite von „ist neben..." bis zum Schluss. Als problematisch bietet sich der erste dar.
Wie ist dieser Satzbogen aufgebaut, was ist seine Kernstruktur? – „Da sich die EU-Staaten ... der Regierungskompetenz ... unterworfen haben".
Eigentlich einfach: Subjekt, Dativ-Objekt, Prädikat (diese Begriffe werden sicherheitshalber noch einmal erläutert). Was wirkt hier so komplizierend? – Die Nominalketten.

Auch dieser Begriff ist bekannt, die Teilnehmer sind dafür bereits sensibilisiert: die kettenartige Verknüpfung von Substantiv-Gruppen durch Genitiv oder durch Präpositionen.

Welche Nominalketten finden sich, wie viele Glieder weisen sie jeweils auf? Hier ist keine Einigkeit zu erzielen, und bei der Diskussion zeigt sich die Hauptschwierigkeit bei der Erfassung dieses Satzes: Es ist fast unmöglich, die Glieder voneinander abzugrenzen, weil keine klaren Marker gesetzt sind. Müssen wir davon ausgehen, dass die Europäische Gemeinschaft für Zwecke der Harmonisierung des Europäischen Binnenmarkts gegründet worden ist? Oder haben sich die EU-Staaten der Regierungskompetenz des Rats für Zwecke der Harmonisierung unterworfen? Das ist der Reihungsstruktur dieses Satzes schlechterdings nicht zu entnehmen. Gilt der Binnenmarkt im Bereich der Umsatzsteuer oder haben sich die EU-Staaten für diesen Bereich besagter Kompetenz unterworfen? Auch das ist unklar.

Nach weiterer Diskussion kommen wir (nicht ganz einmütig) zu folgender gedanklicher Gliederung: Die EU-Staaten haben sich der Regierungskompetenz (1. Glied) des heutigen Rats (2. Glied) der Europäischen Union (3. Glied) unterworfen, und zwar haben sie das getan im Vertrag (1. Glied) zur Gründung (2. Glied) der Europäischen Gemeinschaft (3. Glied), und zwar dient das für Zwecke (1. Glied) der Harmonisierung (2. Glied) des europäischen Binnenmarkts (3. Glied), und zwar im Bereich (1. Glied) der Umsatzsteuer (2. Glied). Es handelt sich also um vier separate Nominalketten, die voneinander nicht abgehoben sind und der Hellsicht des Lesers, der sie gruppieren soll, Unmögliches abverlangen.

Damit konnten die Nachteile und Gefahren der Nominalketten an einem schlagenden Beispiel klar erkannt werden. Die Aufgabe lautet jetzt, die Nominalketten ohne inhaltliche Verluste in andere Konstruktionen zu überführen und dabei zugleich den Satzbogen abzuspannen. Dies geschieht in einer gemeinsamen Anstrengung: Ich schreibe den jeweiligen Vorschlag an die Tafel und stelle ihn zur Diskussion. Am Schluss soll eine von allen akzeptierte Version stehen. Ich beginne mit einem Tipp: Substantive, die auf „-ung" enden, sind häufig verkappte Vorgänge, die sich leicht ins zugrundeliegende Verb zurückverwandeln lassen.

Drei Kandidaten kommen ins Visier: Gründung, Harmonisierung, Regelung. Wo setzen wir an? – Bei der Harmonisierung.

Wie wandeln wir die entsprechende Nominalkette um? – Es dauert etwas, dann: „um den europäischen Binnenmarkt zu harmonisieren." Zur allgemeinen Erleichterung ist damit auch „für Zwecke" verschwunden; die nicht-nominale Fügung erweist sich nicht nur als klarer, sondern auch als schlanker.

„Regelung" ist in einem zusammengesetzten Substantiv verankert, das kriegen wir nicht raus. Was machen wir aber mit der „Gründung"? Wie dringen wir hier zum Verb „gründen" vor? – Mit einem Relativsatz: „im Vertrag, mit dem die Europäische Gemeinschaft gegründet worden ist". Das ist etwas länger, hat aber den Vorzug der Eindeutigkeit.

Was machen wir mit den zwei anderen Nominalgruppen? – Wenn wir sie deutlich genug voneinander trennen, können wir sie eigentlich stehen lassen, denn eine dreigliedrige Reihe geht knapp eben noch.

Warum ist der Satzbogen überhaupt so lang geworden?

Diese Frage kann nur auf grammatikalischer Ebene beantwortet werden. Ich schreibe verschiedene Typen von Sätzen an, so dass die Regel ersichtlich wird: Bei Nebensätzen gerät das gebeugte Verb in die Endstellung. Das Verb aber trägt die Satzaussage, und solang die fehlt, schließt sich der Satzbogen nicht.

Könnten wir das nicht ändern und den Nebensatz angesichts seiner Informationsfülle zum Hauptsatz befördern? Wie würde der klingen? – Es wird hin- und herdiskutiert, schließlich steht an der Tafel:

Im Vertrag, mit dem die Europäische Gemeinschaft gegründet worden ist, haben sich die EU-Staaten der Regelungskompetenz des heutigen Rates der Europäischen Union unterworfen, um den europäischen Binnenmarkt zu harmonisieren.

Es fehlt noch „im Bereich der Umsatzsteuer", das uns Kopfzerbrechen macht, weil wir nicht ohne weiteres entscheiden können, ob es vom Binnenmarkt oder vom Unterwerfen abhängt. Der Verfasser muss uns helfen: vom Unterwerfen. Auch hier empfehle ich, nach dem entsprechenden Verb zu suchen, das aber für „Bereich" nicht auf der Hand liegt, weil es nicht vom selben Wortstamm gebildet wird. – Schließlich wird vorgeschlagen: betreffen, angehen, sich beziehen.

Hier kommen wir nur schwer umhin, den Bogen wieder etwas zu verlängern, damit die Information an die logisch richtige Stelle gelangt. Neue Version:

Im Vertrag, mit dem die Europäische Gemeinschaft gegründet worden ist, haben sich die EU-Staaten, was die Umsatzsteuer betrifft, der Regelungskompetenz des heutigen Rates der Europäischen Union unterworfen, um den europäischen Binnenmarkt zu harmonisieren.

Könnten wir den Satz, der immer noch recht lang ist, nicht nochmals spalten? – Wir versuchen es, stellen aber fest, dass die verbliebenen Informationen so eng zusammenhängen, dass er weitere Spaltung nicht verträgt. So bleibt er stehen.

Die Kürzung des Satzbogens ist also nicht ganz so radikal ausgefallen, wie es erhofft war; er reicht immer noch von „haben sich..." bis zum Schluss. Dafür sind aber die Bezüge geklärt, und der Satz hat durch Einführung unterschiedlicher Konstruktionen (zwei Nebensätze, ein erweiterter Infinitiv) einen lebendigeren Rhythmus erhalten.

Es bleibt als letzte Aufgabe der passende Anschluss des alten Hauptsatzes. In welchem Verhältnis stehen Satz 1 und Satz 2 zueinander? – In einem kausalen.

Wie drückt man kausale Verbindung zwischen zwei Hauptsätzen aus? Wir müssen das „da" des alten Nebensatzes durch ein Äquivalent in Satz 2 ersetzen. – Das ist leicht: „Deswegen ist neben nationalem Umsatzsteuerrecht grundsätzlich auch die Mehrwertsteuersystemrichtlinie zu beachten."

Wir sind fertig. Von der Besprechung der „Mehrwertsteuersystemrichtlinie"
sehen wir ab, da es sich um einen Fachbegriff handelt; aber um eine Vorstellung
von den Möglichkeiten des zusammengesetzten Substantivs im Deutschen zu
vermitteln, fordere ich trotzdem dazu auf, die Einzelkomponenten zu zählen.
Es sind sechs. Die Besprechung eines einzigen Satzes hat 45 Minuten gedauert.

Da so viel korrekturbedürftiges Material besprochen wird, stellt sich bei
den Teilnehmern der Wunsch ein, auch einmal einen Text zu sehen, der es
‚richtig gut' macht. Ich bringe einen Ausschnitt aus dem Aufsatz *Steuergerechtig-
keit in der Zeit* von Heide und Harald Schaumburg mit. (Fußnoten wurden ent-
fernt.)

> Zwar unterliegen die Gerechtigkeitsvorstellungen in einer pluralistischen Gesellschaft
> einem steten Wandel, aber gerade im Steuerrecht besteht heute ein Grundkonsens da-
> rüber, dass ein unsystematisches, nicht an der Leistungsfähigkeit orientiertes Steuer-
> recht nicht gerecht ist. Wenn es richtig ist, dass das Vertrauen in Recht und Gerechtig-
> keit inzwischen einen Tiefpunkt erreicht hat, ist es umso mehr geboten, an die legislati-
> ve Pflicht zu erinnern, das Steuerrecht im Sinne einer Gerechtigkeitsordnung fortzu-
> entwickeln.

Versteht man gleich, was gemeint ist? – Ja.

*Und das bei einem Text aus dem Steuerrecht, das sich dem Nichtfachmann notorisch schwer
erschließt! Woran liegt das? – Die Sätze sind jedenfalls nicht kürzer als im vorigen
Fall.*

*Welche Satzbögen liegen vor? – Im ersten Satz Nr. 1 von „Zwar unterliegen..." bis „...steten
Wandel", Nr. 2 von „aber gerade..." bis „...darüber", Nr. 3 von „dass" bis „... nicht
gerecht ist". Im zweiten Satz Nr. 1 von „Wenn..." bis „...richtig ist", Nr. 2 von
„dass das Vertrauen..." bis „...Tiefpunkt erreicht hat", Nr. 3 von „ist es..." bis
„...geboten, Nr. 4 von „an..." bis „...zu erinnern", Nr. 5 von „das Steuerrecht..." bis
„...fortzuentwickeln".*

*Also eine sehr hohe Zahl von Bögen. Warum? – Die jeweiligen Gedanken lassen sich gut
einzeln erfassen.*

Wie werden die einzelnen Bögen miteinander verbunden? – Es gibt vorbereitende Elemente.

Hier wird der Begriff der Korrelation eingeführt: Ein Wortpaar, bei dem das
erste Wort bereits die Erwartung auf das zweite weckt, wie in „sowohl – als
auch" oder „derjenige – welcher".

Es korrelieren beim ersten Satz „zwar" in Bogen 1 mit „aber" in Bogen 2 und „darüber" in Bogen 2 mit „dass" in Bogen 3; beim zweiten Satz „wenn" in Bogen 1 mit „umso mehr" in Bogen 3 (die Teilnehmer hätten sich zur Verdeutlichung noch ein „dann" gewünscht). Auch die Konstruktionen „ist es umso mehr geboten" und „an die Pflicht... zu erinnern" bereiten den nächsten Bogen vor, weil klar ist, dass nunmehr der Inhalt von Gebot bzw. Pflicht kommen muss.

Wie viele Verben erscheinen in den beiden Sätzen? – Im ersten 3, im zweiten 5.

Wie viele Substantive, die in Wahrheit verkleidete Verben sind? – 0

Wie viele Nebensätze und nebensatzwertige Infinitive? – 3 Nebensätze, 2 Infinitive.

Wie lauten die entsprechenden Kennzahlen für den ersten, von uns verbesserten Satz zur europäischen Umsatzsteuer? – 2 Verben, mindestens 2 ‚verkleidete' Substantive, 1 Nebensatz. (Der Infinitiv ist hier nicht nebensatzwertig.)

Was ergibt sich aus dem Vergleich beider Sätze bzw. Texte für den Satzbau? – Einen (auch langen) Satz versteht man gut, wenn er auf Nominalketten verzichtet, stattdessen zu Nebensätzen und äquivalenten Konstruktionen greift, dabei die Satzbögen verkürzt und die erhöhte Zahl der Satzbögen durch verbindende Elemente in Zusammenhang bringt.

*

Ich hoffe, dass an diesen Beispielen die Arbeitsweise der von mir durchgeführten Kurse sicht- und verstehbar geworden ist. Da bei diesen Übungen alles auf die Arbeit am konkreten Text ankommt, musste die Darstellung in sehr detaillierter Weise geschehen. Gleichzeitig sollten einige der wichtigsten Problemfelder demonstriert werden, die sich für die Studierenden beim Abfassen wissenschaftlicher Arbeiten ergeben: die Schlüssigkeit einer Gliederung, der gedankliche Aufbau eines Absatzes, Satzverknüpfungen, das deiktische (verweisende) System der Sprache, die Rolle des „Ich" in der Wissenschaft, Passiv und Passivvermeidung, Satzbögen, Nominalketten. Anderes wie z.B. Fragen der Interpunktion, des Stils, der Titelfindung, der Verwendung von Präpositionen oder des Einflusses englischer Terminologie (in den Wirtschaftswissenschaften sehr stark) konnte aus Raumgründen nicht behandelt werden. Es ergibt sich jedoch üblicherweise im Lauf eines Semesters Gelegenheit, annähernd alle sprachlichen Probleme zu besprechen.

Es seien auch nicht die auftretenden Schwierigkeiten verschwiegen. Der Kurs eignet sich seinem Wesen nach eher für Studienanfänger als für Fortgeschrittene; bei einem gemischten Kreis fühlen letztere sich zuweilen etwas unterfordert und angeödet. Da immer wieder die gleichen Fehler gemacht und entsprechend im Kurs zur Debatte gestellt werden, kommt es zu Wiederholungen. Nun ist die Wiederholung gewiss die Mutter der Studien. (Faustregel: Sobald einer anfängt, sich zu langweilen, hat er es kapiert.) Aber manchen Teilnehmern wird es einfach zu viel. Die Qualität des Kurses steht und fällt mit den Texten, die die Studierenden vorlegen; die Neigung zu bestimmten Textsorten unter weitgehendem Ausschluss anderer birgt die Gefahr der Eintönigkeit. Es wurde der Wunsch geäußert, die Kursdauer, die insgesamt 30 Stunden beträgt, zu kürzen; das jedoch stößt angesichts der starren Credit-Abrechnung im gegenwärtigen Studiensystem auf Hindernisse.[1] Nicht alle Studierenden bringen ergiebige Texte mit; dann muss der Kursleiter, nachdem er die jeweilige Arbeitsprobe möglichst kurz abgehandelt hat, auf eigenes Material zurückgreifen, das er für solche Fälle immer parat halten sollte. Es liegt im Wesen der Veranstaltung, dass mehr kritisiert als gelobt wird, was nicht jeder gleichermaßen gut verträgt. Manche Studierende verweigern prinzipiell Veränderungsvorschläge oder betonen ihre Gleichgültigkeit gegenüber einer Arbeit, die sie schon lange hinter sich haben. Das alles kann den Verlauf des Kurses beeinträchtigen. In welchem Grad die Veranstaltung gelingt, ist von Sitzung zu Sitzung ungewiss.

Doch füllt der Kurs in seiner gegenwärtigen Konzeption eine wichtige Lücke im Bildungs- und Studiensystem. Er beschäftigt sich ganz überwiegend mit konkreten Fällen aus der Schreibpraxis der Studierenden und kann so auf die wirklich relevanten Probleme reagieren. Das Interesse der Studierenden ist darum i.d.R. groß, die Mitarbeit intensiv. Der erwähnten Gefahr einer gewissen Monotonie steht die Ausbildung eines geschärften Blicks für typische ‚Schreibfallen' und die Einübung einer Routine gegenüber, die die Schreibsicherheit steigert. Die exemplarische Vorgehensweise bei geringer Textmenge wirkt wie eine Lupe, durch die sich bestimmte Fehler sehr genau betrachten lassen, und die detaillierten Verbesserungsvorschläge, die sich anschließen, werden als hilfreicher empfunden, als wenn es bei allgemeinen Empfehlungen bliebe. So kann ich insgesamt eine positive Bilanz ziehen.

---

1   Im Sommersemester 2015 werden nun doch das erste Mal Kurse zu nur 15 Stunden angeboten.

Entwicklung eines Leitfadens zum Verfassen wissenschaftlicher Berichte am Lehrstuhl für Mechanische Verfahrenstechnik der TU Kaiserslautern

Jakob Barth / Siegfried Ripperger

1 Motivation

Auch in den vermeintlich formel- und zahlenbestimmten Ingenieurwissenschaften ist das wissenschaftliche Schreiben ein wichtiger Teil der Ausbildung im Studium. Die erste Berührung mit dem wissenschaftlichen Schreiben findet in den verfahrenstechnischen Studiengängen der TU Kaiserslautern häufig im Rahmen eines Studentenlabors statt. Als Anhaltspunkt für die Dozent/innen und die Student/innen wurde am Lehrstuhl für Mechanische Verfahrenstechnik der TU Kaiserslautern ein Leitfaden zum Verfassen wissenschaftlicher Berichte erarbeitet.

Der Leitfaden ist über mehrere Jahre ergänzt und überarbeitet worden. In ihn sind damit die Erfahrungen aus der Betreuung von Student/innen am Lehrstuhl eingegangen. Diese Erfahrungen haben gezeigt, welche allgemeingültigen und fachspezifischen Konventionen für das wissenschaftliche Schreiben i.d.R. vorgegeben und vermittelt werden müssen und nicht vorausgesetzt werden können. Dabei sind die fachspezifischen Konventionen nur z.T. aus bestehenden Normen, Lehrbüchern oder Leitfäden zum wissenschaftlichen Schreiben entnommen. Sie sind v.a. aus der alltäglichen Arbeit mit ingenieurwissenschaftlichen Lehrbüchern, Dissertationen und Aufsätzen sowie der lehrstuhlinternen Diskussion über die angemessene Darstellung abgeleitet.

Dieser Beitrag soll zeigen, welche Kriterien und Aspekte des wissenschaftlichen Schreibens in den Ingenieurwissenschaften am Lehrstuhl für Mechanische Verfahrenstechnik der TU Kaiserslautern als grundlegend angesehen und den Student/innen als erste Anhaltspunkte vermittelt werden. Die Ausführungen gehen ins Detail, weil nur so gezeigt werden kann, worin die Anforderungen an das wissenschaftliche Schreiben speziell in den Ingenieurwissenschaften bestehen. Unterschiede zu Konventionen anderer Fachrichtungen sollen, soweit möglich, dargestellt und begründet werden. Die Vermittlung des wissenschaftli-

chen Schreibens in den Ingenieurwissenschaften am Lehrstuhl für Mechanische
Verfahrenstechnik der TU Kaiserslautern beruht also auf der Vermittlung der
fachspezifischen Konventionen.

2 Ausgangssituation

2.1 Thematische Einordnung des Lehrstuhls innerhalb des Fachbereichs

Die Fachbereiche an der TU Kaiserslautern umfassen neben Wirtschafts- und
Sozialwissenschaften v.a. Natur- und Ingenieurwissenschaften. Der Fachbereich
Maschinenbau und Verfahrenstechnik umfasst derzeit zwanzig breit gefächerte
Lehrstühle, Arbeitsgruppen und Institute. Sie lassen sich in sieben Fach- oder
Lehrgebiete unterteilen. Die Fachgebiete des Fachbereichs und ihre zugehöri-
gen Schwerpunkte (im Fachgebiet Verfahrenstechnik identisch mit den Lehr-
stühlen) sind in Tab. 1 dargestellt:

Tab. 1: Fachgebiete des Fachbereichs Maschinenbau und Verfahrenstechnik der TU Kaiserslautern und ihre zugehörigen Schwerpunkte (im Fachgebiet Verfahrenstechnik identisch mit den Lehrstühlen)

	Verfahrenstechnik (VT)	Werkstoffwissenschaften	Messtechnik	Verbrennungskraftmaschinen	Konstruktionstechnik	Fertigungstechnik
Mechanik	Thermodynamik	Metallische	Sensoren	Kolben-	Maschinen-	Fertigung
Fluid-	Strömungslehre	Keramische	Signalverarbeitung	Turbo-	Apparate-	Automatisierung
Festkörper-	Bio-VT	Verbund-	Mechatronik	-maschinen	Fahrzeug-	Produktionsplanung
Mehrkörper-	Thermische VT	-werkstoffe			-bau	
-mechanik	Mechanische VT				Virtuelle Gestaltung	

2.2 Einordnung der Student/innen hinsichtlich Wissens- und Erfahrungsstand bei der Vermittlung des wissenschaftlichen Schreibens

Die Studiengänge des Fachbereichs Maschinenbau und Verfahrenstechnik bauen auf Grundlagenfächern auf. Im Verlauf des Studiums gibt es eine zunehmende Spezialisierung auf ein bestimmtes Fachgebiet. Zu den Pflichtleistungen im Studium gehören neben den Prüfungen in den einzelnen Fächern ein mehrwöchiges Industriepraktikum, mehrere Studentenlabore und mehrere wissenschaftliche Arbeiten (eine oder zwei Studienarbeiten [SA] und eine Abschlussarbeit [Diplomarbeit (DA) oder Bachelorarbeit (BA)]). Anders als in den Geisteswissenschaften gibt es keine größere Anzahl von Seminar- oder Hausarbeiten. Die Studienpläne für die verschiedenen Abschlüsse und Studiengänge des Fachgebiets Verfahrenstechnik (Diplom Verfahrenstechnik [VT], Bachelor Energie- und Verfahrenstechnik [EVT], Bachelor Bio- und Chemieingenieurwissenschaften [BCI]) sehen die Studentenlabore vor oder zeitgleich zu der ersten wissenschaftlichen Arbeit vor. Die Studienpläne sind in Tab. 2 dargestellt:

Tab. 2: Studienpläne für die Abschlüsse und Studiengänge Diplom Verfahrenstechnik (VT), Bachelor Energie- und Verfahrenstechnik (EVT), Bachelor Bio- und Chemieingenieurwissenschaften (BCI): vorgesehene Fachsemester für die Studentenlabore Thermische Verfahrenstechnik (TVT), Bioverfahrenstechnik (BioVT), Mechanische Verfahrenstechnik (MVT) und Reaktionstechnik (RkT) sowie die Studien- (SA) und Abschlussarbeiten (Diplomarbeit (DA) oder Bachelorarbeit (BA))

Fachsemester	Diplom VT	Bachelor EVT	Bachelor BCI
1			
2			
3		Labor TVT	
4		Labor MVT	
5	Labor TVT/BioVT		Labor TVT/BioVT, SA
6	Labor MVT/RkT		Labor MVT/RkT, SA
7	SA	SA, BA	BA
8	SA		
9	DA		

In den Studienplänen sind keine eigenständigen Veranstaltungen vorgesehen, in denen die Anforderungen des wissenschaftlichen Schreibens speziell und einheitlich vermittelt werden. Es bleibt daher der Eigeninitiative der Dozenten und Betreuer im Studium überlassen, in welchem Rahmen und in welchem Umfang sie auf diese Anforderungen eingehen. In gleicher Weise ist es der Eigeninitiative der Studenten überlassen, in welchem Rahmen und in welchem Umfang sie sich mit den Anforderungen des wissenschaftlichen Schreibens auseinandersetzen. Wie in den Studienplänen gibt es auch in den schulischen Lehrplänen keine Veranstaltungen, in denen Anforderungen des wissenschaftlichen Schreibens eigens vermittelt werden. Die Ansprüche an das Schreiben in der Schule stehen teilweise sogar im Widerspruch zu den Anforderungen des wissenschaftlichen Schreibens (siehe Abschnitte 4.2 und 4.4). Auch deshalb bringen die Studenten unterschiedliche Voraussetzungen hinsichtlich des Ausdrucksvermögens, der Sensibilisierung für sachliche Genauigkeit und Sprachebene (*language register*, Fachsprache/Hochsprache/Umgangssprache), des Anspruchs an die verfassten Texte und der Sorgfalt bei ihrem Verfassen mit.

Bei der Betreuung wissenschaftlicher Arbeiten von Studenten in verschiedenem Rahmen (z.B. Versuchsberichte, Studienarbeiten, Abschlussarbeiten) hat sich gezeigt, dass es eine Reihe typischer Fehler gibt, die immer wieder (und nicht nur bei Studenten) auftreten. Sie lassen sich in vier Kategorien unterteilen. Im Folgenden werden zu den einzelnen Kategorien Negativbeispiele gegeben, die am Lehrstuhl vorgekommen sind.[1] Fachspezifische Fehler werden kommentiert:

1. Inhaltliche/fachliche Fehler

   Beispiel: *Das Ergebnis, welches man aus Separation und Integration der quadratischen Gleichung erhält, lautet:*

   In dem Beispiel handelt sich um eine Differential- und keine quadratische Gleichung. Quadratische Gleichungen können nicht separiert werden.

   Korrektur: *Das Ergebnis, welches man aus Separation und Integration der Differentialgleichung erhält, lautet:*

2. Unpräzise/unkorrekte Darstellung

   Beispiel: *Im Trübstoßversuch kam nach dem jeweiligen Messintervall das Filtrat in einen neuen Becher. Im Anschluss wurde der Trübungsgrad der acht Becher gemessen.*

   Gemessen wird der Trübungsgrad des Filtrats/der Probe und nicht des Bechers.

---

1 Alle Beispiele stammen aus studentischen Arbeiten.

Korrektur: *Beim Trübstoßversuch wird in jedem Messintervall das Filtrat in einem eigenen Becher aufgefangen. Im Anschluss wird der Trübungsgrad der acht Proben gemessen.*

Beispiel: *Die Carman-Kozeny-Konstante des Filterkuchens ist abhängig von seiner Porosität.*

Konstanten ändern sich nicht und können deshalb nicht von einer anderen Größe abhängen. Die betreffende Größe sollte deshalb z.B. Carman-Kozeny-Parameter genannt werden.

Korrektur: *Der Carman-Kozeny-Parameter des Filterkuchens ist abhängig von seiner Porosität.*

Beispiel: *Die Filterleistung des untersuchten Apparats beträgt 200 L/m² h.*

Die Leistung ist eine physikalische Größe, die die pro Zeit geleistete physikalische Arbeit bezeichnet und die Dimension Watt hat. Die betreffende Größe sollte deshalb z.b. spezifischer Filtratvolumenstrom genannt werden.

Korrektur: *Der spezifische Filtratvolumenstrom des untersuchten Apparats beträgt 200 L/m² h.*

3. Unverstandene Begriffe

Beispiel: *Im zweiten Teil des Versuches musste eine erneute Messung der Filterkuchenmasse vorgenommen werden, da der erste Filterkuchen unbrauchbar war. Ob diese zweite Messung also repräsentativ für die erste war, ist fraglich.*

Einzelne, repräsentative Ergebnisse können gezielt anstelle einer größeren Zahl von Ergebnissen dargestellt werden, wenn sie diese nachweislich stellvertretend ersetzen können.

Korrektur: *Im zweiten Teil des Versuches musste die Messung der Filterkuchenmasse wiederholt werden, da der erste Filterkuchen unbrauchbar war. Da keine Versuche zur Reproduzierbarkeit der Ergebnisse durchgeführt wurden, ist unsicher, ob das Ergebnis der Wiederholungsmessung vergleichbar mit dem der ersten Messung ist.*

4. Unnötig komplizierte Sätze/Ausdrücke

Immer wieder ist festzustellen, dass in wissenschaftlichen Arbeiten lange, umständliche und verschachtelte Sätze konstruiert werden. Dazu kommt oftmals auch die übermäßige Verwendung von Fremdwörtern über die fachspezifischen Fachbegriffe hinaus. Möglicherweise werden diese Ausdrücke und Formulierungen in der Vorstellung gewählt, wissenschaftlicher Anspruch erfordere eine komplizierte Ausdrucksweise. Da aber der behandelte Gegenstand und seine Verständlichkeit im Vordergrund stehen, sind im Gegenteil einfache und gängige Ausdrücke sowie einfache und knappe Formulierungen zu bevorzugen.

Negativbeispiele wie die oben gezeigten sollen dazu dienen, die Studenten für bestimmte Fehlerquellen zu sensibilisieren. Der Leitfaden zum Verfassen wissenschaftlicher Arbeiten, dessen Entwicklung im Folgenden dargestellt wird, soll den Studenten dagegen die Konventionen des wissenschaftlichen Schreibens in den Ingenieurwissenschaften positiv angeben und ihre Bedeutung und Motivation vermitteln.

3 Entwicklung des Leitfadens zum Verfassen wissenschaftlicher Berichte am Lehrstuhl

3.1 Motivation für die Entwicklung des Leitfadens

Wie aus den Studienplänen (vgl. Tab. 2) ersichtlich ist, sind für die Studierenden der verfahrenstechnischen Studiengänge die Versuchsberichte im Rahmen der Studentenlabore häufig der erste Berührungspunkt mit dem wissenschaftlichen Schreiben.

Das Studentenlabor erscheint aus zwei Gründen als ein geeigneter Rahmen, in dem die Anforderungen des wissenschaftlichen Schreibens vermittelt werden können: erstens, weil es die erste Veranstaltung ist, in der konkrete Experimente durchgeführt und die Ergebnisse ausgewertet und diskutiert werden; zweitens, weil der Umfang der einzelnen Versuchsberichte gegenüber dem Umfang späterer wissenschaftlicher Arbeiten (Studienarbeiten, Abschlussarbeiten, vgl. Abschnitt 2.2.) klein ist: Die Versuchsberichte haben typischerweise einen Umfang von 10-20 Seiten, Studien- und Abschlussarbeiten von 60-100 Seiten. Trotzdem enthalten die Versuchsberichte bereits alle Teile (vgl. Abschnitt 4.1), die auch eine spätere (experimentelle) wissenschaftliche Arbeit enthält. Sie eignen sich deshalb zur Vermittlung nicht nur der sprachlichen, formalen (äußere Form/Darstellung, z.B. Typographie) und fachlichen, sondern auch der strukturellen (Gliederung, inhaltliche Zuordnung) Anforderungen.

Das Erlernen des wissenschaftlichen Schreibens ist für die Student/innen nicht nur hinsichtlich des weiteren Studiums, sondern auch im späteren Berufsleben in den Ingenieurwissenschaften von Bedeutung. Es spielt nicht nur im Rahmen einer möglichen akademischen Tätigkeit, in der Forschungsberichte, Veröffentlichungen und schließlich die Dissertation verfasst werden müssen eine wichtige Rolle, sondern auch im Rahmen einer möglichen Industrietätigkeit, in der interne oder externe Dokumentationen und Berichte und möglicherweise auch Veröffentlichungen verfasst werden müssen. Beim Verfassen all dieser verschiedenen Texte müssen bestimmte, möglicherweise unterschiedliche, Vorgaben beachtet werden: DIN- und ISO-Normen sowie IUPAC- und IUPAP-Richtlinien,[2] bei Veröffentlichungen in wissenschaftlichen Zeitschriften die Autorenrichtlinien der jeweiligen Verlage, bei Dokumentationen in Unternehmen die hauseigenen Richtlinien. Das Nichtbeachten von Normen und Richtlinien kann – insbesondere für alle, die an diese Normen und Richtlinien gewöhnt sind – zu einer schlechteren Lesbarkeit und Übersichtlichkeit führen. Vor allem aber kann das Nichtbeachten etablierter Standards bei allen, die an diese Standards gewöhnt sind, zu einer negativen Wahrnehmung und kritischen Voreingenommenheit führen. Abweichungen von den etablierten Standards sollten deshalb nur gezielt und wohlüberlegt dort eingesetzt werden, wo eine bestimmte Wirkung damit erzielt werden kann und gute Gründe dafür sprechen.

Es erscheint deshalb sinnvoll, für das Verfassen der Versuchsberichte einen möglichst konkreten und umfassenden Leitfaden vorzugeben. Den Betreuern gibt er genaue und einheitliche Orientierungspunkte für Korrektur und Bewertung, den Studenten gibt er klare Vorgaben für das Verfassen der Versuchsberichte. Er bietet damit Gelegenheit, das konsequente Einhalten einer spezifischen Richtlinie zu üben. Durch die Auseinandersetzung mit den Vorgaben können ein Bewusstsein und eine Sensibilisierung für die Gegenstände der Richtlinie erreicht werden. Eine spätere Auseinandersetzung mit den Vor- und Nachteilen verschiedener Richtlinien und Standards beginnt mit der Umsetzung und dem Einüben genau einer spezifischen Richtlinie.

---

2   DIN: Deutsches Institut für Normung; ISO: International Organization for Standardization; IUPAC: International Union of Pure and Applied Chemistry; IUPAP: International Union of Pure and Applied Physics

Der Leitfaden für das Verfassen wissenschaftlicher Berichte, wie er zurzeit am Lehrstuhl verwendet wird, liegt am Ende dieses Abschnitts als Beispiel vor. Er ist das Ergebnis eines mehrjährigen Prozesses, in dem er ergänzt und überarbeitet wurde. Grundlage dafür waren die Erfahrungen aller Betreuer der Laborversuche und anderer studentischer wissenschaftlicher Arbeiten und eigene Erfahrungen bei der mehrjährigen organisatorischen Leitung des Studentenlabors und dem Halten der Einführungsveranstaltung in dieser Funktion. Er enthält neben einer Einführung zur Bedeutung wissenschaftlicher (Labor-)Berichte und zum Ablauf der Laborversuche im Rahmen des Studentenlabors eine Checkliste mit den konkreten, formalisierten Vorgaben. Im Folgenden werden die Entwicklungsstufen des Leitfadens dargestellt und die (fachspezifische) Bedeutung und Motivation für die einzelnen Vorgaben erläutert.

Technische Universität KAISERSLAUTERN

TU Kaiserslautern

Lehrstuhl für Mechanische Verfahrenstechnik - Prof. Dr.-Ing. Siegfried Ripperger

Hinweise zum Praktikum

Das Praktikum ist eine Ergänzung zur jeweiligen gleichnamigen Vorlesung. Durch den Umgang mit den Stoffen, den Apparaten und den Messgeräten und die Bearbeitung von zugehörigen theoretischen Aufgaben sollen Inhalte der Vorlesung vertieft und ihre praktische Bedeutung erläutert werden. Die Versuche und die zugehörigen Theorien geben einen Einblick in die Methodik der verfahrenstechnischen Forschung, bei der meist Experiment und Theorie eng miteinander verknüpft sind. Je nach der Aufgabe des Versuchs stehen Eigenschaften des zu untersuchenden Stoffes oder die zu untersuchende Apparatur im Vordergrund.

Neben der Versuchsdurchführung ist das Anfertigen eines Protokolls und eines Versuchsberichts ein wesentlicher Bestandteil des Praktikums. Meist dienen die Eintragungen in einem Laborbuch als Protokoll. Diese Eintragungen sind dann auch die Grundlage zur Ausarbeitung eines Berichts oder einer wissenschaftlichen Veröffentlichung. Das Protokoll soll die Zielsetzung des Versuchs, den Versuchsablauf und die Ergebnisse enthalten. Weiterhin sind die Ergebnisse im Hinblick auf die verfolgten Versuchsziele zu kommentieren.

Das Protokoll soll den Versuchsablauf dokumentieren, alle wichtigen Stoffparameter und Daten enthalten sein, dass jedem, der den Versuch nicht durchgeführt hat, eine vollständige Wiederholung ermöglicht wird. Die Ergebnisse des Versuchs werden damit nachprüfbar. Mehr als das Beobachtete soll der Abschnitt des Protokolls zur Versuchsdurchführung nicht aufweisen. Was darüber hinausgeht, z. B. die Auswertung der Ergebnisse und ihre Interpretation, soll davon deutliche abgesetzt werden und in separaten Abschnitten behandelt werden.

Zu jedem Versuch ist ein Versuchsbericht abzufassen.

Schema zur Gliederung des Versuchsberichts:

Teil 1: (vor Beginn des Versuches zu erledigen, Umfang 2-3 Seiten)

1. Name des Versuchs, Datum der Versuchsdurchführung.

2. Aufgabenstellung: knapp beschreiben, Versuchsziele benennen.

3. Theorie des Experiments: Knappe Zusammenfassung der wichtigsten Definitionen und Gleichungen, die für die Durchführung und Auswertung der Versuchsresultate von Bedeutung sind. Hinweise auf Annahmen und Vereinfachungen, die bei der Auswertung zugrunde gelegt werden. In der späteren Auswertung soll nur noch auf die Formeln aus dem Theorieteil verwiesen werden. Deshalb müssen alle später benötigten Formeln vollständig vorhanden sein. Die Theorie des Experiments muss selbständig anhand der in der Versuchsanleitung gegebenen oder gegebenenfalls weiterer, selbständig recherchierter, Literatur erarbeitet werden.

4. Messprogramm: Beschreibung des geplanten Messprogramms, Vorbereitung eines Messprotokolls zum Eintragen der Messwerte.

Teil 2: (am Versuchstag zu erledigen)

5. Angaben zu den Messgeräten (Bezeichnung, Typ, Genauigkeit und Kalibrierung). Bei mehreren Messschritten: Angabe der jeweiligen Zielsetzung.

6. Erstellung des Versuchsprotokolls. Messwerterfassung (Tabellen, Schreiberausdrucke, Dateien auf Messrechnern u. dgl.).

7. Schema des Versuchsaufbaus mit stichwortartiger Beschreibung. Verweis auf vorhandene Beschreibungen in der Literatur oder in Bedienungsanleitungen. Beschreibung der Versuchsdurchführung mit Angabe der verwendeten Materialien und Prozessparameter.

Teil 3: (Nacharbeit)

8. Auswertung: Graphische Darstellung von Messwerten und Zusammenhängen (mit Angabe der Einheiten), Berechnung der gesuchten Größen und Lösung der Aufgaben. Der Rechenweg soll dabei an einem Beispiel ausführlich gezeigt werden, weitere Ergebnisse sollen ohne Rechnung angegeben werden. Fehlerbetrachtung, Endergebnis mit Fehlerangabe.

9. Kurze Diskussion der Ergebnisse (z. B. Vergleich mit anderen bekannten Werten oder Literaturwerten), Einschätzung der Ergebnisse im Rahmen einer Projektbearbeitung.

Ablauf der Laborversuche:

Zur Versuchsvorbereitung sollte die Versuchsanleitung, die darin gegebene Literatur und gegebenenfalls das entsprechende Kapitel der Vorlesung durchgearbeitet werden.

Eine Übersicht zu den Messgrößen und den zugehörigen Messmethoden sollte erstellt werden. Ein Messprotokoll zum Eintragen aller zu bestimmenden Messwerte ist vor dem Versuch vorzubereiten. Die Messprinzipien sollten verstanden sein (Was wird wo, wie, womit und wofür gemessen?).

Offene Fragen zum Versuch sollen vor Beginn des Versuchs geklärt werden.

Vor Beginn des Versuchs werden die grundlegenden Kenntnisse der Theorie zum Versuch und der Durchführung des Versuchs in einer kurzen Befragung überprüft. Der Nachweis dieser grundlegenden Kenntnisse ist Voraussetzung zur Erteilung des Vortestats und für die Teilnahme am Laborversuch.

Nach Abschluss des Versuchs soll von der Laborgruppe innerhalb einer Woche der Bericht erstellt werden. Der Bericht soll sauber und verständlich sein. Sprache und äußere Form sollen einem wissenschaftlichen Projektbericht entsprechen. Der Bericht soll in gedruckter Form abgegeben werden. Graphische Darstellungen sollen mit geeigneten Programmen erstellt und in den Berichtstext eingebunden werden. Auf die Bezeichnung der Größen und die Einheiten sowie die Beschriftung der Abbildungen ist zu achten.

Die Beschreibung der Theorie soll zusammen mit dem Messprotokoll, der Auswertung und der Diskussion der Ergebnisse geheftet abgegeben werden. Nach Korrektur und Überarbeitung der Versuchsberichte wird eine mündliche Abschlussbefragung durchgeführt. Versuchsbericht und mündliche Befragung sind die Basis für die Erteilung des Abschlusstestats und gegebenenfalls der Note. Nach der Erteilung des Abschlusstestats werden die Versuchsberichte wieder zurückgegeben.

Im Labor ist die Laborsicherheitsordnung zu beachten.

Checkliste für den Laborbericht:

äußere Form:
-   Deckblatt (ohne Seitenzahl)
-   Inhaltsverzeichnis
-   Kopf- und Fußzeilen (Versuch, Gruppe, Seitenzahl)
-   einheitliches Format (Schriftart, Größe) von Überschriften, Unterüberschriften und Text
-   Blocksatz
-   einheitliche Breite von Diagrammen
-   Trennen von Zahlenwert und Dimension durch ein Leerzeichen
-   Abkürzen der Dimension Liter mit L, nicht l

Formulierung:
-   Überprüfen von Rechtschreibung und Satzbau
-   nicht 1. Person oder man verwenden
-   keine Vergangenheitsformen verwenden
-   Anführungszeichen nur für Zitate (mit Quellenangabe)
-   Verwenden von konsistenten Begriffen (für dieselbe Sache/denselben Vorgang denselben Begriff)

-   Verwenden von *allen* dargestellten Formeln, Tabellen und Abbildungen im Text

Formeln:
-   Erstellen von Formeln mit geeignetem Formeleditor
-   Bezeichnen von Multiplikation mit ·, nicht * oder x
-   Formelnummern
-   Verweis auf Formeln mit Nummern
-   Erklären von Symbolen (Variablen) beim ersten Auftreten im Text
-   Formeln nicht als Text ausformulieren

Tabellen:
-   Tabellenüberschriften und -nummern
-   Verweis auf Tabellen mit Nummern
-   Spaltenbeschriftungen in Tabellen mit Dimensionen
-   Dimensionsangaben mit /, nicht [ ]

Abbildungen:
-   Abbildungsunterschriften und -nummern
-   Verweis auf Abbildungen mit Nummern
-   Achsenbeschriftungen in Diagrammen mit Dimensionen
-   Dimensionsangaben mit /, nicht [ ]
-   Darstellen von Messwerten in Diagrammen nur mit Punkten, Funktionen nur mit Linien

Berechnungsergebnisse:

-   bei Berechnungen auf sinnvolle Genauigkeit (Anzahl signifikanter Stellen) achten

3.2. Versionen des Leitfadens

Ausgangspunkt für die erste Version des Leitfadens waren die *Hinweise zum Praktikum*, die Prof. Ripperger im Rahmen seiner Tätigkeit an der FH Fulda und der TU Dresden verfasst hat. Diese Hinweise sind in Textform abgefasst. In ihnen werden zum einen der Hintergrund, die Bedeutung und die Motivation für das Studentenlabor dargestellt und Informationen zu Ablauf und Organisation gegeben, zum anderen enthalten sie Hinweise zu Inhalt, Gliederung und Form der Berichte, die hier zusammengefasst wiedergegeben werden. Die komprimierte bzw. stichpunktartige erste Fassung des Leitfadens sah folgendermaßen aus:

Inhalt:

- Versuch vollständig nachvollziehbar/wiederholbar.

Gliederung:

- Aufgabenstellung, Versuchsziele,
- verwendete Voraussetzungen, Annahmen und Formeln,
- Versuchsaufbau mit Typ und Genauigkeit der Messgeräte,
- Messprogramm,
- Versuchsprotokoll (Angabe nur der beobachteten/gemessenen Ergebnisse),
- Versuchsauswertung (Berechnung abgeleiteter Größen, grafische Darstellung),
- Diskussion der Ergebnisse und möglicher Fehlerquellen.

Form:

- Versuchsprotokolle handschriftlich in gebundenem Laborbuch,
- Darstellung knapp, verständlich und sauber, aber Aussehen nicht vorrangig,
- Skizzen und Diagramme können von Hand gezeichnet oder ausgedruckt und eingeklebt werden.

Diese Vorgaben wurden in einem ersten Schritt im Hinblick auf die Vorbereitung auf spätere wissenschaftliche Arbeiten im Studium erweitert. Die Hinweise zur Form wurden dem Stand der Technik angepasst, dass heute allen Studenten Computer mit Standard-Office-Programmen zur Verfügung stehen und alle Veröffentlichungen oder Berichte in gedruckter Form abgefasst werden. Das Schreiben des Berichts und das Erstellen von Formeln, Skizzen und Diagrammen mit geeigneten Programmen werden deshalb als unverzichtbare Fertigkeiten angesehen. In die erste Version des Leitfadens wurden deshalb die Abgabe des Berichts in gedruckter Form und die Verwendung geeigneter Programme für Formeln (z.B. Microsoft Formel-Editor o.Ä.), Skizzen (z.B. Microsoft PowerPoint o.ä.) und Diagramme (z.B. Microsoft Excel o.ä.) als verpflichtend aufgenommen. Ebenso wurde die Erstellung eines Inhaltsverzeichnisses als verpflichtend aufgenommen, damit das Verwenden entsprechender Funktionen in den Textverarbeitungsprogrammen (z.B. Microsoft Word o.ä.) erlernt wird. Als Hinweise zur Form wurden außerdem ergänzt:

- Sprache und äußere Form entsprechend einem wissenschaftlichen Bericht,
- auf Bezeichnung der Größen und Einheiten achten,
- Abbildungsbeschriftungen verwenden.

Nach der Einführung der ersten Version des Leitfadens hat sich gezeigt, dass insbesondere die unspezifischen Vorgaben von „verständlicher und sauberer" Darstellung sowie von „Sprache und äußerer Form entsprechend einem wissenschaftlichen Bericht" für die meisten Studenten nicht ausreichen. Deshalb wurden in der zweiten Version des Leitfadens konkrete Vorgaben zu Form und Sprache in Gestalt einer Checkliste ergänzt. Die Gestaltung als Checkliste sollte den Studenten die systematische Überprüfung der Berichte vor ihrer Abgabe erleichtern. Sie enthält deshalb auch noch einmal die formalen Hinweise, die im Text ausformuliert sind:

- Deckblatt (ohne Seitenzahl),
- Inhaltsverzeichnis,
- Kopf- und Fußzeilen (Versuch, Gruppe, Seitenzahl),
- einheitliches Format (Schriftart, Größe) von Überschriften, Unterüberschriften und Text,
- Blocksatz,
- Überprüfen von Rechtschreibung und Satzbau,
- nicht 1. Person oder man verwenden,
- keine Vergangenheitsformen verwenden,
- Anführungszeichen nur für Zitate (mit Quellenangabe),
- Erstellen von Formeln mit geeignetem Formeleditor,
- Formeln in separater Zeile mit fortlaufender Nummerierung,
- Tabellenüberschriften und -nummern,
- Abbildungsunterschriften und -nummern,
- Achsenbeschriftungen in Diagrammen mit Dimensionen,
- bei Berechnungen auf sinnvolle Genauigkeit (Anzahl signifikanter Stellen) achten.

Auch nach der Einführung dieser zweiten Version des Leitfadens traten in den Berichten weiterhin eine Reihe von typischen Fehlern auf. Insbesondere hinsichtlich der Anforderungen an die Struktur fehlen den meisten Studenten das Verständnis und die Sensibilisierung für die Zuordnung von Teilaspekten auf die einzelnen Abschnitte des Versuchsberichts und deren Rahmen. Auch hinsichtlich der Anforderungen an den Stil fehlen den meisten Studenten die Kenntnisse und die Sensibilisierung für die angemessene Verwendung von Fachbegriffen und die fachliche Beurteilung von Beobachtungen und Ergebnissen. Deshalb wurde die Erläuterung der Anforderungen an Struktur und Stil mit in die Einführungsveranstaltung aufgenommen und teilweise an Beispielen illustriert. Außerdem wurden die formalen Hinweise noch einmal ergänzt und jeweils mit Negativ- und Positivbeispielen versehen. Diese werden in der Einführungsveranstaltung vorgestellt und den Studenten zusammen mit dem Leitfaden und der Checkliste zur Verfügung gestellt.

4   Ausführung und Begründung einzelner Punkte des Leitfadens

Im Folgenden werden einzelne Punkte des Leitfadens detailliert ausgeführt, begründet und illustriert. Dabei werden, soweit möglich, Unterschiede zu Konventionen anderer Fachrichtungen, insbesondere der Geisteswissenschaften, dargestellt und begründet. Die Beispiele werden in der Einführungsveranstaltung zum Studentenlabor praktisch verwendet. Die Textbeispiele sind am Lehrstuhl in wissenschaftlichen Arbeiten von Student/innen oder Mitarbeiter/innen so vorgekommen, die Beispielfolien (Abbildungen) sind konstruiert.

In der Checkliste, die zum Leitfaden gehört, sind die einzelnen Punkte nach Gestaltungselementen der Laborberichte (Formeln, Tabellen, Abbildungen etc.) strukturiert, um den Studierenden die elementweise Überprüfung der Arbeiten zu erleichtern. Im Folgenden sind die einzelnen Punkte nach inhaltlichen Gesichtspunkten (Einheitlichkeit, Nachvollziehbarkeit, Wertfreiheit) strukturiert, die häufig mehrere Gestaltungselemente betreffen.

4.1 Einheitlichkeit

Äußere Form, Darstellung

Die Arbeiten sollen ein kohärentes äußeres Erscheinungsbild (Blocksatz, Schriftart und -größe, Zeilenabstand) aufweisen. Die Verwendung von Blocksatz (mit Silbentrennung) wird, unabhängig von möglichen typographischen Schwierigkeiten, als heute allgemein übliche Darstellungsweise in den Ingenieurwissenschaften angesehen. Die Verwendung einer bestimmten Schriftart ist nicht vorgegeben. Formeln und mathematische Symbole im Text sollten in derselben Schriftart wie der Haupttext gesetzt sein. Die Verwendung einer anderen Schriftart ist möglich, wenn sie einheitlich und durchgängig für die betreffenden Elemente eingesetzt wird. Ziel ist die Einheitlichkeit oder systematische Unterscheidung innerhalb der gesamten Arbeit.

Die Vorgaben für die Schreibweise von Formeln und mathematischen Symbolen im Text, insbesondere für normalisierte (Recte) oder kursivierte Zeichen, entsprechen den deutschen Konventionen für das Setzen von Formeln (vgl. DIN 1304 und 1338). Die Verwendung des ‚·' (centerdot) (nicht ‚*' oder ‚x') als Multiplikationszeichen entspricht der deutschen Handschreibweise. Viele mathematische Ausdrücke, z.B. Wurzeln und Brüche, können nur mit einem geeigneten Formeleditor dargestellt werden. Eine Darstellung mit Textzeichen kann nur dort ersatzweise verwendet werden, wo mit entsprechender Formatierung dieselbe Darstellung erreicht werden kann, z.B. bei der Einführung von Variablen im Text. Die Vorgaben für die Dimensionsbezeichnung physikalischer Größen entsprechen den SI-Regeln (vgl. ISO 80000; vgl. Abb. 1).

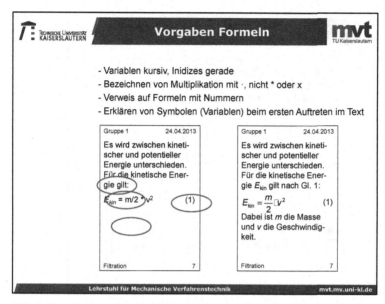

Abb. 1: Vorgaben zur formalen Verwendung von Formeln des Lehrstuhls für Mechanische Verfahrenstechnik der TU Kaiserslautern

Aufgetragene Größen sollen in Diagrammen und Tabellen einheitlich nur mit ihrem zugehörigen Symbol (Variable) oder der ausgeschriebenen Bezeichnung angegeben werden. Im Rahmen von Vorträgen kann die Verwendung von ausgeschriebenen Bezeichnungen hilfreich sein, weil sie die zusätzliche Definition des Symbols erspart. In Tabellen in wissenschaftlichen Texten ist aber häufig nicht genug Platz für die ausgeschriebene Bezeichnung. Im Rahmen einer schriftlichen Arbeit ist außerdem die nachvollziehbare Zuordnung des Symbols zur physikalischen Größe leichter möglich (vgl. Abschnitt 4.2). Die Dimension der aufgetragenen Größe soll immer in der Beschriftung, nicht bei den Zahlenwerten, stehen. Die Angabe der Dimension in der Beschriftung mit ‚/' (Division) (nicht ‚[ ]') ist mathematisch konsistent mit der Konvention, dass physikalische Größen das Produkt aus Zahlenwert und Dimension sind. Ebenso ist die Bezeichnung von dimensionslosen Größen mit 1 (nicht ‚-') mathematisch konsistent mit der Definition von 1 als neutralem Element der Multiplikation (vgl. Abb. 2).

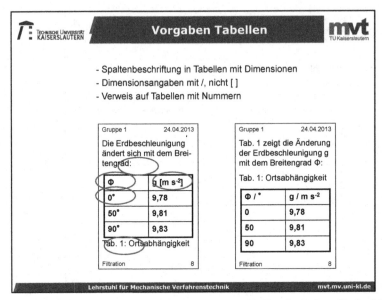

Abb. 2: Vorgaben zur formalen Verwendung von Tabellen des Lehrstuhls für Mechanische Verfahrenstechnik der TU Kaiserslautern

Bei der Darstellung in Diagrammen soll schon durch die Form der Darstellung die Art der zugrundeliegenden Daten gekennzeichnet werden: Diskrete Daten wie Messwerte (Messpunkte) sollen nur mit Punkten, kontinuierliche Daten wie Modell- oder Näherungsgleichungen nur mit Linien dargestellt werden. Nur in Ausnahmefällen, z.B. wenn Messwerte sehr weit auseinander liegen, kann es sinnvoll sein, Messwerte mit durchgezogenen Linien zu verbinden. Bei der Wahl der Darstellung (Symbole, Linien) soll darauf geachtet werden, dass eine Unterscheidung nicht nur durch die Farbe, sondern auch durch die Form (verschiedene Symbole/Linienarten) möglich ist. Dadurch ist die Erkennbarkeit auch in einer Schwarz-Weiß-Darstellung gegeben (vgl. Abb. 3).

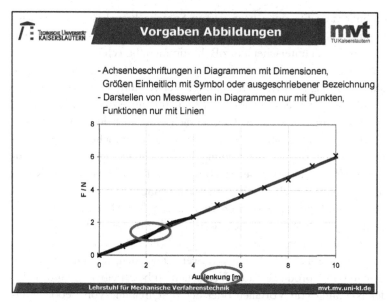

Abb. 3: Vorgaben zur formalen Verwendung von Abbildungen des Lehrstuhls für Mechanische Verfahrenstechnik der TU Kaiserslautern

Für die Angabe von Kurztiteln als Quellennachweise im Text und vollständige Literaturangaben im Literaturverzeichnis gibt es verschiedene gängige Systeme. In Anlehnung an DIN ISO 690 können als Kurztitel wahlweise Zahlen in eckigen Klammern [1], Fußnoten[1] oder der Name des Verfassers mit Jahreszahl in runden Klammern (z.B. Ripperger 1995) verwendet werden. Die vollständigen Literaturangaben im Literaturverzeichnis sollen einheitlich systematisch formatiert sein. Am Lehrstuhl oder Fachbereich gibt es dafür kein eigenes System. Bevor eine Auseinandersetzung mit den Vor- und Nachteilen verschiedener Systeme erfolgen kann, soll zum Einüben genau eines Systems die Formatierung nach DIN ISO 690 verwendet werden.

Ausdruck

Eindeutigkeit ist wichtiger als Vielfalt des Ausdrucks: Auch wenn es für dieselbe Sache oder denselben Vorgang verschiedene Begriffe (Synonyma) gibt, soll konsistent nur einer davon verwendet werden. Ziel ist die maximale Eindeutigkeit des Ausdrucks wie in einer Formelsprache. Die Festlegung auf genau einen

Begriff soll außerdem für einen bewussteren Sprachgebrauch sorgen. So wird die Verwendung von Wörtern vermieden, die nur vermeintlich dasselbe bedeuten, aber sich im Detail unterscheiden, z.B. bestimmen/berechnen.

Die in den Ingenieurwissenschaften in Berichten oder Aufsätzen gängige Ausdrucksweise ist das Passiv. Auch wenn die Verwendung von ‚man' dieselbe Funktion erfüllt, soll zwecks Einheitlichkeit und zu Übungszwecken ausschließlich im Passiv geschrieben werden. Gelegentlich wird auch in Berichten oder Aufsätzen ‚wir' verwendet, üblich ist es v.a. aber in Lehrbüchern. Die in den Geisteswissenschaften gängige Verwendung des Passivs für allgemein anerkannte Prinzipien oder spezielle fremde Ergebnisse und der 1. Person zum Kennzeichnen individueller Einschätzungen und Bewertungen des Autoren von Ergebnissen ist in den Ingenieurwissenschaften nicht üblich. Hier wird die Unterscheidung entweder gar nicht gemacht oder durch Formulierungen wie ‚hier' oder ‚in diesem Fall' vorgenommen.

Es soll ausschließlich das Präsens verwendet werden, um Durchführung und Ergebnisse von reproduzierbaren Versuchen zu beschreiben. Es gibt Fälle, z.B. bei der Nennung von Vorfällen oder der Beschreibung von Beobachtungen, die nur in Einzelfällen aufgetreten sind, in denen Vergangenheitsformen angebracht sind. Viele Studenten neigen aber dazu, Vergangenheitsformen auch dort zu verwenden, wo sie nicht angebracht sind, z.B. bei der Beschreibung von allen Versuchen. Deshalb soll zu Übungszwecken ausschließlich im Präsens geschrieben werden.

Beispiel: *Die in dem Trübstoß verwendete Wasser-Quarzmehl-Suspension wurde mit einem halben Gramm Titandioxid versetzt [...]. Die Messwerte der optischen Dichte sind ebenfalls in der Tabelle 1 als Trübungsgrad dargestellt und der zeitliche Verlauf der Trübung ist in Abbildung 1 zu sehen. Wegen technischen Schwierigkeiten konnte die erste Messung nicht aufgenommen werden.*

Korrektur: *Der in den Trübstoßversuchen verwendeten Wasser-Quarzmehl-Suspension werden 0,5 g Titandioxid zugesetzt [...]. Die Messungen des Trübungsgrades sind in Tabelle 1 gegeben und der zeitliche Verlauf des Trübungsgrades ist in Abbildung 1 dargestellt. Wegen technischer Schwierigkeiten konnten beim ersten Versuch keine Messwerte aufgenommen werden.*

Genauigkeit von Ergebnissen

Die Genauigkeit von Ergebnissen (Zahlenwerten) soll einheitlich angegeben werden. Sie bemisst sich nicht an der Anzahl der Nachkommastellen, sondern der signifikanten (von null verschiedenen) Stellen. Primärdaten (Messwerte) werden in der Genauigkeit angegeben, wie sie tatsächlich gemessen werden. Die Genauigkeit abgeleiteter Größen kann maximal so groß sein wie die kleinste Genauigkeit aller eingehenden Größen.

4.2 Nachvollziehbarkeit

Textaufbau, Zitate, Verweise

Die Arbeit soll so strukturiert sein, dass alle Informationen sinnvoll aufeinander aufbauen und in der Reihenfolge der Darstellung verständlich und nachvollziehbar sind. Einordnungen in einen größeren Zusammenhang erfolgen sinnvollerweise vom Allgemeinen zum Speziellen. Herleitungen erfolgen in der Reihenfolge, dass Voraussetzungen und Annahmen eingeführt werden, bevor darauf aufgebaut oder Schlussfolgerungen daraus gezogen werden. Vorverweise sollen vermieden werden.

Alle fremden Inhalte müssen gekennzeichnet und mit Quellennachweisen (vgl. Abschnitt 4.1) versehen werden. Wörtliche Zitate werden mit Anführungszeichen gekennzeichnet, sie sind in den Ingenieurwissenschaften aber selten. Häufig sind dagegen Verweise auf Formeln oder quantitative Ergebnisse (Zahlenwerte) oder Paraphrasen wesentlicher qualitativer Ergebnisse, die durch Formulierungen wie ‚nach' oder ‚gemäß den Ergebnissen von' gekennzeichnet werden. Zitierte Formeln oder Zahlenwerte werden nicht mit Anführungszeichen gekennzeichnet. Je genauer die Quellennachweise sind, desto leichter sind sie nachvollziehbar. Insbesondere bei umfangreichen Monographien sollten bei der Zitierung deshalb auch Seitenzahlen angegeben werden.

Abkürzungen, Symbole

Abkürzungen im Text sollen (auch für häufig wiederkehrende Ausdrücke) so sparsam wie möglich verwendet werden. Die Verwendung von Symbolen (Variablen und Formelzeichen) und Abkürzungen (z.B. Indices) in Formeln ist in den Ingenieurwissenschaften dagegen unumgänglich. Alle nicht-gängigen Abkürzungen (die über ‚z.B.', ‚usw.' hinausgehen) und alle Variablen sollen bei ihrem ersten Auftreten im Text erklärt werden. Ein zusätzliches Symbol- und Abkürzungsverzeichnis ist für die Nachvollziehbarkeit isolierter Stellen der Arbeit hilfreich. Beim vollständigen, fortlaufenden Lesen soll die Arbeit dagegen ohne ständiges Nachschlagen verständlich sein.

Einbindung von Formeln, Tabellen, Abbildungen

In den Ingenieurwissenschaften sind Formeln ein entscheidendes Element der Darstellung und Argumentation. Tabellen und Abbildungen sind die vorherrschenden Elemente zur Darstellung von Ergebnissen. Beim inhaltlichen Bezug wird im Text auf die entsprechenden Elemente verwiesen. Diese Verweise erfolgen durch Formel-, Tabellen- und Abbildungsnummern. Formeln sollen in einer separaten Zeile mit ihrer Formelnummer gesetzt werden. Wird eine Formel an späterer Stelle noch einmal benötigt, wird auf das erste Auftreten verwiesen. Formeln sollen nicht zweimal mit unterschiedlichen Nummern auftauchen. Tabellen haben konventionsgemäß Tabellenüberschriften mit ihren Nummern, Abbildungen dagegen Abbildungsunterschriften (vgl. oben Abb. 1 und 2 sowie folgend Abb. 4).

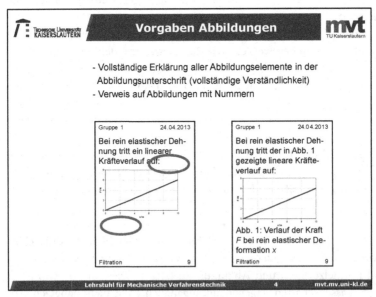

Abb. 4: Vorgaben zur inhaltlichen Einbindung von Abbildungen des Lehrstuhls für Mechanische Verfahrenstechnik der TU Kaiserslautern

Schnelle Verständlichkeit von Ergebnisdarstellungen

Weil Tabellen und Abbildungen in den Ingenieurwissenschaften die vorherrschenden Elemente zur Darstellung von Ergebnissen sind, sollen sie für sich alleine verständlich sein. Die Beschreibung und Diskussion der Ergebnisse im Text stellt ebenfalls einen wesentlichen Teil der Arbeit dar. Für die spätere Verwendung, z.B. für den Vergleich mit (neuen) Ergebnissen in anderen Arbeiten, sind aber die reinen Ergebnisse entscheidend. Deshalb sollen die Spalten und Achsen in Tabellen bzw. Diagrammen mit der aufgetragenen Größe und ihrer Dimension beschriftet werden (vgl. Abschnitt 4.1). Die dafür verwendeten Variablen und Abkürzungen sollen in der Tabellen- bzw. Abbildungsbeschriftung erklärt werden. Außerdem sollen alle für die Ergebnisse maßgeblichen Angaben (z.B. Stoffeigenschaften, Prozessbedingungen) enthalten sein (vgl. oben Abb. 4).

4.3 Sparsamkeit

Abgrenzung

Die Arbeit soll innerhalb eines sinnvollen und erkennbaren Rahmens abgegrenzt (abgeschlossen) und vollständig sein: Die Grenzen der Untersuchung und Darstellung sollen deutlich gemacht werden. Alle für die Durchführung (Wiederholung), Auswertung und Beurteilung der dargestellten Untersuchung notwendigen Modelle, Formeln, Stoffdaten und Prozessparameter sind vollständig anzugeben. Erst die durch die vollständige Dokumentation gegebene Reproduzierbarkeit der Ergebnisse macht diese wissenschaftlich belastbar. Die Darstellung soll aber nicht wesentlich über die abgegrenzte Untersuchung und die dafür notwendigen Angaben hinausgehen. Auf weiterführende Darstellungen in anderen Arbeiten kann verwiesen werden.

Beispiel: *(Nach ausführlicher Darstellung der Prozessführung B bei der Filtration) Diese Form der Filterung kommt in diesem Versuch nicht zum Einsatz.*

Korrektur: *Im Rahmen dieser Arbeit wird nur die Prozessführung A bei der Filtration behandelt. (Rest weglassen)*

Auf alle dargestellten Formeln, Tabellen oder Abbildungen soll auch im Text verwiesen und ihre Inhalte erklärt werden. Alle Formeln, Tabellen oder Abbildungen, auf die nicht im Text verwiesen wird, haben offenbar keinen inhaltlichen Bezug und sollen deshalb weggelassen werden (vgl. oben Abb. 1, 2 und 4). Obwohl fremde Inhalte mit Quellennachweisen gekennzeichnet werden müssen (vgl. Abschnitt 4.2), sollen Angaben, die als fachspezifisches Grundlagenwissen (vgl. Abschnitt 4.4) vorausgesetzt werden können (z.B. Volumen einfacher geometrischer Körper), nicht mit Quellennachweisen versehen werden. Als Grundlagenwissen kann das vorausgesetzt werden, was in Standardlehrbüchern vermittelt wird. Dadurch wird eine unüberschaubare Menge an Quellennachweisen vermieden.

Darstellung und Ausdruck sollen nach dem KISS-Prinzip (*keep it short and simple* oder *keep it simple, stupid*) kurz, prägnant und präzise sein. Verständlichkeit ist wichtiger als Eleganz im Ausdruck. Kurze, einfache Sätze sind effektiver als lange, komplizierte. Die verwendeten Begriffe sollen eindeutig und einheitlich (vgl. Abschnitt 4.1) verwendet werden. Übertragene und umgangssprachliche (vgl. Abschnitt 4.4) Ausdrücke sowie Füllwörter sollen vermieden werden.

Gliederung

Die unterschiedlichen Aspekte der Arbeit sollen in unterschiedlichen Abschnitten nach inhaltlichen Gesichtspunkten eindeutig getrennt werden. Die Trennung dient einer besseren Verständlichkeit des Berichts, die Einordnung soll durch die inhaltliche Auseinandersetzung außerdem das Verständnis für den Gegenstand der Arbeit fördern. Die typischen Abschnitte einer (experimentellen) Arbeit in den Ingenieurwissenschaften sind:

*   Einführung, Aufgabenstellung: Worum geht es?
*   theoretische Grundlagen: Was wird an Modellen verwendet?
*   Materialien und Aufbau: Was wird an Materialien und Apparaten verwendet?
*   Durchführung: Was wird gemacht?
*   Ergebnisse: nur Dokumentation, Beschreibung
*   Diskussion: Vergleich mit anderen Ergebnissen, Bewertung, Schlussfolgerungen

Die sinnvolle Anzahl von Gliederungsebenen hängt vom Umfang einer Arbeit ab. In den Ingenieurwissenschaften haben Aufsätze in Fachzeitschriften mit einem Umfang von 5-20 Seiten i.d.R. eine bis zwei Gliederungsebenen. Längere Arbeiten, z.B. Dissertationen, mit einem Umfang von 80-200 Seiten haben üblicherweise drei bis vier Gliederungsebenen. Eine neue Gliederungsebene ist nur sinnvoll, wenn sie mehr als einen Unterabschnitt enthält. Hierarchie und Anzahl der Gliederungsebenen sowie die Anzahl der Abschnitte und Unterabschnitte sollen immer inhaltlich begründet sein. Diese inhaltliche Auseinandersetzung soll auch das Verständnis für den Gegenstand der Arbeit fördern.

Keine Wiederholungen oder doppelten Beschreibungen

Alle Gegenstände der Arbeit sollen genau einmal in dem erforderlichen Umfang dargestellt werden. Eine spätere Wiederaufnahme und Vertiefung desselben Gegenstandes soll vermieden werden. Wenn Informationen an späterer Stelle erneut benötigt werden, z.b. für die Erklärung oder Herleitung eines neuen Gegenstands, soll auf die frühere Stelle verwiesen werden.

Unterschiedliche Gegenstände oder Aspekte der Arbeit lassen sich mit unterschiedlichen Darstellungselementen am besten darstellen. Formeln, Tabellen und Abbildungen sind in den Ingenieurwissenschaften das vorherrschende Element zur Darstellung von Ergebnissen (vgl. Abschnitt 4.2). Es soll das jeweils am besten geeignete Darstellungselement verwendet werden. Das prinzipielle, komplette Ausformulieren desselben Ergebnisses im Text soll vermieden werden, weil es keine neuen Informationen beinhaltet und nicht zum besseren Verständnis beiträgt. Sinnvoll ist es, diejenigen Punkte durch Nennung im Text hervorzuheben, die das Ergebnis von anderen abheben oder die für die weitere Argumentation entscheidend sind (vgl. auch oben Abb. 4).

4.4 Wissenschaftliche Angemessenheit

Objektivität, Wertfreiheit

Ergebnisse sollen zuerst nur dargestellt (meist in Tabellen oder Abbildungen, vgl. Abschnitt 4.2) und ggf. im Text beschrieben werden. Die Bewertung der Ergebnisse soll davon eindeutig getrennt werden (vgl. Abschnitt 4.3). Diese Bewertung soll streng objektiv, d.h. nicht emotional, transparent und nachvollziehbar sein. Deshalb sollen keine Unter- oder Übertreibungen und keine emotionalen Ausdrücke wie ‚leider' oder ‚trotz größten Bemühens' verwendet werden. Für die Transparenz der Bewertung sollen unscharfe qualitative Ausdrücke wie ‚gut/schlecht', ‚klein/groß', ‚viel/wenig' vermieden werden. Stattdessen sollen Ergebnisse immer zuerst quantitativ (zahlenmäßig) angegeben werden. Ein Vergleich mit anderen, eigenen oder fremden, Ergebnissen oder Modellen soll ebenfalls immer zuerst quantitativ erfolgen. Dazu ist die Angabe der absoluten und/oder relativen Abweichung (mit sinnvoller Genauigkeit, vgl. Abschnitt 4.1) zweckmäßig. Eine zusätzliche qualitative Bewertung der Ergebnisse ist möglich.

Beispiel: *Zu den errechneten Werten liegen keine passenden Theorie-/Literatur-Werte vor, so können diese leider nicht anders nachkontrolliert werden.*

Korrektur: *(Eventuell ganz weglassen oder andere Ergebnisse und/oder ein Modell zum Vergleich heranziehen) Da keine Ergebnisse bei diesen Bedingungen vorliegen, werden zur Abschätzung Ergebnisse von A herangezogen. Die Abweichung stimmt qualitativ mit dem Modell B überein.*

Sprachebene (language register), Begrifflichkeit

Die Sprachebene (*language register*) für wissenschaftliche Arbeiten ist die Standard-Hochsprache, keine Umgangssprache aber auch nicht unnötig kompliziert. Fachbegriffe (aus dem eigenen Fachgebiet) sollen überall dort verwendet werden, wo sie die beste, präziseste Beschreibung darstellen und ihre Bedeutung und Implikation vollständig bekannt sind. Im Zweifelsfall ist die Sicherheit über die Bedeutung bei der Verwendung eines Nicht-Fachbegriffs wichtiger als die vermeintliche Professionalität bei der Verwendung eines unsicheren Fachbegriffs. Die Fachbegriffe dürfen als bekannt vorausgesetzt werden und sollen nicht durch ‚sogenannt' oder ‚werden als ... bezeichnet' oder Anführungszeichen abgeschwächt werden. Wissenschaftliche Arbeiten sollen für ein Fachpublikum, d.h. nicht allgemeinverständlich, verfasst werden, entsprechend der Rubrikenüberschrift des *Titanic*-Magazins „Vom Fachmann für Kenner".

Beispiel: *Da wir durch die Gesamtsumme der Poren teilen, ist es uns möglich, die Gleichung entsprechend zusammenzukürzen, sodass sie nur noch vom Durchmesser abhängig ist, der in der 4ten Potenz eingeht.*

Korrektur: *Durch die Normierung auf die Gesamtsumme der Poren ist das Ergebnis unabhängig von der Gesamtsumme der Poren. Das Ergebnis ist nur abhängig von der 4. Potenz des Durchmessers.*

Beispiel: *Mit fortschreitender Zeit befinden sich dabei auf dem Filter immer mehr Rückstände, es bildet sich ein sog. Filterkuchen.*

Korrektur: *Die zurückgehaltenen Partikel bilden auf dem Filtermittel den mit fortschreitender Zeit wachsenden Filterkuchen.*

Quellen

Als Quellen sollen in dieser Reihenfolge vorzugsweise verwendet werden:

- Beiträge in Fachzeitschriften
- Dissertationen
- Datensammlungen
- fachspezifische Nachschlagewerke
- Lehrbücher

Fachzeitschriften sind die Medien, in denen eigene neue Ergebnisse (Messergebnisse oder Modelle) am häufigsten und thematisch eng abgegrenzt in Form von Beiträgen veröffentlicht werden. Dissertationen sind umfangreicher und enthalten deshalb i.d.R. weitere Ergebnisse (Messergebnisse oder Modelle), die nicht in Aufsätzen veröffentlicht werden. In Datensammlungen sind Messergebnisse aus vielen verschiedenen Quellen zu einem übergeordneten Gegenstand zusammengefasst und i.d.R. vom Herausgeber kritisch diskutiert, z.B. hinsichtlich ihrer Verlässlichkeit. Fachspezifische Nachschlagewerke und Lehrbücher stellen ebenfalls Ergebnisse (v.a. Modelle, teilweise aber auch Messergebnisse) aus vielen verschiedenen Quellen zu einem übergeordneten Gegenstand dar und bieten i.d.R. eine umfassendere Einordnung und Erläuterung.

Die Einteilung in Primär- und Sekundärquellen wie in den geisteswissenschaftlichen Disziplinen (Primärquellen sind alle Schriften, die der wissenschaftlichen Betrachtung als Gegenstand zugrunde gelegt werden, Sekundärquellen sind alle Texte, die sich mit einem Gegenstand wissenschaftlich auseinandersetzen) ist auf die Ingenieurwissenschaften aufgrund der Beschaffenheit des betrachteten Gegenstandes nicht übertragbar. Primärquellen sind in den Ingenieurwissenschaften erstmalige Veröffentlichungen eigener Ergebnisse. Sekundärquellen sind dagegen das Wiedergeben/Zitieren fremder Ergebnisse.

Die Wiedergabe fremder Ergebnisse kann eingesetzt werden, wenn eigene Mess- oder Auswertungsmethoden oder die eigene Modellentwicklung auf diesen fremden Ergebnissen aufbauen, wenn eigene Ergebnisse im Rahmen der Diskussion mit den fremden Ergebnissen verglichen werden oder wenn verschiedene fremde Ergebnisse im Rahmen einer Literaturstudie miteinander verglichen (Metastudie) oder zusammengefasst (Datensammlung) werden. In den letzteren beiden Fällen ist die Wiedergabe i.d.R. mit einer kritischen Diskussion verbunden. Diese kritische Diskussion kann dann ihrerseits als eigenes Ergebnis des Autors oder Herausgebers betrachtet werden.

Für eigene Verweise/Zitate sollen immer die Primärquellen geprüft werden, um die Unsicherheit von falsch übernommenen Ergebnissen oder fehlenden Angaben (z.B. Voraussetzungen, Gültigkeitsbereiche) zu vermeiden. Auf die kritische Diskussion und Bewertung der Ergebnisse Dritter in Sekundärquellen kann ggf. gesondert verwiesen werden.

Der Allgemeinheit unzugängliche Unterlagen wie Vorlesungsskripte oder flüchtige Onlinequellen wie Foreneinträge sollen als Quellen vermieden werden. Artikel in allgemeinen Nachschlagewerken (Lexika) sind für den Überblick zur ersten Orientierung geeignet, sollen aber nicht als Quellen für fachspezifische Gegenstände verwendet werden. Gegen Wikipedia als Quelle sprechen sowohl die Flüchtigkeit als auch die zu wenig fachspezifische Ausrichtung. In den Leitfaden ist der Hinweis auf die Vermeidung von Onlinequellen und insbesondere Wikipedia v.a. deshalb aufgenommen worden, weil die Erfahrung der letzten Jahre gezeigt hat, dass die Student/innen fast nur noch darauf zurückgreifen. Grund ist vermutlich deren leichtere Verfügbarkeit („habe ich mal gegoogelt"). Durch die Einschränkung der Nutzbarkeit von Onlinequellen soll deshalb das Bewusstsein für die notwendige Auseinandersetzung mit gedruckten Quellen geschärft werden.

5 Fazit

Der Leitfaden wurde aufgrund der Erfahrungen mehrerer Jahre bei seinem Einsatz überarbeitet und ergänzt. Diese Ergänzungen gingen z.T. auf direkte Rückmeldungen und Wünsche der Student/innen zurück. Diese Rückmeldungen sprechen für die Aufnahme des Leitfadens durch die Student/innen. Die Erfahrungen bei der Betreuung wissenschaftlicher Arbeiten seit der Einführung des Leitfadens zeigen aber, dass die Sensibilisierung insbesondere für inhaltliche Aspekte (Textaufbau, Gliederung) nach wie vor zusätzlich die individuelle, persönliche Betreuung erfordert.

Bei der Vorstellung des Leitfadens im Rahmen der Tagung gab es sehr unterschiedliche und sogar gegensätzliche Reaktionen. Besonders von Geisteswissenschaftler/innen mit langjähriger akademischer Berufserfahrung wurde der Leitfaden als zu rigide und zu beschränkt in seinen spezifischen Vorgaben kritisiert. Die Festlegung auf genau eine Vorgabe anstelle der Darstellung der Vielfalt verschiedener gängiger Richtlinien (z.B. für Literaturangaben) wurde bemängelt. Im Gegensatz dazu wurde gerade diese Beschränkung von Betreuer/ innen (z.B. Mitarbeiter/innen von Schreibzentren) gelobt. Sie teilen die dem Leitfaden zugrundeliegende Intention, die Auseinandersetzung mit verschiedenen Richtlinien durch die Einübung genau einer Vorgabe zu beginnen.

Die interdisziplinäre Diskussion der fachspezifischen Konventionen und ihrer Motivationen brachte ein interessantes Ergebnis: Auch wenn die Forschungsgegenstände natürlich unterschiedliche Ausgangsmaterialien/Rohdaten und Methoden mit sich bringen, lassen sich Analogien zwischen den fachspezifischen Ausgangsmaterialien/Rohdaten bilden. Mit diesen Analogien zeigen sich deutlich gemeinsame Prinzipien des wissenschaftlichen Arbeitens über die Grenzen der Disziplinen hinweg (z.B. Stellenwert von Datenerhebung oder Einteilung von Quellen).

Aufgrund der Erfahrungen bei der Betreuung wissenschaftlicher Arbeiten, wie sie am eigenen Lehrstuhl und von anderen Betreuern gemacht wurden, erscheint der Leitfaden als ein geeignetes Instrument zur Vermittlung der fachspezifischen Schreibkompetenz. Er erscheint als dienliche Form für die kompakte Vorgabe einer spezifischen Richtlinie. Diese sollte aber in den Rahmen einer entsprechenden Lehrveranstaltung mit einer konkreten Schreibaufgabe eingebettet und mit der zusätzlichen individuellen persönlichen Betreuung verbunden sein. Die Sensibilisierung für die Gegenstände der Richtlinie und noch mehr das Erlernen der Prinzipien des wissenschaftlichen Arbeitens erfordern nämlich unbedingt die Anwendung der Richtlinie an einem konkreten Beispiel. Dafür sind die Berichte im Rahmen des Studentenlabors aufgrund ihres überschaubaren Umfangs besonders praktikabel.

Das Karlsruher Peer-Tutoren-Konzept

Andreas Hirsch-Weber/ Evelin Kessel/ Lydia Krott

Die Ausbildung und die Mitarbeit der studentischen Peer-Tutor/innen des Schreiblabors am Karlsruher Institut für Technologie (KIT) sind an einem forschungsbasierten Expert/innenwissen orientiert, das sich auf multidisziplinäre Textkompetenzen im Bereich der Natur- und Ingenieurwissenschaften bezieht. Alle Tätigkeiten der Peer-Tutor/innen im Sinne einer Ausbildung zur Schreibberater/in bewegen sich in diesem Fächerspektrum. Die Ausbildungsphase und die anschließende Mitarbeit am Schreiblabor werden von uns als Einheit verstanden, die einer kontinuierlichen Überarbeitung unterliegt. Aus diesem Grund geht der vorliegende Beitrag nicht nur auf unser Ausbildungskonzept zur/zum Schreibberater/in ein, sondern er zeigt auch, wie unsere Idee einer *textorientierten* Schreibberatung an einer Technischen Hochschule mit Hilfe studentischer Peers insgesamt implementiert werden kann. Dabei gehen wir auf alle Arbeitsebenen des Schreiblabors ein, weil unsere Tutor/innen darin wiederum strukturell so eingebunden werden, dass alle Arbeitsbereiche unserer Peer-Tutor/innen in einer intensiven Wechselwirkung zueinander stehen.

Die Entwicklung der studentischen Schreibberatung in den Natur- und Ingenieurwissenschaften am KIT gehört – neben der Ausdifferenzierung einer Lehrveranstaltungsstruktur und den Forschungen zum wissenschaftlichen Schreiben – zu den wichtigsten Kernaufgaben des Karlsruher Schreiblabors, das seit seiner Gründung im Jahr 2012 am House of Competence (HoC) angesiedelt ist. Als Teil einer zentralen Einrichtung am KIT gehört es zum Auftrag des Schreiblabors, Studierenden aller Fächer das wissenschaftliche Schreiben als Schlüsselqualifikation zu vermitteln. Die Organisation und Vermittlung der Inhalte erfolgt unter Einbezug verschiedener Statusgruppen: Neben der wissenschaftlichen Leitung und den wissenschaftlichen Mitarbeiter/innen sind externe Dozent/innen und eben auch studentische Tutor/innen als strukturprägendes Element eingebunden.

Die Beratung durch Tutor/innen ist auf eine interdisziplinär ausgerichtete Vermittlung von Textkompetenz fokussiert. Eine Beratung im Sinne einer pädagogisch-didaktisch geprägten Hilfestellung zur Verbesserung des Schreibprozesses (vgl. z.B. Girgensohn/Sennewald 2012) wurde bei der Entwicklung unseres Schreibberatungskonzepts aus drei Gründen vorab ausgeschlossen: Erstens wurde neben dem Schreiblabor ein Lernlabor am HoC gegründet, dessen Mitarbeiter/innen aus psychologischer wie pädagogischer Perspektive Angebote zur Motivation im Studium und zur Strukturierung des Lernprozesses machen. Zweitens zeigten erste Bedarfsanalysen[1] am KIT, dass wissenschaftliches Schreiben in den sog. MINT-Fächern eher produkt- und weniger prozessorientiert nachgefragt wird. Sowohl Auftraggeber von Schreibangeboten als auch teilnehmende Studierende erwarten von unseren Kursen, dass sie ganz bestimmte Kompetenzen erlernen, damit ihre Abschlussarbeiten formal und stilistisch wissenschaftlichen Konventionen genügen. Der dritte Grund besteht darin, dass die wissenschaftliche Leitung und die konzeptionell tätigen Mitarbeiter des Schreiblabors (derzeit ausschließlich noch) Germanisten sind. Mit anderen Worten findet Forschung am Schreiblabor im Rahmen einer ebenso literaturwissenschaftlich wie linguistisch geprägten Schreibdidaktik statt, die nun aber eng an die Erforschung akademischer Texte in den ingenieur- und naturwissenschaftlichen Fächern gekoppelt wird. Das ist auch ein entscheidender Grund dafür, dass diese Forschung weit weniger an Schreibprozessen in diesem Disziplinenspektrum als bei den entsprechenden Angeboten anderer Schreibzentren orientiert ist (vgl. dazu ebenfalls Girgensohn/Sennewald 2012). Der textorientierte Schwerpunkt in Forschung und Lehre ermöglicht es uns, den KIT-Fakultäten und KIT-Instituten ein disziplinenspezifisch zugeschnittenes Angebot vorzulegen, das Erwartungen der kooperierenden Fächer auch deshalb erfüllt, weil diese an allen Projekten des Schreiblabors bei der Erstellung des Lehrmaterials vorab beteiligt werden.

Zum Labor-Konzept des HoC gehört es, dass alle Bereiche miteinander verzahnt sind. Das bedeutet für die einjährige Ausbildung der Tutor/innen, dass diese von Einstellungsbeginn an in unsere Forschungsaktivitäten und Leh-

---

1   Wir analysieren in jedem Semester die Anmeldezahlen unserer Lehrveranstaltungen. Dabei hat sich gezeigt, dass ca. 80 % der Studierenden sich für einen Kurs bewerben, dessen Ausschreibung vornehmlich auf formale und sprachliche Inhalte ausgerichtet ist. 20 % der Bewerber bevorzugen ein Angebot, das den Schreibprozess oder den Abbau von Schreibblockaden in den Fokus rückt. Ähnliche Zahlen ergeben sich auch aus der Auswertung unserer Evaluationsbögen und durch Anfragen zu unserer studentischen Individualberatung. In Gesprächen und in der konkreten Zusammenarbeit mit unseren Kontaktpersonen in den Fachdisziplinen ermitteln wir, welcher Bedarf seitens der Fächer konkret besteht.

re eingebunden werden (Abschnitt 1). Ziel der Schulung ist es einerseits, dass die Tutor/innen dahingehend angeleitet werden, ihre Tutorien zum wissenschaftlichen Schreiben auf ein bestimmtes Fach zugeschnitten zu unterrichten (Abschnitt 2). Diese Tutorien werden i.d.R. durch online-basierte Angebote unterstützt, so dass es unabdingbar ist, die Tutor/innen in das E-Learning-Angebot des Schreiblabors einzubeziehen (Abschnitt 3). Andererseits werden die Tutor/innen zu Schreibberater/innen ausgebildet, die zu individuellen Terminen Studierenden bei der Textproduktion und insbesondere bei der Textkorrektur helfen können (Abschnitt 4). Perspektivisch soll die Schreibberater/innenausbildung auch dazu dienen, nach erfolgreichem Studium in der Schreibdidaktik weiterarbeiten und sich dort weiterqualifizieren zu können (Abschnitt 5). Unser Beitrag beschreibt das Karlsruher Peer-Tutoren-Konzept also ausgehend von den strukturierten Angeboten, die sich an den semestergebunden Lehrveranstaltungen des Schreiblabors orientieren, bis hin zu den individuellen Angeboten für Studierende. Unser Ziel ist es dabei auch, aufzuzeigen, dass die textkritische Schreibberatung durch studentische Peers insbesondere für Schreibzentren Technischer Universitäten über Karlsruhe hinaus einen neuen Ansatz bei der Schreibausbildung für Studierende darstellen kann.

1 Ausbildung

Die Zusammensetzung der Tutor/innen bildet idealerweise das Fächerspektrum am KIT ab: Derzeit rekrutiert sich das Team aus Masterstudierenden der Mathematik, Physik, Geowissenschaften, Verfahrenstechnik, des Maschinenbaus und der Germanistik. In der Schulungsphase nehmen die Tutor/innen an mindestens einem Kooperationsprojekt mit einem Fach oder einer Fächergruppe teil und übernehmen dort eigenständige Aufgaben. Dazu gehören angeleitete Recherchen, z.B. hinsichtlich formaler Vorgaben der Institute für akademische Abschlussarbeiten. Grundsätzlich werden die Tutor/innen bei der Erstellung des Lehrmaterials eingebunden. Jede/r Tutor/in übernimmt ein Modul und entwickelt es über einen längeren Zeitraum im Blick auf die fachspezifische Ausrichtung weiter. Die Tutor/innen präsentieren ihre Ergebnisse regelmäßig einer Gruppe von Fachwissenschaftler/innen und Mitarbeiter/innen aus dem Schreiblabor. Sie sind darüber hinaus in die Publikationen des Schreiblabors eingebunden, wie eben gerade dieser Beitrag zu vorliegendem Sammelband oder die Beteiligung an der Formulierung von Leitfäden für einzelne Fächer am KIT oder von Ratgebertexten zeigt (vgl. Abschnitt 2). Mit anderen Worten orientiert sich unsere Schulung eher an einer forschungsorientierten Lehre (entsprechend dem Leitbild des KIT) als an einem fest strukturiertem Programm. Die Tutor/innen übernehmen damit die Expertise für ein bestimmtes Fach oder Fachgebiet. In dieser Funktion arbeiten sie kollegial zusammen und beantworten Fragen von Studierenden sehr häufig auch im Team. Zudem stehen sie den externen Dozent/innen des Schreiblabors zur Verfügung, die ebenfalls jederzeit vollen Zugriff auf das Material aller Projektteams haben. Nicht selten kommt es dabei vor, dass unsere studentischen Tutor/innen auch Lehrenden unser Lehrmaterial erläutern oder dass sie gar an der Konzeption ihrer Lehrveranstaltungen direkt mitwirken.

Von zentraler Bedeutung ist für unser Konzept, dass die Peer-Tutor/innen jederzeit die Möglichkeit haben, das Lehrmaterial aktiv ändernd zu gestalten. Der direkte und individuelle Kontakt mit den Studierenden ermöglicht es Ihnen nämlich, jeden formalen oder auch prozessualen Hinweis, den wir unseren Studierenden geben, zu evaluieren. Auf diese Weise befindet sich das komplette Design ebenso wie jede einzelne Unterrichtsfolie inhaltlich, didaktisch und formal auf dem Prüfstand; es wird damit kontinuierlich und kritisch auf Praxistauglichkeit hin untersucht: Jeder Einwand gegenüber unseren Empfehlungen, Beispielen und Übungen wird ernst genommen und im Team bearbeitet. Ob es zur Revision von Hinweisen und Empfehlungen kommt oder ob das Material fachspezifisch anders aufgefächert werden muss, wird in der Auseinandersetzung mit den Disziplinen zusammen mit den Peer-Tutor/innen auf Augenhöhe entschieden. Bei der Herstellung neuen Unterrichtmaterials (z.B. bei Praxisbeispielen oder bei Übungen für bestimmte Fächer) werden die Tutor/innen nicht nur eingebunden, sondern sie schaffen z.T. auch die Grundlagen für Unterrichtsmodule. Ihre Recherchen zu Textphänomenen in Qualifikationsschriften von Bachelorarbeiten bis hin zu Promotionen bilden dabei die Ausgangslage. Beispielhaft sind hier die Analyse von Gliederungslogiken von Qualifikationsschriften (v.a. in Bezug auf die jeweils eingearbeiteten Textgenres) oder der fachspezifische Umgang mit Quellen, Tabellen und Graphiken zu nennen. So versuchen wir auch durch unsere Arbeit mit den Tutor/innen herauszufinden, wie im jeweiligen Fach geschrieben wird. Die Berufung auf Auskünfte der Fachvertrer/innen reicht hier u.E. nicht aus, da die jeweiligen Beschreibungsmodelle z.B. für Textphänomene von den Disziplinvertreter/innen selbst nur bedingt geliefert werden können. Es gehört zu unserer Überzeugung, dass wir zusätzlich zu unserer gemeinsamen inter- und transdisziplinären Arbeit mit den jeweiligen Wissenschaftler/innen auch die jeweiligen Texte analysieren müssen, für die wir unsere Empfehlungen formulieren. Die Beteiligung der Tutor/innen bei dieser Arbeit schafft diesen selbst wiederum eine gute ‚fachliche‘ Grundlage für ihre praktische Arbeit im Schreiblabor.

Sowohl für die Tutorien als auch für die individuelle studentische Schreibberatung ist es unbedingt notwendig, die Peer-Tutor/innen an die Lehre und an den Umgang mit Studierenden heranzuführen – insbesondere weil die Tutor/innen zu Beginn ihrer Ausbildungsphase nicht genau genug wissen, wie weit sie etwa in ihrer Textkritik bei der Korrektur gehen können. Auch hier verfolgen wir einen integrativen Ansatz, was so viel heißen soll, dass alle Tutor/innen vor der Aufnahme einer selbstständigen didaktischen Tätigkeit in die von Mitarbeitern des Schreiblabors verantwortete Lehre über mehrere Hospitationen eingebunden werden. Wie beschrieben, nehmen die Tutor/innen im Rahmen ihrer Schulung die Rolle von Expert/innen für einen definierten Aspekt beim Verfassen eines wissenschaftlichen Textes ein (z.B. Zitation, Ausdruck, Gliederung). Dies schafft die Möglichkeit, dass die Lehrenden den Tutor/innen für ihren (meist selbst gewählten) Bereich zeitweise die Leitung einer Unterrichtseinheit übertragen können. In der Regel übernehmen die Tutor/innen in Zweier- oder Dreierteams die Leitung solcher Lehreinheiten. Direkt im Anschluss erhalten sie ein erstes Feedback, das in größeren Treffen, meist unter Beteiligung von Fachvertreter/innen, vertieft wird. Hier geht es u.a. auch darum, zu erörtern, wie die Unterrichtseinheit zu verbessern wäre und welche Anteile didaktisch gut funktioniert haben. Im Laufe der Schulung übernehmen die Tutor/innen auch thematische Einheiten, die ihnen weniger bekannt sind. So kommt es dazu, dass die Tutor/innen schließlich in alle Lehrmodule eingeführt werden und diese am Ende der Schulung vollständig überblicken und daher vermitteln können. Tutor/innen, die bereits die Schulungsphase absolviert haben, nehmen dabei eine Mentorenrolle ein und beraten die neuen Tutor/innen bzw. helfen bei Unsicherheiten. Auf die individuellen Beratungsgespräche werden sie ebenfalls im Rahmen von Lehrveranstaltungen vorbereitet. Beispielsweise erproben die Tutor/innen die Textkorrektur anhand von Texten der Seminarteilnehmer/innen. Über ein zweistufiges Korrekturverfahren, das von den jeweiligen Dozent/innen betreut wird, erlernen die Tutor/innen Regeln zum schriftlichen Feedback. Die mündliche Beratungssituation wiederum wird in den Seminaren selbst eingeübt. Eigens dafür eingerichtete Sitzungseinheiten dienen der Korrektur von Texten: Hier setzen sich die Tutor/innen gemeinsam mit der Textproduktion von Studierenden auseinander (vgl. Abschnitt 4). Die enge Anbindung an die Lehre am Schreiblabor erfolgt dabei v.a. auch aus dem Grund, dass die Tutor/innen nach ihrer Ausbildung in der Lage sein sollen, außercurriculare Tutorien anzubieten.

2   Peer-Konzept Tutorium

Die Tutorien zum wissenschaftlichen Schreiben stellen ein Angebot des Schreiblabors dar, das neben den regulären Lehrveranstaltungen stattfindet und in den Fächern verortet ist. Hier werden keine Credit Points vergeben, da die Veranstaltungen i.d.R. von studentischen Tutor/innen durchgeführt werden. Obwohl es sich nicht um Pflichtveranstaltungen handelt, nehmen die Studierenden, so unsere Erfahrung, die Tutorien sehr gut an, was auch darauf zurückzuführen ist, dass die jeweiligen Institute die Belegung des Tutoriums empfehlen. Ziel ist es, den Studierenden bei der Vorbereitung auf die Bachelorarbeit resp. der Planung dieses Schreibprojektes und bei der schriftlichen Ausarbeitung zu helfen. Dies geschieht zum einen über die Inhalte, ausgehend von der Planung über die Gliederung, die Ausformulierung, den korrekten Umgang mit Quellen bis hin zur Korrektur; zum anderen über das Textprodukt, mit dem das Tutorium abschließt. Die Studierenden geben eine Arbeitsprobe ab, in der die bereits im Tutorium produzierten Textteile zusammengefasst und ergänzt werden. Nach unserer Vorgabe enthält dieses sog. Exposé folgende Teile:

- Deckblatt
- Inhaltsverzeichnis des Exposés
- (vorläufige) Gliederung des Textes
  (später das Inhaltsverzeichnis der Arbeit)
- Textprobe, i.d.R. aus der Einleitung und/oder aus dem Hauptteil
- Quellenverzeichnis, das Quellen in mind. 3 Publikationsformen auflistet
- Zeitplan

Im Ablauf des Tutoriums verfassen die Studierenden in der ersten Sitzung einen Zeitplan. Der Inhalt der zweiten Sitzung umfasst die Anfertigung einer Gliederung zu einem Thema, das die/der Studierende auswählt. Da die Tutor/innen in

Projekte unterschiedlicher disziplinärer Ausrichtung eingebunden sind und am Schreiblabor eine Typisierung von Gliederungen erarbeitet wurde (vgl. Abschnitt 1), sind sie in der Lage, Gliederungskompetenzen je nach Typ der Abschlussarbeit zu vermitteln. In den Sitzungen zum wissenschaftlichen Ausdruck und Stil und zur Zitation haben die Studierenden die Möglichkeit, in Übungen Texte zu produzieren. Diese können als Textprobe in das Exposé einfließen. In der Regel umfasst diese die Einleitung und/oder einen Auszug aus anderen Teilen einer Abschlussarbeit. Im Zuge dieser Textproduktion werden also sowohl die korrekte Arbeit mit Kurzbelegsystemen als auch der richtige Umgang mit der Wissenschaftssprache eingeübt und überprüft. Dass letztere sich durch Merkmale auszeichnet, die sich vom allgemeinen Sprachgebrauch unterscheiden, ist nicht allen Studierenden klar: Nicht selten erleben wir bei unseren Korrekturen, dass Redewendungen und umgangssprachliche Formulierungen verwendet werden, die den Text unwissenschaftlich erscheinen lassen. Der letzte Baustein für das Exposé ist das korrekte Anfertigen eines Literaturverzeichnisses. Zusammen mit dem Deckblatt, dem Inhaltsverzeichnis und dem Zeitplan entsteht damit im Laufe des Tutoriums ein Textprodukt, das in seinen Grundzügen alle relevanten Teile einer wissenschaftlichen Arbeit enthält. Die abschließende Sitzung dient dazu, bereits produzierte Textteile gemeinsam zu korrigieren, um den Studierenden ein Instrumentarium für die erfolgreiche Selbstkorrektur an die Hand zu geben.

Die Textform des Exposés ist aus unserer Sicht ein geeignetes Mittel, den Einstieg in das Schreiben zu fördern. Da die Bachelorarbeit gerade in Natur- und Ingenieurwissenschaften i.d.R. die erste schriftliche Arbeit im Laufe des Studiums darstellt, hilft es den Studierenden, die erlernten Kompetenzen zunächst in einem Text mit geringerem Umfang anzuwenden. Das Exposé stellt somit eine Hilfe bei der Produktion eigener akademischer Texte dar (zur Definition akademischer Texte vgl. Sommer 2009). Die Hemmschwelle beim Schreiben von Texten oder eventuelle Schreibblockaden (vgl. Kruse 2007) können dadurch vermindert werden, dass Strukturen und Arbeitsweisen eingeübt werden, die für die weitere Textarbeit der Studierenden und für die meisten Disziplinen gelten. Das Exposé kann schließlich dazu dienen, sich den eigenen Arbeitsstand vor Augen zu führen. Gerade zu Beginn der Schreibphase scheint es uns also sinnvoll, der/dem wissenschaftlichen Betreuer/in eine Arbeitsprobe in Form eines Exposés vorzulegen.

So geben die Tutor/innen in den Tutorien ihre erlernten Textkompetenzen weiter. Sie vermitteln den Studierenden darüber hinaus, wie sie mit Institutsvorgaben oder Regeln ihrer Betreuer/innen umgehen können. Dadurch sind die Formalitäten zwar vordergründig klar definiert, das Bewusstsein für die wissenschaftliche Arbeitsweise ist damit aber nicht notwendig bei allen Studierenden vorhanden. Word- oder LaTex-Vorlagen, die für Abschlussarbeiten zur Verfügung gestellt werden, können ein falsches Gefühl der Sicherheit vermitteln, wenn als Konsequenz nicht mehr ausreichend auf eine saubere formale Arbeitsweise geachtet wird. Aus diesem Grund bilden u.a. die Zitation und die Arbeit mit Literatur häufige Fehlerquellen, da in diesen Bereichen das korrekte Arbeiten unbedingt notwendig ist.

Nicht jeder Leitfaden stellt im Übrigen eine vollständige Anleitung zum Verfassen wissenschaftlicher Texte dar. Dies zeigt, wo die Grenzen solcher Leitfäden liegen: Sie entstehen meist in einem eng definierten Kontext, also beispielsweise deshalb, weil ein/e einzelne/r Professor/in die Qualität der bei ihm/ihr abgegebenen Abschlussarbeiten bemängelt. Insofern spiegeln sie nicht selten persönliche Vorlieben von Betreuer/innen oder Professor/innen wider und sind somit nur für den begrenzten Rahmen derjenigen Studierenden relevant, die von dieser Person bewertet werden. Weiterhin unterscheiden sich die von uns analysierten Leitfäden dadurch, dass die einen eng gefasste und detaillierte Vorgaben machen, andere wiederum zu allgemein formuliert sind und daher von Leser/in zu Leser/in unterschiedlich verstanden werden können. Für Studierende kann sowohl die eine als auch die andere Variante problematisch sein: Wo mehr Freiheiten eingeräumt werden, ist es schwierig, sich z.B. auf ein Zitationssystem oder ein Layout festzulegen. Sind die Vorgaben dagegen strenger, werden Abweichungen, die je nach Aufgabenstellung u.U. sogar notwendig sind, verhindert. Umso mehr ist es unserer Meinung nach notwendig, die Studierenden dahingehend zu trainieren, die jeweiligen Vorgaben kritisch zu prüfen und zu hinterfragen.

Uns ist bisher keine wissenschaftliche Forschung zu disziplinspezifischen Leitfäden in den Natur- und Ingenieurwissenschaften bekannt. Die Arbeit der Schreibtutor/innen am Schreiblabor ist daher als unser Ansatz zu verstehen, auf möglicherweise defizitäre Vorgaben durch die Fachwissenschaftler/innen reagieren zu können. Die Tutor/innen sind also dazu in der Lage, die unterschiedlichen Leitfäden einzuschätzen, zu bewerten und zu kategorisieren. Diese Kompetenz geben sie an die Teilnehmer/innen der Tutorien weiter, indem

Beurteilungskriterien transparent gemacht und die Studierenden in Hinblick etwa auf unklare oder allzu normative Stellen in den vorhandenen Leitfäden sensibilisiert werden. Treten Probleme mit einem Leitfaden auf, schauen ihn die Tutor/innen kritisch zusammen mit den Studierenden durch und helfen folglich dabei, mit den Vorgaben praktisch umzugehen. Ein Beispiel dafür ist die korrekte Verwendung eines Zitationssystems. Die Tutor/innen am Schreiblabor sind dahingehend ausgebildet, dass sie Auskunft über die gängigen Zitationssysteme geben und bei der Umsetzung helfen können, aber auch Studierenden ohne Vorgaben eine in der Disziplin übliche Zitierweise empfehlen können. Die Studierenden werden dabei angehalten, sich kritisch mit den Vor- und Nachteilen einer Zitierweise auseinanderzusetzen, die jeweilige Logik dahinter zu verstehen und Vorgaben nicht unreflektiert zu übernehmen.

Ein wichtiger Punkt ist hierbei der Umgang mit der/dem Betreuer/in der Abschlussarbeit. Wie mögliche Empfehlungen hinsichtlich des Betreuungsverhältnisses aussehen sollen und können, wird im Schreiblabor mitunter sehr kontrovers diskutiert. Dies ist u.a. der Tatsache geschuldet, dass die unterschiedlichen Betreuungsverhältnisse den Mitarbeitern des Schreiblabors aus eigener Erfahrung oder aus Gesprächen mit Studierenden und Betreuer/innen bekannt sind, von den unterschiedlichen Akteuren jedoch unterschiedlich bewertet werden. Mitarbeiter des Schreiblabors, die auf engagierte Art und Weise Abschlussarbeiten betreuen, laufen Gefahr, ihre Maßstäbe auch auf andere Betreuungsverhältnisse zu übertragen. Die Notwendigkeit, Studierenden einer bestimmten Fachdisziplin konkrete Vorgaben und Hilfen an die Hand zu geben, wird dadurch u.U. unterschätzt, da längst nicht alle Betreuungsverhältnisse derart idealtypisch ablaufen. Auf der anderen Seite gibt es Fachvertreter/innen, die Vorgaben von ‚fachfremder' Seite skeptisch gegenüberstehen, so dass erst durch die gemeinsame Arbeit die jeweils richtigen Lösungen gefunden werden können. Auch die Tutor/innen kennen i.d.R. unterschiedliche Arten von Betreuung, stehen nun aber im Tutorium und der Schreibberatung vor der Aufgabe, einzuschätzen, inwiefern der/die Studierende den Empfehlungen des Schreiblabors folgen sollte oder an welcher Stelle den Konventionen einer Disziplin Rechnung getragen werden muss. Den Vorgaben von Betreuer/innen, Professor/innen oder Instituten wird demnach i.d.R. Vorrang eingeräumt, selbst wenn diese sich nicht mit den Empfehlungen des Schreiblabors decken.

Aus unserem Projekt in Kooperation mit dem Institut für Technische Thermodynamik und Kältetechnik (ITTK) am KIT ist am Schreiblabor innerhalb eines Semesters ein Leitfaden für das Schreiben in den Bereichen Verfahrenstechnik, Chemie- und Bioingenieurwesen entstanden. Die dafür zuständigen Tutor/innen konnten das in den Tutorien in diesem Fachbereich verwendete Material sowie die gewonnenen Erfahrungen für das Abfassen des Leitfadens verwenden. Warum braucht nun aber ein Fachbereich, der Tutorien zum wissenschaftlichen Schreiben anbietet, zusätzlich einen Leitfaden? Dies hat unterschiedliche Gründe: Studierende, die sich in einem fortgeschrittenen Stadium ihrer Bachelorarbeit befinden, besuchen aus Zeitgründen häufig kein Tutorium mehr. Teilweise können Studierende in der praktischen Phase ihrer Bachelorarbeit die Termine auch aufgrund von ungünstigen Laborzeiten oder Tätigkeiten in Forschungseinrichtungen außerhalb des Campus nicht wahrnehmen. Wir möchten mit unseren Empfehlungen möglichst viele Studierende unabhängig vom Besuch der Tutorien erreichen, um eine Änderung in der Schreibkultur bei Abschlussarbeiten an der Fakultät insgesamt zu bewirken, zumal dies von ihr in Bezug auf die Abschlussarbeit explizit gefordert wird. Zu diesem Zweck wird Angehörigen der Fakultät derzeit der Leitfaden über mehrere Evaluationsverfahren vorgelegt, bis er den Status eines gültigen Dokuments erreicht, das von Professor/innen und Betreuer/innen empfohlen wird. Der vom Schreiblabor entwickelte Leitfaden zum wissenschaftlichen Schreiben in der Verfahrenstechnik unterscheidet sich in einigen Punkten von den bereits vorhandenen Leitfäden: Zum einen berücksichtigt er Rahmenbedingungen und gibt Organisationstipps, indem er bereits mit der Schreibplanung beginnt und mit Ratschlägen zur abschließenden Korrektur des Textes endet. Der Leitfaden stellt dabei weniger eine Ansammlung von formalen Vorgaben dar als eher eine Unterstützung bei der Anfertigung der Abschlussarbeit und bei der Einhaltung der Vorgaben, die daran gekoppelt sind. Die studentische Perspektive der Verfasser/innen hilft dabei, dass die Leser/innen des Leitfadens die Inhalte nicht als aufoktroyiert empfinden, sondern eben als Ratschläge, die ihnen helfen, die Qualifikationsschrift anzugehen.

Aus diesem Projekt ist ein eigenes ‚Schreiblabor Verfahrenstechnik' entstanden, das sich zukünftig ebenfalls der Aufgabe stellt, die Betreuer/innen der Fakultät hinsichtlich des wissenschaftlichen Schreibens zu schulen. Das Konzept des Schreiblabors hat an dieser Fakultät daher insgesamt zu einem Umdenken geführt, was die Notwendigkeit von Hilfe bei der Textproduktion angeht. Hier werden die Perspektiven für die Weiterentwicklung des Schreiblabors am KIT erkennbar. Zudem legt der Leitfaden einen Grundstein für eine Publikation zum Thema wissenschaftliches Schreiben in Natur- und Ingenieurwissenschaften, die unter Mitautorschaft der studentischen Tutor/innen im UTB-Verlag erscheint. Unsere Erkenntnis daraus ist also, dass die konkrete Arbeit für einzelne Fakultäten die Arbeit des Schreiblabors überhaupt befruchtet.

3 Peer-Konzept Online

Seit der Gründung des Schreiblabors enthält dessen Portfolio auch Angebote mit Online-Anteilen, bei denen den Teilnehmer/innen Lehrinhalte mit Hilfe moderner E-Learning-Systeme vermittelt werden, z.B. über die Lernplattform ILIAS. Diese Onlinekurse stellen eine besondere Herausforderung für die Tutor/innen des Schreiblabors insofern dar, als das Material auf diese Lern- und Lehrform didaktisch zugeschnitten aufbereitet werden muss. Unterstützt werden die Tutor/innen dabei durch das Zentrum für Mediales Lernen (ZML) am KIT.

Nach der projektintegrierten und forschungsbasierten Ausbildung sind die Tutor/innen in der Lage, Onlinekurse als Blended-Learning-Angebot in weiten Teilen eigenständig durchzuführen. Bei diesen Kursen handelt es sich um eine Kombination aus webbasiertem Online-Angebot und traditionellem Lernen in Form von Präsenzveranstaltungen (vgl. Graham/Stein 2014). Während der Onlinephasen werden die fachlichen Inhalte über Lehrbriefe und Übungen vermittelt, welche die/der Tutor/in in Kooperation mit einem erfahrenen Mitarbeiter des ZML konzipiert. Unter Anleitung dieses Mentors durchläuft die/der Tutor/in selbst einen Lernprozess, der ihn schließlich dazu befähigt, angeleitet freies Lernen lenken zu können. Bei der Durchführung des Blended-Learning-Kurses ist es notwendig, dass alle Aktivitäten, die online stattfinden, verfolgt und bewertet werden: So sind z.B. die Teilnehmer/innen bei vielen Übungen aufgefordert, sich in Foren auszutauschen. Die/Der Tutor/in muss flexibel auf unvorhergesehene Beiträge reagieren und den Lernerfolg der Studierenden sicherstellen. In den wenigen Präsenzveranstaltungen gilt es, das Material auf den Kenntnisstand und Fortschritt der jeweiligen Gruppe anzupassen. Mehrere Absolvent/innen, die während ihrer Zeit als studentische Tutor/innen Blended-Learning-Kurse am Schreiblabor mitgestaltet haben, bieten inzwischen als Dozent/innen eigene Onlinekurse am Schreiblabor in freier Mitarbeit an.

Im Zuge dieser Erfahrungen ist ein Kooperationsprojekt der KIT-Bibliothek mit dem Lern-, Methoden- und dem Schreiblabor des HoC entstanden, innerhalb dessen ein Onlinekurs zum Thema *Informationskompetenz in den Natur- und Ingenieurwissenschaften: Methodisch planen, recherchieren, schreiben* entwickelt wurde. Zielgruppe sind Masterstudierende und Promovierende, für die der Kurs eine Ergänzung bei der (Vor-)Arbeit für die Masterarbeit und Dissertation bildet. Die Teilnehmer/innen sollen durch das vollständig autonome Durcharbeiten des Kurses in die Lage versetzt werden, in korrekter wissenschaftlicher Arbeitsweise mit Forschungsquellen umzugehen. Der Untertitel *Methodisch planen, recherchieren, schreiben* verweist auf die Aufgabenbereiche der Kooperationspartner. Innerhalb der Projektlaufzeit wurden Lernmodule zu den Themen *Planen des Rechercheprozesses, Methoden der Literaturrecherche, Durchführung der Literaturrecherche, Umgang mit gefundener Literatur* und *schriftliche Ausarbeitung* erarbeitet. Jedes Lernmodul ist ergänzt durch Übungen, die von den Fachbereichen konzipiert und wiederum von Pädagog/innen u.a. des ZML für den Onlinekurs aufbereitet wurden. Bei der Konzeption der Übungen war v.a. darauf zu achten, dass die Lösungen der Kursteilnehmer/innen automatisch durch die Funktionalität der Lernplattform überprüfbar sind. Dies stellte insbesondere die Beteiligten des Schreiblabors vor die Herausforderung, Textkompetenzen mithilfe von Übungen zu vermitteln und abzufragen, die nach dem Schema ‚richtig/falsch‘ funktionieren. Für den Onlinekurs hat diese Übungsform den Vorteil, dass keine Korrektur der Übungen stattfinden muss, da sich die Teilnehmer/innen selbst kontrollieren. Dieser webbasierte Kurs stellt also eine im Vergleich zu den Tutorien formalisierte Vermittlungsform dar. Als ergänzendes Angebot stehen jedoch jederzeit die Beratungsangebote der Einrichtungen am HoC und der KIT-Bibliothek zur Verfügung. Im Falle des Schreiblabors ist dies die Präsenzberatung durch Peer-Tutor/innen, auf die wir im folgenden Abschnitt zu sprechen kommen.

4 Peer-Konzept Beratung

In der offenen Präsenzberatung beantworten die studentischen Tutor/innen Fragen von Studierenden zu Haus- und Abschlussarbeiten. Dabei orientiert sich die Präsenzberatung an der Verbesserung des schon vorhandenen Textes, sie schließt somit als ergänzendes Angebot an die Tutorien und Seminare des Schreiblabors an. Aber auch Studierende, die vorher keinen Kurs am Schreiblabor besucht haben, werden mit diesem Angebot individuell betreut. Manches Wissen der Tutor/innen ist dabei für Studierende aller Fachrichtungen gleichermaßen relevant, z.B. die Kenntnis von Textsorten und Zitiersystemen (vgl. Abschnitt 2). Aufgrund solcher überfachlich geltenden Strukturen sind die Tutor/innen grundsätzlich in der Lage, Studierende aller Fachrichtungen zu beraten – z.B. kann ein/e Tutor/in aus der Mathematik Studierende aus der Germanistik beraten. Dabei stellen wir fest, dass die Studierenden, die eine Beratung in Anspruch nehmen, die Kompetenz der Tutor/innen aus anderen Studiengängen keineswegs in Frage stellen. Textkompetenz ist also in erster Linie eine Fähigkeit, die bis zu bestimmten Grenzen auch überfachlich vermittelt werden kann. Dennoch ist es durchaus von Vorteil, dass die Tutor/innen – allein schon aufgrund ihres eigenen Studienganges, aber auch mithilfe der projektintegrierten Ausbildung – zusätzlich spezialisiertes Wissen in anderen Fachgebieten erwerben: Auch in der Präsenzberatung können somit fachspezifische Unterschiede in beschränktem Umfang berücksichtigt werden.

Angesichts der Fülle dieser – wenn auch oft nur kleinen – Unterschiede hat die Kenntnis der Tutor/innen über Genreregeln in den Disziplinen aber auch Grenzen. Ihre Aufgabe besteht also im Wesentlichen darin, die Studierenden auf die relevanten Fragen gegenüber ihren Betreuer/innen hinsichtlich der Textgestaltung zu sensibilisieren und eine Kultur der kritischen Auseinandersetzung mit dem eigenen und fachlichen Schreiben zu etablieren. Den Studierenden wird aufgezeigt, wie sie Leitfäden, Beispieltexte und das Gespräch mit dem Betreuer bzw. der Betreuerin für die Beantwortung ihrer fachspezifischen Fragen heranziehen können. Und selbst wenn eine inhaltliche Beratung von den Tutor/innen nicht geleistet werden kann, sind logische Brüche oder Unklarheiten in der Argumentation für die geschulten Tutor/innen doch zu beurteilen. Die Tutor/innen sprechen dann ihre Korrekturen als Empfehlungen aus, die ggf. mit der/dem Betreuer/in abgesprochen werden sollen. So werden die Studierenden von den Tutor/innen immer wieder aufgefordert, die Vorgaben der Betreuerin oder des Betreuers und die Empfehlungen des Schreiblabors kritisch zu überprüfen und u.U. eine der beiden Instanzen von einer anderen Ausführungsweise zu überzeugen.

Ziel der Präsenzberatung ist – neben der Behebung konkreter Probleme – die gemeinsame Arbeit am Text. Die Dauer einer einzelnen Beratung ist zunächst nicht normiert und richtet sich v.a. nach der Anzahl der Beratung suchenden Studierenden. Kommt es während der für die Präsenzberatung anberaumten Zeit wegen hoher Nachfrage zu Engpässen, so vereinbaren die Berater/innen zusätzliche individuelle Beratungstermine mit einem Teil der Studie-

renden. Wie lange eine einzelne Beratung dauert, hängt auch von den Studierenden selbst ab. Bei einem Teil der Studierenden verläuft die Beratung eher
kurz. Diese Studierenden haben v.a. Fragen zu Struktur und Layout für ihr
konkretes Schreibprojekt. In vielen Fällen findet zusätzlich eine kritische Besprechung der Gliederung statt. Ein anderer Teil der Studierenden benötigt eine
längere Beratungszeit, in solchen Fällen steht die Arbeit am Text im Vordergrund und es werden Änderungsvorschläge erfragt, die unmittelbar in den Text
eingearbeitet werden. In der Regel erscheinen diese Studierenden in regel-
mäßigen Abständen mehrfach zur Präsenzberatung. Bei besagter Form von
Textarbeit verbessern die Tutor/innen gemeinsam mit den Studierenden einzelne Ausschnitte der Arbeit mit dem Ziel, dass die Studierenden die dort erlernten Kompetenzen auf die gesamte Arbeit ausweiten können. Der Umfang
der gemeinsamen Korrektur beschränkt sich üblicherweise auf maximal fünf
Seiten. Korrekturen längerer Textteile können und sollen – schon aufgrund der
geltenden Regeln zur guten wissenschaftlichen Praxis (vgl. Deutsche Forschungsgemeinschaft 2013) – von den Tutor/innen im Rahmen der Beratung
nicht geleistet werden. Der gemeinsame Korrekturprozess in der Präsenzberatung befähigt die Studierenden, vergleichbare Fehler im bereits produzierten
Text selbstständig zu beheben und diese bei der weiteren Textproduktion zu
vermeiden. Die Beratung befördert dann nicht nur die Verbesserung des gemeinsam betrachteten Textauszugs, sondern des gesamten Textes. Dieser Effekt ist schon innerhalb einer Beratung zu erkennen, wenn die Studierenden
beginnen, Fehler selbstständig zu benennen und Sätze umzuformulieren. Bei
Studierenden, die über mehrere Wochen regelmäßig die Beratung in Anspruch
nehmen, erkennt die/der Tutor/in die graduelle Verbesserung der Textteile
über diesen Zeitraum hinweg.

Auch Studierende, die bereits an einem Seminar, einem Tutorium oder
einem Onlinekurs des Schreiblabors zum wissenschaftlichen Schreiben teilge-
nommen haben, profitieren von dem Angebot der Präsenzberatung. Diese Studierenden zeigen eine erhöhte Achtsamkeit gegenüber häufig auftretenden Fehlern. Dennoch sind sie nicht immer in der Lage, die im Seminar erlernten Hinweise ohne zusätzliche individuelle Beratung anzuwenden. Für solche Studierende ist das zusätzliche Angebot der Präsenzberatung, aber auch die Form
des Peer-Verfahrens wertvoll. Hinzu kommen Seminar- und Kursteilneh-
mer/innen, die gehemmt sind, den zuständigen Dozenten bzw. die zuständige
Dozentin während oder nach Ablauf der Lehrveranstaltung mit ihren Fragen

anzusprechen. Der Weg in die Präsenzberatung ist i.d.R. niederschwelliger. Dort erscheinen die Studierenden ohne Anmeldung und werden von Kommiliton/innen beraten, welche zudem womöglich in der gleichen oder einer verwandten Fachdisziplin beheimatet sind. Die Mehrfachnutzung von Angeboten des Schreiblabors zeigt nicht nur einmal mehr die Sinnhaftigkeit auf, alle Angebote und Inhalte des Schreiblabors aufeinander abzustimmen – sie begründet vielmehr auch die Notwendigkeit dazu.

Die Korrektur innerhalb der Präsenzberatung erfolgt analog zur Korrektur der Exposés in den Tutorien und Onlinekursen. In der Beratung korrigiert die/der tutorielle Korrektor/in mündlich, bei der Korrektur des Exposés schriftlich in Form von Hervorhebungen und Kommentaren. Zunächst wird überprüft, ob eine Gliederung vorliegt, die einer der in den Tutorien und Kursen unterrichteten fachspezifischen Gliederungslogiken entspricht und auf das Thema hin angepasst wurde. In einem nächsten Schritt wird die Einleitung dahingehend validiert, ob sie auf die Themenstellung hinführt, wobei sich sowohl die/der Student/in als auch die/der Korrektor/in an Leitfragen orientieren kann. In formaler Hinsicht werden die Verzeichnisse, hier insbesondere das Quellenverzeichnis durchgesehen. Schließlich prüft die/der Korrektor/in die Verwendung von Wissenschaftssprache nach den in den Tutorien und Kursen vermittelten Regeln zum wissenschaftlichen Ausdruck und Stil. Auf dieser sprachlichen Ebene weist die/der Korrektor/in neben den stilistischen Mängeln auf Unklarheiten und Unstimmigkeiten hin. Letztere treten häufig auf, wenn der Text keine kohärente Argumentationsstruktur aufweist oder Zusammenhänge nicht deutlich genug formuliert sind. Die angesprochenen stilistischen Mängel können in zwei Formen auftreten: Zum einen gibt es solche, die die/der Autor/in unbedingt ausbessern sollte, da sie bei Häufung zu Notenabzug führen können. Beispiele hierfür sind Redewendungen und Spannung erzeugende Stilmittel wie Leseransprachen oder die Verwendung von Fragesätzen. Zum anderen werden stilistische Mängel, die lediglich den Lesefluss hindern, zur Korrektur vorgeschlagen. Beispiele sind Wort- und Formulierungswiederholungen sowie die durchgängige Verwendung von Passiv-Konstruktionen. Vermehrt auftretende Fehler in Grammatik, Orthographie und Interpunktion werden nicht durchgängig korrigiert; die/der Verfasser/in wird in solchen Fällen vielmehr darauf aufmerksam gemacht, dass der Text einer gründlichen Prüfung hinsichtlich solcher Fehler bedarf.

Im Rahmen der Tutor/innenarbeit findet kontinuierlich eine Supervision statt, in der auch über die Grenzen der Beratung diskutiert wird. Dabei spielt z.b. eine Rolle, dass es nicht die Absicht der Beratung sein kann, Schreibstile grundlegend zu verändern. Während der Korrektur bieten die Berater/innen an ausgewählten Stellen Vorschläge für eine passendere Formulierung. Dies ist unserer Meinung nach notwendig, weil die Einsicht in ein Problem nicht zwangsläufig dazu führt, dass die/der Autor/in es selbst beheben kann. Abgesehen von dieser Hilfestellung aber sollte die Korrektur durch geschulte Tutor/innen eben nicht dazu führen, dass Texte durch die Tutor/innen im Ganzen umgeschrieben werden. Eine weitere Grenze der Beratung besteht darin, dass keine Lernberatung und auch keine psychologische Hilfestellung gegeben werden. Das Schreiblabor unterhält einen Austausch mit der Psychologischen Beratungsstelle (PBS) am KIT. Schwere Fälle von Schreibblockaden und Versagensängsten werden weitergegeben. Die Tutor/innen des Schreiblabors werden von den Expert/innen dahingehend geschult, solche Fälle zu erkennen.

5 Perspektiven

Die Schulungen und die daran anschließende Mitarbeit der Tutor/innen im Schreiblabor sind perspektivisch auf eine Entwicklung der Schreibzentrumsarbeit an Technischen Universitäten angelegt. Wir beobachten, dass die studentischen Tutor/innen – und hier insbesondere Studierende aus den Geistes- und Sozialwissenschaften – ein Selbstbewusstsein auch gegenüber Kommiliton/innen aus technischen Fächern entwickeln. Die Tutor/innen erkennen, dass ihre Qualifikation in allen Fachbereichen nachgefragt wird und sie in der Lage sind, ein entsprechendes Angebot für Studierende anderer Fächer zu schaffen. Der intensive Umgang mit einer Vielzahl verschiedener Texte unterschiedlicher Disziplinen und die zahlreichen Vermittlungsformen, die am Schreiblabor durch die Peers geleistet werden, bilden die Tutor/innen zu Expert/innen multidisziplinärer Textkompetenz aus. Das Bewusstsein, über diese Kompetenz zu verfügen, hat neben einer optimistischen Grundhaltung gegenüber beruflichen Perspektiven außerhalb der Universität u.a. auch zur Folge, sich weiter und intensiver mit der Schreibzentrumsarbeit beschäftigen, ja sich sogar der eigenständigen Bearbeitung von Forschungsfragen, die sich ihnen bei ihrer Arbeit auftun, bis hin zu einer Promotion widmen zu wollen. Im Rahmen unserer Kooperation mit der KIT-Bibliothek bauen unsere Tutor/innen z.B. selbstständig ein eigenes

Beratungsangebot für die Hochschule Karlsruhe für Technik und Wirtschaft auf. Ehemalige Tutor/innen aus technischen Fächern wiederum, die in ihren Disziplinen am KIT und anderen Universitäten promovieren, konnten wir als externe Dozent/innen für unser Lehrangebot gewinnen. Zudem vermitteln wir unsere ehemaligen Tutor/innen an andere Hochschulen zur Übernahme von schreibdidaktischen Veranstaltungen weiter. Wir meinen nicht, dass unsere Beratungstätigkeit eine prozessuale Schreibberatungstätigkeit ersetzen sollte, aber wir können begründet feststellen, dass unser Ansatz der textnahen tutoriellen Schreibdidaktik und Schreibberatung an technischen Universitäten eine wichtige Lücke der Schreibzentrumsarbeit schließt.

Literatur

Deutsche Forschungsgemeinschaft: Vorschläge zur Sicherung guter wissenschaftlicher Praxis. Denkschrift; Empfehlungen der Kommission „Selbstkontrolle in der Wissenschaft". Ergänzte Auflage, Weinheim 2013.

Girgensohn, Katrin/Sennewald, Nadja: Schreiben lehren, Schreiben lernen. Eine Einführung, Darmstadt 2012.

Graham, Charles/Stein, Jared: Essentials for Blended Learning. A Standards-Based Guide, New York 2014.

Kruse, Otto: Keine Angst vor dem leeren Blatt. Ohne Schreibblockaden durchs Studium, Frankfurt a.M. 2007.

Sommer, Roy: Schreibkompetenzen: Erfolgreich wissenschaftlich schreiben, Stuttgart 2009.

Jenseits des Studiums: Alternatives Schreiben über Wissenschaft

Wissenschaftskommunikation 2.0

Dialoge mit der Öffentlichkeit

Beatrice Lugger

Die Digitalisierung ermöglicht mehr Transparenz und Offenheit der Wissenschaften. Durch den Trend zu Open-Access-Publikationen wird vieles der inner- und interdisziplinären Kommunikation in der Fachwelt auch für die breite Öffentlichkeit zugänglich. Wissenschaftler/innen wie Wissenschaftskommunikatoren nutzen zudem soziale Medien wie Blogs, *Twitter*, *Facebook* oder *YouTube* und signalisieren ihre Dialogbereitschaft. So sind die neuen Medien längst zu wertvollen Werkzeugen der neuen öffentlichen Wissenschaftskommunikation avanciert. Allerdings erfordern sie andere als wissenschaftliche Sprachformen im Austausch mit der Öffentlichkeit. Zudem schaffen soziale Netzwerke eine Kommunikationsebene, die über den bloßen Austausch von Information hinausgeht. Sie verbinden Menschen im virtuellen Raum.

Im Jahr 1989 stellte der britische Physiker und Mathematiker Timothy Berners-Lee ein sog. Hypertext-System für Computernetzwerke am Forschungszentrum CERN vor. Diese Netzwerk-Infrastruktur zielte auf einen verbesserten Datenaustausch für Wissenschaftler/innen des Forschungszentrums. Erwachsen ist daraus das uns heute als Internet bekannte weltweite Datenaustausch-Netzwerk, das in den vergangenen 25 Jahren v.a. Medienmachern und Medienkonsumenten eroberten. Es wurde spätestens zur Jahrtausendwende 2000 zu einem bunten Ort, an dem nahezu alles auffindbar ist, was Menschen kreieren, notieren oder ablichten. Diese digitale Revolution verändert nachhaltig unsere Gesellschaft und die Art, wie wir Kontakte pflegen oder miteinander kommunizieren.

Die Wissenschaft profitiert von dem weltumspannenden Netz. Es erleichtert, wie von Berners-Lee erwünscht, den Austausch von Daten und somit Forschungskooperationen. Es fördert kreative Prozesse und unterstützt das Teilen von Ideen. Im Internet – dem öffentlichen Ort der Medienangebote und sozialen Medien – hielten sich Forscher jedoch lange zurück. Sie nutzten das World Wide Web primär für ihre Forschung, nicht für die Kommunikation darüber. Diese findet und fand primär in Form wissenschaftlicher Publikationen statt.

Anerkannte Zeugen sind dabei weitere Wissenschaftler, die als Beauftragte der Fachjournale eingereichte Fachartikel begutachten (vgl. Könneker et al. 2013). Hält ein Artikel diesem Review-Prozess stand und wird er veröffentlicht, gilt die darin beschriebene Arbeit weitestgehend als überprüft und für dienlich oder weiterführend befunden im Sinne der wissenschaftlichen Erkenntnis.

Diese Publikationen sind dabei in ihren jeweiligen Fachsprachen verfasst, sie richten sich also explizit nicht an die Öffentlichkeit, sondern an die Fachgemeinde. Die weitere Berichterstattung in Richtung Öffentlichkeit findet schließlich mehrheitlich durch Kommunikationsprofis statt, i.d.r. sind das Journalisten und Wissenschaftskommunikatoren. Doch auch deren Berichte, Interpretationen und Kommentare zu wissenschaftlichen Erkenntnissen blieben lange Zeit eindimensional. Diskussionen und Rückkopplungen waren nicht oder kaum – in Form von Leserbriefen – vorgesehen. Wissenschaft wurde weitgehend monologisch kommuniziert.

1 Transparente Forschung

Gravierende Veränderungen durch die Digitalisierung der Gesellschaft betreffen zunächst die interne Wissenschaftskommunikation und damit wissenschaftliche Prozesse. Beides wird zunehmend für interessierte Laien online einsehbar. Forschende können entweder direkt öffentlich online publizieren (Gold Open Access), oder ihre Veröffentlichungen werden zeitverzögert dauerhaft online abrufbar gehalten (Green Open Access). Ein weiterer Trend ist das Teilen wissenschaftlicher Originaldaten, Grafiken, Animationen und mehr mit anderen Wissenschaftlerinnen und Wissenschaftlern auf Plattformen wie z.B. dem öffentlich zugänglichen Datenarchiv *figshare*.

Die Royal Society analysierte wissenschaftliche Kollaborationen im 21. Jahrhundert und sieht in der Ausbreitung des Zugangs zu wissenschaftlichen Zeitschriften durch Open Access den Schlüsselfaktor für die Globalisierung der Forschung (vgl. Smith et al. 2011, 29). Inzwischen stellen Forscher im Rahmen von Open Science u.a. für groß angelegte Forschungsprojekte freiwillig ihre kompletten Rohdatensätze ins Netz. So können verschiedene Forschergruppen mit denselben Daten unterschiedliche Fragestellungen untersuchen. Ein Beispiel ist das 2013 gestartete *Human Brain Project*[1] der Europäischen Kommission:

---

1   https://www.humanbrainproject.eu

Unter anderem sollen die über 110 europäischen und international beteiligten Forschungseinrichtungen neurowissenschaftliche Daten aus aller Welt auf Supercomputing-Plattformen zusammentragen und aufbereiten. Auch der Begutachtungsprozess wissenschaftlicher Arbeiten findet immer häufiger transparent statt. Vorreiterin ist hier u.a. die Plattform *arXiv*, die primär Physiker und Mathematiker nutzen und dort ihre Artikel für den öffentlichen Review-Prozess online stellen. Dies erzeugt eine offene Diskussionskultur schon während des Verfassens von Fachartikeln. So wird selbst das wissenschaftliche Publizieren weniger als Monolog verstanden, sondern als dialogisches Format der Selbstreflexion, die dem Erkenntnisprozess dient.

Kollaborative Plattformen wie *Mendeley*, *CiteULike* oder *Researchgate* ermöglichen zudem neue Formen der Literaturverwaltung und des Austausches von Informationen. Fächerübergreifend vernetzen sich Forschende aus aller Welt und stellen etwa auch vermehrt negative Ergebnisse als Erkenntnisse zur Verfügung. Beim Aufbau des Großteils dieser globalen, kollaborativen Netzwerke waren Wissenschaftler selbst initiativ; schließlich bewegen sie sich darin, um Ausschau nach neuen Ideen, Übereinstimmungen und/oder Anknüpfungspunkten zu halten, welche sie in ihrer Arbeit effektiver machen (vgl. Smith et al. 2011, 63).

So prägt die Online-Welt längst die wissenschaftliche Realität, und Wissenschaftler sowie Kommunikatoren passen sich dieser Lage an und nutzen die neuen Medien. Forschende sind auch dann online in einer neuen Form transparent vertreten, wenn der oder die Einzelne sich nicht aktiv beteiligt (vgl. Abb. 1).

Per Open Access sind ihre Forschungsergebnisse abrufbar. Zudem präsentiert sich ihr Institut, ihre Universität, ihr Fachbereich sowie ihr Forschungsgebiet. All dies geschieht im offenen World Wide Web: Inhalte und Diskussionen, die zuvor nur die Forschergemeinde einsehen konnte, sind nun für die breite Öffentlichkeit leichter verfügbar (vgl. Fausto et al. 2012, 1) und mitunter bereits Teil gesellschaftspolitischer Diskussionen oder Forschungsdebatten, die in sozialen Netzwerken geführt werden.

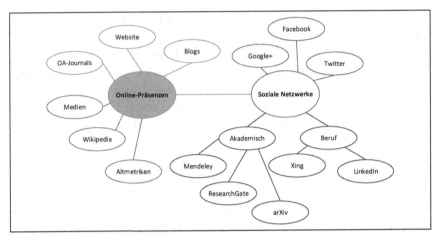

Abb. 1: Online- und Social-Media-Präsenz von Wissenschaftlern: Online-Präsenzen lassen sich demnach unterscheiden in solche, die selbst gestaltet werden können, z.b. Beiträge in Open-Access-Publikationen, Website, Blogs, und solche, die primär von anderen beeinflusst werden, z.b. Medien von Journalisten, *Wikipedia* von den Autoren, Altmetriken über die Auswahl der für die Metriken hinzugezogenen Bestandteile (z.b. Seitenabrufe, Zitationen, Tweets, *Facebook*-Meldungen, Blogzitate u.v.m.). Soziale Netzwerke teilen sich auf in rein akademische und Karriere orientierte und allgemein öffentliche Netzwerke wie *Twitter*, *Google+* und *Facebook*.

2   Aus Monologen werden Konversationen

Die digitale Welt ist längst ein zentraler Ort öffentlicher Kommunikation und damit auch der Wissenschaftskommunikation. Laut ARD/ZDF-Onlinestudie 2013 waren rund 77 % der Deutschen ab 14 Jahren aktiv im Internet und davon 46 % in Netzwerken. Von den 14- bis 29-Jährigen nehmen sogar gut 83 % an den Communitys teil (vgl. Busemann 2013, 398). Nutzen Forscher eben diese sozialen Medien, so kann aus der unidirektionalen Kommunikation – „Science and Society" – ein mehrdirektionaler Austausch werden, in dem Wissenschaft Teil der Gesellschaft ist: „Science in Society" (Zetzsche et al. 2013, 2). Auf diese Weise haben moderne Kommunikationsformen das Potential, Wissenschaft wieder ein wenig zurück zu den Menschen zu bringen (Könneker et al. 2013, 50). Dies gelingt jedoch nur, wenn sich Forschende den neuen Herausforderungen stellen. Wie Jack Stilgoe und Kollegen betonen, sei es deshalb zwar eingängig, zu argumentieren, dass aus Monologen Konversationen werden sollen, aber es sei nicht damit getan, alle zur Teilnahme aufzufordern. Erst müsse die tiefere Bedeutung dieser Veränderung erfasst werden (vgl. Stilgoe et al. 2014, 8).

3 Medien und Werkzeuge der Onlinedialoge

Bei der Vielfalt der Kommunikationsmöglichkeiten ist zuerst die Wahl des geeigneten Mediums oder der geeigneten Medien entscheidend. Dabei ist es hilfreich, sich vorher der Vor- und Nachteile einzelner sozialer Netzwerke bewusst zu machen, die folgende Tabelle auflistet:

Tab. 1: Vor- und Nachteile einzelner sozialer Medien (adaptiert und ergänzt nach Bik et al. 2013).

Plattform	Vorteile	Nachteile
Blog	• nachhaltige Inhalte • via Suchmaschinen auffindbar • valide Plattform oder Basis für Online-Reputation	• Qualität kostet Zeit • Vernetzung über andere sozialen Medien erforderlich
Twitter	• geringer Zeitaufwand für einzelnen Beitrag • sofortiges Netzwerken • derzeit schnellster Nachrichtenkanal	• kurzlebig • keine Archivfunktion • langsamer Follower-Aufbau
Facebook	• der Social Media-Treffpunkt • Vertrauensfaktor ‚Freunde' • Gruppen und Pages möglich	• Schutz der Privatsphäre? • häufige Layout- und Funktionsänderungen

Valide Blogbeiträge etwa erfordern einen hohen Zeitaufwand. Dafür kann ein Forscher mit ihnen eine solide eigene Online-Reputation aufbauen. *Twitter* z.B. leistet dies nicht, ist aber ein Nachrichtennetzwerk mit einer potenziell hohen Reichweite, während wiederum Nachrichten, die auf *Facebook* geteilt werden, durch die Struktur des Netzwerkes aus Freunden und Bekannten innerhalb dieser Kreise ein besonderes Vertrauen genießen.

Die Art des Online-Austausches ist individuell und variiert stark. Manche Wissenschaftler nutzen Blogs, um sich profund und zugleich für Laien verständlich über ihr Fachgebiet und neue Erkenntnisse zu äußern. Andere setzen auf *Twitter* als ideales Werkzeug, um Informationen etwa rund um Tagungen oder Publikationen zu streuen. Weitere Wissenschaftler haben Podcasts als Kommunikationswerkzeuge für sich entdeckt – seien es Audio- oder Videoformate. Sie nutzen soziale Medien zunehmend, um auf Publikationen aufmerksam zu machen, ihre Meinung zu vertreten, von Konferenzen zu berichten und Informationen über künftige Events zu verbreiten (vgl. Bik 2013, 1).

Blogs

Manche Wissenschaftsblogger erreichen in Deutschland mit einzelnen Beiträgen zehntausende von Nutzern, wobei das Gros der Wissenschaftsblogs in Deutschland nicht so reichweitenstark ist. Als eine Art Qualitätssiegel für naturwissenschaftliche Blogs nutzen viele Forscher ganz unabhängig davon, auf welcher Plattform sie ihren Blog betreiben, das Label Researchblogging. Dieses steht für Blogbeiträge, die sich auf jüngst publizierte und begutachtete Facharti-kel beziehen. Eine Analyse von Reserachblogging zeigt, dass diese Blogbeiträge sich mehrheitlich mit Biologie mit 36 %, Gesundheit mit 15 % und Psychologie mit 13 % befassen (vgl. Fausto et al., 2012, 5).

Forscher/innen geben in Blogs Einblicke in den Wissenschaftsbetrieb, den Forscheralltag oder vermitteln neue Erkenntnisse. Inger Mewburn, Director of Research Training an der Australian National Univeristy und die Bildungs-wissenschaftlerin Pat Thomson von der britischen Univeristy of Nottingham haben 100 englischsprachige Wissenschaftsblogs ausgewertet: 41 % der Blogs von Wissenschaftler/innen befassen sich mit dem akademischen Betrieb, For-schungsförderungen und mehr; 40 % geht es um die Verbreitung von For-schungserkenntnissen, 34 % beschreiben akademische Praktiken und 24 % in-formieren darüber, was sich gerade in (ihrer) Wissenschaftswelt tut (Mewburn 2013, 1111).

Microblogs

Ein Überblick über Wissenschaftler/innen an Universitäten in den USA und Großbritannien kam 2012 zu dem Ergebnis, dass einer von 40 Forschenden auf *Twitter* aktiv sei (vgl. Priem et al., 2012). Längst wird der Microblogging-Dienst auch von allgemein anerkannten Forschern genutzt wie etwa vom theoretischen Physiker Michio Kaku (Twittername @DrKakusUniverse), dessen Kurznach-richten fast 375.000 Menschen abonniert haben, von der Planetenforscherin Carolyn Porco mit rund 28.500 oder vom Genforscher Craig Venter mit rund 26.500 sog. Followern (Stand jeweils Januar 2015). Auch Nobelpreisträger nut-

zen die virale Maschine *Twitter* wie etwa Peter Doherty, Sir Harold Kroto oder Brian Schmidt (vgl. Lugger 2014).
Der Erfolg des auf 140 Zeichen beschränkten Nachrichtennetzwerks in den Wissenschaften lässt sich auf einige zentrale Punkte zurückführen:

• Ideen von Anfang an teilen:

> At the start of the ‚life cycle' of a scientific publication, twitter provides a large virtual department of colleagues that can help to rapidly generate, share and refine new ideas,

schreiben Emily Darling und Kolleg/innen in ihrer exemplarischen Untersuchung des Einflusses von *Twitter* auf den Lebenszyklus wissenschaftlicher Publikationen im Bereich der Meeresbiologie (Darling et al. 2013, 2). Dies gilt natürlich nur unter der Voraussetzung, dass der Einzelne sich mit Kollegen ‚vernetzt'.

• Ideen verbreiten: Studien, auf die via *Twitter* aufmerksam gemacht wird, erreichen nicht nur andere Forscher, sondern auch Entscheidungsträger, Journalisten und die breite Öffentlichkeit, die den wissenschaftlichen wie gesellschaftspolitischen Einfluss einer Publikation verstärken können (vgl. Darling et al. 2013, 2).

• Netzwerken: Über den *Twitter*-Austausch – oft kombiniert mit weiterführenden Diskussionen in Blogs – können Forschungsarbeiten weiter befördert werden und neue Forschungskooperationen entstehen (vgl. Darling et al. 2013, 8).

• Zeitnaher Nachrichtendienst: Jeder *Twitter*-Account kann von jedem *Twitter*-Nutzer abonniert werden. Auf diese Weise können Forschende wie Laien sich unterschiedliche themenspezifische Listen der für sie interessanten *Twitter*-Accounts anlegen und diesen oder bestimmten Schlagworten (Hashtags, #) folgen. Dies ermöglicht themenzentrierte Debatten.

• Konferenzticker: Konferenzen profitieren von dem Microblogging-Dienst in besonderer Weise. Die Veranstalter einigen sich auf einen sog. Hashtag, beginnend mit dem Zeichen „#". Unter diesem können alle Interessierten das Geschehen der Tagung verfolgen, auf Blogeinträge und Berichte verweisen, auf Hintergrundliteratur verlinken und mehr. Schon ein einzelner einflussreicher *Twitter*-Aktiver, der von einer Konferenz live berichtet, kann so tausende von interessierten Personen rund um die Welt erreichen (vgl. Shiffman 2012, 262).

Insbesondere bei dem Kurznachrichtendienst *Twitter* zeigen sich also viele Möglichkeiten, Informationen multi-direktional auszutauschen. Deshalb glauben etwa Emily Darling und Kolleg/innen, dass Microblogging – ob unter dem Label *Twitter* oder einem anderen – einen nachhaltigen Einfluss auf die Entwicklung und Kommunikation wissenschaftlichen Wissens haben wird (Darling et al. 2013, 4).

Weitere Netzwerke

Das nutzerstarke öffentliche Netzwerk *Facebook* wird von einzelnen Forschern teilweise ähnlich wie *Twitter* zum Verbreiten neuer Fachberichte und für schnelle Reaktionen sowie Diskussionen in den Kommentaren verwendet. Auf *Facebook* wird jedoch bei weitem keine vergleichbare Reichweite erzielt, denn es ist anders als *Twitter* ein symmetrisches Netzwerk, d.h. die Freundschaftsnetzwerke auf *Facebook* sind meist privat und vieles an Information wird nur in diesen Kreisen geteilt (vgl. Könneker 2012, 186).

Für Forschungsinstitutionen, Universitäten, Akademien etc. wie auch für regelmäßige Konferenzen erfüllt *Facebook* häufig die wichtige Funktion der Gemeinschaftsbildung. Eine besonders große Anhängerschaft erlangen auf *Facebook* wissenschaftliche Seiten, die Forschung primär von der humoristischen Seite aus betrachten und den Spaß an Wissenschaft verbreiten, wie etwa die Fanpage von *I fucking love Science*,[2] die mehr als 20 Mio. Fans zählt (Stand Juni 2015).

Neben Blogs, Microblogs und sozialen Netzwerken spielen noch viele weitere Netzwerke und in diesen insbesondere Diskussionsgruppen auf Portalen wie *ResearchGate*, *Academia.edu*, *LinkedIn*, *Xing* etc. eine wichtige Rolle. Diese sind jedoch weniger der Öffentlichkeit zugewandte Dialoge, sondern dienen häufig für fachinterne Debatten.

---

2   https://www.facebook.com/IFeakingLoveScience

Videos

Bei Videos zu Forschungsthemen reicht das Spektrum ebenfalls von unterhaltend bis hoch spezialisiert. Eine hohe Viralität, also große Abrufzahlen von über Zehntausenden bis in die Millionen, erzielen auch in der Wissenschaft Spaß- und Musikvideos. Ebenso haben professionelle Videos von Produzent/innen, die Wissenschaft auf besonders unterhaltende Weise verbreiten, eine hohe Reichweite, wie etwa *Vsauce*[3] mit über 8,9 Mio. oder *Veriatsium*[4] mit über 2,5 Mio. Abonnent/innen auf dem Online-Videoportal *YouTube* (beide Stand Juni 2015).

Innerhalb der Wissenschaften ergänzen Videos zudem zunehmend den Methodenteil wissenschaftlicher Publikationen. Solche Videos, die einen wissenschaftlichen Abstract untermauern, werden heute nicht nur Fachzeitschriften wie *Cell*, *Current Biology* oder *Journal of Number Theory* beigefügt, sondern oft zusätzlich auf *YouTube* eingestellt (vgl. Spicer 2014, 6). So können auch diese Fachvideos ein breites Publikum erreichen.

4 Sprachbarrieren überwinden

Eine der größten Hürden auf dem Weg zum Dialog im Digitalzeitalter ist die Sprache. Dies beginnt mit den wissenschaftlichen Publikationen, die in ihren Fachsprachen für Fachfremde weitgehend unverständlich bleiben.

So lägen laut der Zell- und Molekularbiologin Christie Wilcox Fachartikel heute zwar nicht mehr zwingend hinter Bezahlschranken, aber größtenteils hinter Sprachbarrieren: „Barriers that keep the people we want to become more scientifically literate from understanding what we do because they do not know the terminology" (Wilcox 2012, 85). Die meisten Menschen seien eben keine Wissenschaftler und selbst wenn, so hätten sie Probleme, Literatur außerhalb ihrer Fachgebiete zu verstehen, befindet der Soziologe Thomas Dietz (2013, 14081). Der Historiker Valentin Groebner (2013, N5) spricht sogar von „schwer verständlichen Fachsprachen, in deren Beherrschung man ein paar Jahre investieren muss; und zwar dafür, damit nicht jeder mitreden kann."

Baruch Fischhoff (2013, 14037) hat in einem Überblicksartikel zum Sackler-Kolloquium *The Science of Science Communication* 2012 Rahmenbedingungen für

---

3   https://www.youtube.com/user/Vsauce
4   https://www.youtube.com/user/1veritasium

eine gelingende Kommunikation in Richtung Zielgruppe zusammengefasst: „A communication is adequate if it contains the information the recipients need, in places that they can access, and in a form that they can comprehend." Wollen Wissenschaftler von allgemein an Wissenschaft Interessierten und fachfremden Forschern verstanden werden, so müssen Fachtermini also beschreibenden und einordnenden Bildern weichen. In diesem Sinne wäre etwa in der einleitenden Zusammenfassung (Abstract) von öffentlich zugänglichen Fachartikeln mehr Verständlichkeit wünschenswert. In den meisten Publikationen richten sich Autoren jedoch auch im Abstract sprachlich an ihrer Fachgemeinde aus. Die *PNAS* (*Proceedings of the National Academy of Sciences*) fordern daher zusätzlich zum Abstract ein sog. *significance statement* ein, das maximal 120 Wörter lang sein darf und explizit die Bedeutung der wissenschaftlichen Arbeit für eine allgemein interessierte Öffentlichkeit erklären soll. Dabei sollten sich die Autoren um eine verständliche Sprache bemühen. Verständlichkeit kann rein handwerklich durch die Einhaltung basaler Grundregeln erreicht werden, wie sie etwa am Nationalen Institut für Wissenschaftskommunikation in Karlsruhe (NaWik) gelehrt werden. Dazu zählen u.a. das Vermeiden von Fachbegriffen und unnötigen Fremdwörtern, das Formulieren in kurzen, prägnanten Sätzen statt in komplexen Schachtelsätzen, der Vorzug von Verbal- gegenüber Nominalstil sowie von Aktiv- gegenüber Passivkonstruktionen und mehr.

Jenseits ihrer Publikationen haben Wissenschaftler ein breites Spektrum an Möglichkeiten, sich in einer allgemein verständlichen Sprache über ihr Forschungsgebiet zu äußern. Traditionell sind dies etwa Essays, Kommentare und Besprechungen in klassischen Medien – von der Tageszeitung bis zur Stellungnahme in einer Fernsehdiskussion – meist auf Einladung einer Redaktion. In der digitalisierten Gesellschaft werden diese Formate nun von Blogs und weiteren Formaten ergänzt, deren Ausrichtung und Frequenz Wissenschaftler selbst bestimmen können. Die sozialen Medien haben wiederum eigene Rahmenbedingungen – und Sprachbilder. Wer diese Medien nutzt, braucht also eine gewisse Mehrsprachigkeit, um sich damit der Bereichslogik des Gegenübers anzunähern. Häufig äußern sich Blogautor/innen etwa authentisch als Ich, geben Meinungen preis, sind als Mensch erkennbar. Für die Leser eines Blogs erzeugt dies Nähe zum Autoren. Wissenschaft kann damit an Transparenz gewinnen.

Kurznachricht auf Twitter von @JohnFBruno am 10.02.2013:

„new result: fish composition shift on 15 Belize reefs following 2010 #lonfish invasion thx to @AbelValdivia @figshare pic.twitter.com/fixciCTP"

Abb. 2: *Twitter*-Beitrag mit Folgen

Twitter-Beitrag von John Bruno, Meeresökologe an der Universität North Carolina Chapel Hill, am 10.02.2013. Bruno machte darin auf eine Grafik, die auf der Plattform *figshare* gezeigt wurde, aufmerksam. Auf diesen Tweet reagierte später der damalige PhD-Student Grantly Galland (@GrantlyG) am Scripps Institute of Oceanography in San Diego. Dieser hatte ebenfalls Untersuchungen in der gleichen Region gemacht. Aus der *Twitter*-Konversation ist eine Forschungskooperation zu den ökologischen Folgen der Invasion der Feuerfische in der Karibik entstanden. [Anmerkung: #lonfish sollte #lionfish lauten].

Twitter mit seinen vielen Kürzeln zeigt (vgl. Abb. 2), dass jedes Medium andere Zielgruppen anspricht und mitunter sogar eine ganz eigene Sprachwelt entwickelt – etwa ‚#' für Hashtag, ‚RT' oder ‚MT' für eine weitergeleitete oder veränderte *Twitter*-Nachricht (Retweet bzw. modified Tweet) und mehr. Dabei stecken hinter diesen Kürzeln weitere Nachrichten, und der Austausch kann, wie das Beispiel in Abb. 2 zeigt, sogar zu neuen Forschungskooperationen führen.

5   Vertrauen, Dialog, Rückkopplung

Das World Wide Web bietet also neue Möglichkeiten für Transparenz in der Forschung – unter Nutzung der neuen Medien und Überwindung der Sprachhürden. Immerhin wollen interessierte Bürger Informationen aus erster Hand, wie eine Umfrage im Auftrag der Europäischen Kommission belegt (vgl. European Commission 2010, 91). Sie halten etwa Forscher an Universitäten und öffentlich geförderten Forschungsinstituten zu 63 % für am besten qualifiziert, potenzielle Auswirkungen von Forschung auf die Gesellschaft zu erklären.

Forschung beeinflusst die Gesellschaft und erfordert politische Entscheidungen wie etwa zum Thema Fracking oder Grüne Gentechnik. In diesem Sinne können Menschen sich zwar dafür entscheiden, keine Wissenschaft zu betreiben, aber sie können nicht wählen, diese zu ignorieren, wie Baruch Fischhoff treffend beschreibt (Fischhoff 2013, 14033). Deshalb ist es notwendig, dem Wunsch der Bürger nach Erklärung und Aufklärung in einer möglichst direkten Weise nachzukommen. Durch die neuen Medien und die neue Medienoffenheit von Wissenschaftlern kann dies gelingen. Dabei zählt nicht alleine der

Zugang zu Information. Es zählen insbesondere Transparenz und Dialogformate, die Menschen verbinden, denn diese ermöglichen den Forschern auch, den Wissensstand und die kritischen Fragestellungen der Dialogpartner zu eruieren und im Besonderen darauf einzugehen.

Das zentrale Kennzeichen der sozialen Medien sind die neuen Formen des Dialogs. Dieser Austausch wird von den Nutzern eingefordert. So beschreibt etwa die amerikanische Kommunikationsexpertin Dominique Brossard in einem Essay im Online-Journal *Mètode* (2014): „What remains clear is that online users want a space for discussion, whatever form it might take."

In den neuen sozialen Netzwerken aktive Wissenschaftler sind auch für interessierte Laien erreichbar. Durch ihre Präsenz in diesen Medien zeigen sie ihre Dialogbereitschaft. Für einen gelungenen Umgang mit Kommentaren und Dialogen ist es wichtig, dass sie den Nutzern die notwendige Aufmerksamkeit widmen und prüfen, welche weiterführenden Informationen für diese Zielgruppe relevant für einen weiteren Diskurs sind. Aber auch umgekehrt können Fragestellungen aus den sozialen Netzwerken für die eigene Forschung relevant sein. Werden Interessen und Fragestellungen von Wissenschaftlern ernst genommen, kann dies u.U. eine rückkoppelnde Wirkung auf innerwissenschaftliche Mechanismen haben. Es kommt zu einem Austausch zwischen Fachexperten und interessierter Öffentlichkeit auf Augenhöhe.

Jeder an Wissenschaft Interessierte kann auf diesen Wegen zum Zeugen der Wissenschaft und Begleiter von Erkenntnisprozessen werden. Die Möglichkeiten des digitalen Wandels bieten in diesem Rahmen bis hin zu Citizen-Science-Projekten inzwischen ein breites Spektrum. Inwieweit diese Rückkopplung, der eingeforderte Dialog zwischen Wissenschaft und Gesellschaft, wissenschaftlicher Erkenntnisfindung dienlich ist, ist künftig genauer zu untersuchen. Es liegt auch an der Wissenschaft als System, Vor- oder Nachteile zu analysieren und möglichst zu bestimmen, wie die externe Wissenschaftskommunikation 2.0 auf die interne wirkt – und umgekehrt. Die Gegenwart jedenfalls ist geprägt von diesem digitalen Wandel hin zu einer wieder verstärkt öffentlichen Wissenschaft, in der Kommunikation mit wechselnden Zielgruppen eine zentrale Rolle spielt.

Literatur

Bik, Holly M./Goldstein, Miriam C.: An Introduction to Social Media for Scientists. In: PLoS Biology (2013), 11(4): e10001535, doi:10.1371/journal.pbio.1001535.

Busemann, Kathrin: Wer nutzt was im Social Web. Ergebnisse der ARD/ZDF Onlinestudie. Media-Perspektiven 7-8 (2013), .391-399.

Brossard, Dominique: Science, Its Publics and New Media. Reflecting on the Present and Future of Science Communication. In: Mètode 80 (2014) http://metode.cat/en/Issues/ Monographs/The-Science-of-the-Press/Ciencia-public-i-nous-mitjans (10.04.2014).

Darling, Emily S. et al.: The role of Twitter in the life cycle of a scientific publication. In: PeerJ Preprints (2013), 1:e16v1 http//dx.doi.org/10.7287/peerj.preprints.16v1 (10.04.2014).

Dietz, Thomas: Bringing values and deliberation to science communication. In: PNAS, Bd. 110, H. 3 (2013), 14081-14087.

European Commission: Science and Technology. Report. In: Special Eurobarometer 340, Wave 73.1., 2010.

Fausto, Sibele et al.: Research Blogging: Indexing and Registering the Change in Science 2.0. In: PloS ONE (2012), 7 (12) e50109.

Fischhoff, Baruch: The Sciences of Science Communication: Overview. In: PNAS, Bd. 110, H. 3, 14033-14039.

Groebner, Valentin: Muss ich das lesen? Ja, das hier schon. Wissenschaftliches Publizieren im Netz und in der Überproduktionskrise. In: F.A.Z., 06.02.2013 Forschung und Lehre N5.

Könneker, Carsten: Wissenschaft kommunizieren. Ein Handbuch mit praktischen Beispielen, Weinheim, 2012.

Könneker, Carsten/Lugger, Beatrice: Public Science 2.0 – Back to the Future. In: Science, Bd. 342 (2013), 49-50.

Lugger, Beatrice: Zwitscherndes Lindau, zwitschernde Laureaten. In: Quantensprung, 2014, http://www.scilogs.de/quantensprung/zwitscherndes-lindau-2014-zwitschernde-laureaten/(13.07.2014).

Mewburn, Inger/Thomson, Pat: Why do Academics Blog? An Analysis of Audiences, Purposes and Challenges. In: Studies in Higher Education (2013), Bd. 38, H. 8, 1105-1119. http://dx.doi.org/10.1080/03075079.2013.835624 (31.01.2015)

Priem, Jason/Costello, Kaitlin/Dzuba, Tyler: Prevalence and Use of Twitter among Scholars. In: figshare (2012), http://dx.doi.org/10.6084/m9.figshare.104629 (31.01.2015).

Scheufele, Dietram A.: Communicating Science in Social Settings. In: PNAS, Bd. 110, H. 3 (2013), 14040-14047.

Shiffman David S.: Twitter as a Tool for Conservation Education and Outreach: What Scientific Conferences Can Do to Promote Live-Tweeting. In: Journal of Environmental Studies and Sciences (2012), DOI 10.1007/s13412-012-0080-1.

Smith, C. Llewellyn et al: Knowledge, Networks and Nations: Global Scientific Collaboration in the 21st century. The Royal Society (2011), RS Policy document 03/11.

Spicer, Scott: Exploring Video Abstracts in Science Journals: An Overview and Case Study. In: Journal of Librarianship and Scholarly Communication (2014), Bd. 2, H. 2: eP1110.

Stilgoe, Jack/Lock, Simon J./Wilsdon, James: Why Should we Promote Public Engagement with Science? In: Public Understanding of Science (2014), Bd. 23, H. 1, 4-15.

Wilcox, Christie: It's Time to e-Volve: Taking Responsibility for Science Communication in a Digital Age. In: The Biological Bulletin. 01.04.2012, Bd. 222, H. 2, 85-87.

Zetzsche, Indre/Banthien, Henning/Schrögel, Philipp: Vom Zentrum in die Peripherie und zurück. Annäherungen zwischen Wissenschaft und Gesellschaft. Europa-Newsletter des Bundesnetzwerkes Bürgerschaftliches Engagement, 05.11.2013, http://www.b-b-e.de/fileadmin/inhalte/aktuelles/2013/11/enl_9_Gastbeitrag_Zetzsche %20Banthien_Schroegel.pdf (31.01.2015).

Das Rezensieren von wissenschaftlichen Publikationen und Sachbüchern

Burkhard Müller

1

Um über das Rezensieren wissenschaftlicher Publikationen etwas sagen zu können, muss ich den Gegenstand dieses Aufsatzes etwas weiter fassen und mich auf das Rezensieren von Sachbüchern konzentrieren, denn nur in diesem Bereich fühle ich mich zuhause. Mein Beitrag erfolgt dabei nicht im Sinne einer theoretischen Analyse, sondern er versteht sich als Bericht von einer Praxis.

Ich arbeite seit vielen Jahren als Literaturkritiker für große Tageszeitungen. Diese öffnen ihre Feuilletonseiten nur in Einzelfällen für im engeren Sinn wissenschaftliche Schriften, haben aber ein großes Interesse an Sachbüchern, d.h. an solcher Literatur, die es unternimmt, Wissenschaft einem allgemeinen Publikum zugänglich zu machen. In dem, was ich tue, findet also ein Vermittlungsprozess zweiten Grades statt: Das Sachbuch vermittelt die Wissenschaft, ich vermittle das Sachbuch. Das klingt zunächst etwas nach Verwässerung. Es ist aber dennoch eine verantwortungsvolle Aufgabe. Sie umfasst die Zurichtung eines z.T. hochspeziellen Wissens für die Bedürfnisse der Gesellschaft im Allgemeinen oder doch zumindest das Zeitungspublikum – eine Aufgabe, die in dem Maß noch an Bedeutung gewinnt, wie Wissenschaft das Leben auch des ihrer unkundigen Einzelnen immer mehr prägt und zugleich die Hürden ihrer Verständlichkeit immer höher steigen.

Ein Kritiker, wie ich diese Tätigkeit verstehe, ist der ‚Vorkoster‘ für die Allgemeinheit. Darum sollte er seinerseits sich nicht allzu sehr spezialisieren, sondern sich seine relative Voraussetzungslosigkeit im Umgang mit neuem Wissen sorgfältig bewahren und wie eine Wünschelrute handhaben. Was er nicht versteht, das verstehen die Anderen mit einiger Wahrscheinlichkeit auch nicht – und gerade die Fähigkeit, dies zu spüren, fehlt oft dem Fachmann, der sich um Erklärungen müht.

Der Rezensent von Sachbüchern tut hierbei im Grunde nichts anderes als auch der Rezensent von literarischen Werken, die beispielsweise bei der *Süd-*

deutschen Zeitung auf derselben Seite ‚Literatur' besprochen werden (wenngleich die beiden Bereiche von zwei verschiedenen Redakteuren betreut werden). Drei Teilaufgaben lassen sich hier wie dort benennen: die Auswahl; das Referat; das Urteil. Aber es verschieben sich in typischer Weise die Gewichte.

2

Es erscheint ja immerzu eine unübersehbare Masse von Büchern, Fiction und Nonfiction gleichermaßen. Was davon verdient es, einer breiteren Aufmerksamkeit zugeführt zu werden? Damit, ein Buch überhaupt zu besprechen, und mit dem gewählten Umfang der Besprechung sind bereits Entscheidungen gefallen: Wenn das Buch viel Raum erhält, ist es als bedeutsames eingestuft, auch falls es verrissen werden sollte; oder es hat jedenfalls bewiesen, dass es zumindest für Eines gut ist, nämlich als abschreckendes Beispiel.

Das Referat, also die einfache Mitteilung, worum es geht, spielt beim Sachbuch naturgemäß eine andere Rolle als in der Belletristik. Dort kommt es viel mehr auf das Wie als auf das Was an. Lyrischen Werken kommt man referierend so gut wie gar nicht bei, und auch bei Romanen zeugt es häufig von einer gewissen Ratlosigkeit des Rezensenten, wenn er sich v.a. auf die Nacherzählung verlegt. Beim Sachbuch aber liegt hier eindeutig der Schwerpunkt. Anders als bei der Belletristik geht es nicht in erster Linie darum, dem Zeitungsleser den Kauf des Werks entweder zu empfehlen oder aber nicht; sondern in vielen, vielleicht in den meisten Fällen ersetzt die Rezension die Lektüre der Ganzschrift. Hier steht die Buchkritik dem Ressort ‚Wissen' recht nahe, das gleichfalls in gedrängter Form über neue Forschungsergebnisse zu berichten hat. Auch dem Bericht über wissenschaftliche Tagungen, Ausstellungen und ähnlichem kommt die Sachbuchkritik nahe. Der Leser soll und will v.a. erfahren, was in Gebieten gegenwärtig passiert, die am Rande oder außerhalb seines professionellen Bereichs liegen.

Die Kategorie des Urteils, an dem der Leser von Belletristik-Kritik das Hauptinteresse nimmt, tritt hingegen zurück. Der Kritiker sollte es selbstverständlich nicht verschweigen, wenn ein Buch seiner Ansicht nach besonders gut oder besonders schlecht ist, er sollte Stellung nehmen zu neuartigen oder zweifelhaften Ergebnissen und Methoden, auch der Stil ist nicht gänzlich gleichgültig usw. In vielen Fällen stellt aber das Urteil nur eine Art Coda des Referats dar, der möglichst knappen, spannenden, begreiflichen Inhaltsangabe.

3

Bei Fach-Rezensionen im engeren Sinn, wie sie in den Fachzeitschriften erscheinen, empfiehlt es sich, ein wiederkehrendes, verlässliches Muster im Aufbau einzuhalten; das erleichtert die professionelle Kommunikation, und die Lektüre gehört zur Berufstätigkeit. Im Feuilleton hingegen hat auch der Wunsch, unterhalten zu werden (wenngleich natürlich auf gehobenem Niveau!) seinen legitimen Ort. Deswegen stellt ein derartiges Muster eine große Gefahr dar. Die Aufgabe, ein Buch vorzustellen, bleibt immer die gleiche und begünstigt das sog. Runterrezensieren, die Abhasplung vieler gleichförmiger Texte neben- und nacheinander. (Im Verdacht, dies und bloß dies zu tun, steht die Literaturseite ja grundsätzlich und immer.) Gerade weil die Aufgabe sich gleich bleibt, sollte der Kritiker hier also auf eine große Variabilität der Form achten.

Er sollte sich dabei die folgenden Fragen vorlegen: Welche im besonderen Maß aktuelle Seite kehrt das Buch der Öffentlichkeit zu? An welches Lesepublikum denkt es, wem sollte man es ans Herz legen? Besteht die Möglichkeit, mit einer reizvollen Anekdote oder Episode einzusteigen? Hat der Band Bilder, die sich als Lockmittel verwenden lassen? Die moderne Literatur hat ja mit Nachdruck die alte Formel des Horaz zurückgewiesen: Sowohl nützen als auch vergnügen wollen die Dichter. Auch die Fachwissenschaft unter sich will vom Vergnügungswert nichts wissen. Das Sachbuch und der Bericht vom Sachbuch (die sich als Textsorten deutlich näher stehen als beispielsweise ein Roman und seine Kritik) müssen sich hier um eine gewisse Balance bemühen, die nicht immer dieselbe sein wird, die man aber nicht ganz aus dem Blick verlieren sollte.

Die Aufgabe mag sich immer gleichen, aber die Sachbücher weisen doch untereinander einen größeren Grad von Verschiedenheit auf als die Werke der Belletristik. So verschiedenartig sind die Sachbücher i.d.T. und folglich auch die Kritik, die auf sie zu reagieren hat, dass mir, bis ich diesen Beitrag zu schreiben hatte, nicht einmal recht zum Bewusstsein kam, wie sehr es sich hier um ein einziges Problemfeld handelt.

4

Angesichts der Fülle von Titeln, die beim Sachbuch noch größer sein dürfte als bei der Fiction, stellt sich natürlich die Frage: Wie kommt der Rezensent zu seinen Büchern? Dafür gibt es drei Wege: Erstens erstellt die Zeitung zweimal pro Jahr, zu den Messeterminen, eine Liste von Neuerscheinungen, die eventuell der Betrachtung wert sind. In diese Liste können sich die Mitarbeiter eintragen. Dabei kommt es regelmäßig zu dem Phänomen, dass die Augen größer sind als der Magen, d.h. dass man viel mehr ankreuzt, als man je wird rezensieren können. Das dampft man dann auf ungefähr zwanzig ein. Auf dieser Liste nehmen die Sachbücher stets mehr Raum ein als die Belletristik, aus dem einfachen Grund, dass sie schon in ihrem Titel meist deutlich verkünden, wovon sie handeln (während die belletristischen Titel gern geheimnisvoll tun und die Namen der Autoren mir oft nichts sagen). Und diese Titel machen Appetit.

Zweitens braucht ein Rezensent sensible Redakteure, die ahnen, was etwas für ihn, den Rezensenten, sein könnte, und ihm das Buch als ‚Wundertüte' zuschicken. Der Rezensent sollte dies auch im Fall einer großen Überraschung nicht von sich weisen. Sein zuständiger Redakteur hat ihm eine Fortbildung verordnet, und er sollte sich erinnern: Vorkoster ist er, und ein solcher hat kein Recht, eine Speise zurückzuweisen, das ist er seinem Auftraggeber schuldig. Der einzige Bereich, den ich konsequent meide, ist die Musik, weil ich von ihr rein gar nichts verstehe. Aber schon an Büchern über Mathematik, bei der es für mich kaum besser aussieht, reizt es mich, wie und ob der Autor es wohl schafft, ein überaus komplexes Problem wie ‚Fermats letzten Satz' einem allgemeinen Publikum näher zu bringen, bzw. auf welche erzählerischen Schliche er sich verlegt, wenn er das für hoffnungslos hält.

Drittens darf der Kritiker dann und wann auch einen eigenen Vorschlag unterbreiten, für den er dann allerdings immer auf die ein oder andere Weise wird kämpfen müssen, wobei er den stets präsenten Verdacht zu entkräften hat, es liege ein Fall von ‚Autornähe' vor – ein häufig berechtigter Verdacht!

Bleibt noch anzumerken, dass es sich bei Rezensent und Redakteur um zwei sehr unterschiedliche Berufsbilder handelt. Der Redakteur (oder besser die Redaktion, denn einen Einzelnen überfordert diese Aufgabe dann doch) hat das ganze riesige Feld, in dem die Bücher sich zutragen, im Blick zu behalten; der Rezensent hingegen lebt eine Etage tiefer, Aug in Auge mit dem Einzelbuch, so wie der ‚zivile' Leser auch, dem er vorzufühlen hat, um herauszufinden, was genau dieses Buch taugt. Außenstehende staunen regelmäßig, was der professionelle Kritiker alles kennt – und gleich darauf, was er alles nicht kennt, welche riesigen leeren Flächen sich in seinem weitgespanntem Lese-Archipel zwischen den Inseln der Lektüre auftun.

5

Jeder Fall liegt ein wenig anders. Ich möchte im Folgenden eine Reihe solcher Fälle vorstellen, und bitte darum, es nicht für bloße Eitelkeit zu halten, wenn ich mich dabei auf meine eigenen beschränke, denn nur zu diesen kann ich mich mit Bestimmtheit äußern. Ich möchte um Nachsicht bitten, dass ich hierbei nicht systematisch, sondern exemplarisch verfahre; denn wie die Rezension sich nicht von einem System leiten lassen sollte – tut sie es doch, so macht sie sich rechthaberisch taub für die Eigenart ihres Gegenüber und verliert die Empfänglichkeit für das Andere und Neue –: so braucht auch dieser Beitrag das Besondere, um etwas im Allgemeinen zu zeigen.

a. In den Geisteswissenschaften hat sich die Schere zwischen fachlicher Forschung und allgemeiner Verständlichkeit nicht so weit geöffnet wie beispielsweise in der Physik. Hier haben auch grundlegende Fachwerke eine Chance, vom allgemeinen Publikum beachtet zu werden – und das allgemeine Publikum hat die Chance, ohne Umwege an einem Fachdiskurs teilzuhaben. Entsprechend gestaltet sich die Rezension etwa von Albrecht Koschorkes *Erfindung und Wahrheit. Grundzüge einer allgemeinen Erzähltheorie*, das zudem den Vorteil eminenter Lesbarkeit besitzt. Hier wendet sich, wie das Buch, so auch die Kritik an beide Seiten zugleich: an den Binnenraum des Fachs und an die Zaungäste. So leicht hat man es selten. Über das referierende Element hinaus habe ich mir nur die Anmerkung erlaubt, dass es diesem hervorragenden Buch ein wenig an konkreten Beispielen mangelt, dass gerade aber hier die Chance des breiten Anschlusses für die künftige Forschung liegt.

b. Etwas anders lagen die Dinge bei der Habilitationsschrift des germanistischen Linguisten Winfried Thielmann: *Deutsche und englische Wissenschaftssprache im Vergleich: Hinführen – Verknüpfen – Benennen*. Hier galt es zunächst der Redaktion darzutun, dass die Autornähe (wir sind beide an der TU Chemnitz tätig) in diesem Fall weniger ins Gewicht fiel als das allgemeine Interesse: Tief vergraben in der Spezialtextsorte ‚Habil‘, die Manchen *per se* als unlesbar gilt, schlummerte eine

Erkenntnis, die sehr vielen nutzen dürfte, und zwar die von der grundlegenden Verschiedenheit des Aufbaus wissenschaftlicher Beiträge in den beiden Sprachen. Gerade Wissenschaftler/innen, die an sich gut Englisch sprechen, sind immer wieder verblüfft, dass ihre englischen Fachbeiträge nicht funktionieren. Dazu aber kommt es, weil deutsche Wissenschaftstexte anderen Gesetzen der Verknüpfung gehorchen als angelsächsische; wer davon nichts weiß, der erlebt verblüfft seinen Misserfolg (oder als Leser die Tatsache, dass er nicht mitkommt). Meine Rezension hatte hier die doppelte Aufgabe, die Kernbotschaft zu kontrahieren und die Rezipientengruppe zu multiplizieren. Der Artikel musste darum nüchtern im Textverlauf ausfallen und abschließend den Charakter einer Mahnung annehmen; er endete sinngemäß mit dem Satz, direkt an die potentiellen Nutznießer gerichtet: ‚Lest es zweimal, schreibt es euch hinter die Ohren und zieht eure praktischen Schlüsse!' So etwas geht natürlich nicht immer.

c. Zuweilen stellt die eigentliche Buchbesprechung das willkommene Mittel dar, um einen allgemeineren Zweck anzusteuern. Dann wandert der entsprechende Text gern von der Literaturseite auf die erste Seite des Feuilletons und wird zum ‚freien Stück'. Ein Beispiel wäre *Der Professor und sein Gehalt*, die Promotionsschrift des Historikers Christian Maus. Normalerweise haben es Promotionen noch schwerer als Habilitationen, es ins Feuilleton zu schaffen. Diese aber gestattete es, die gegenwärtige Gefährdung der Universität, wie sie sich im schwindenden Prestige der Professoren ausdrückt, plötzlich in historischer Perspektive zu sehen, so eng der Gegenstand auch gefasst schien – die Besoldung juristischer Professuren an ausgewählten preußischen Universitäten zwischen 1800 und 1945: Sie verlieh dem Themenkreis der heutigen W-Besoldung historische Tiefe. Genau genommen war dies keine Rezension mehr; doch ohne den rezensorischen Kondensationskern hätte der umfangreiche Text weder entstehen, noch auch erscheinen können: Denn Tageszeitungen brauchen immer den akuten Anlass, um in chronische Gefilde vorzustoßen.

d. Gar nicht so selten geschieht es dank der geheimen unterirdischen Kanäle der Zeitgenossenschaft, dass zur selben Zeit zum selben Thema verschiedene Bücher erscheinen. Dann scheint sich eine Sammelrezension zu empfehlen. Ich schreibe ‚scheint', weil hier die Gefahr des Massengrabs lauert. Nirgends droht so große Langeweile wie bei einer additiv verfahrenden Sammelrezension. Das gemeinsame Thema muss hier verbinden und befeuern. Am freudigsten reagiert der Kritiker, wenn jedes einzelne der besprochenen Bücher auf je seine Weise dem Gegenstand unangemessen bleibt: Dann nämlich bietet sich ihm, indem er deren Mängel analysiert, die Chance, unauffällig seinen eigenen Befund zur Sache zu lancieren. Vor zwei Jahren wurden gleich drei Bücher veröffentlicht, die sich dem Bösen verschrieben hatten: Terry Eagletons *Das Böse*, Eugen Sorgs *Die Lust am Bösen* und Robert J. Simons *Die dunkle Seite der Seele*. In diesem Fall lautete der kritische Befund, dass es aussichtslos sei, eine im Kern theologische Kategorie isoliert in eine säkulare Umwelt zu retten, sozusagen einen Nordpol zu behalten, nachdem man den Südpol verabschiedet hat; und dass angesichts dieses Faktums (mehr geahnt als erkannt) Journalisten, Psychiater und politische Meinungsbildner in gleicher Weise zu einer gereizten und autoritären Haltung neigen. Aber man muss bei diesem Typ von Kritik aufpassen, dass der Vorrang des Buchs gegenüber dem persönlichen Anliegen gewahrt bleibt. Was bei einem Kritiker wirklich ganz und gar unverzeihlich ist: sich selbst für die maßgebliche Größe seiner Kritik zu halten. Er hat eine dienende Aufgabe, er steht in der Pflicht nach beiden Seiten, zwischen denen er zu vermitteln hat. Dem Buch und dessen Verfasser schuldet er Gerechtigkeit, dem Leser Wahrheit.

e. „Das Neue ist nur selten das Gute, weil das Gute nur kurze Zeit das Neue ist", sagt Schopenhauer. Zeitungen stehen aber vor dem Problem, dass sie schlechterdings nur über das Neue berichten können. Wie also verschafft man dem Guten, das schon älter ist, Gehör? Die Lösung liegt häufig in der Besprechung von Editionen und Übersetzungen. Wenn also etwa der Wallstein-Verlag eine Neuausgabe von Knigges *Ueber den Umgang mit Menschen* vorlegt, so darf der Rezensent zunächst seiner Freude Ausdruck verleihen, dass es sie gibt (ohne sich an die technischen Details zu verlieren) – das wäre sozusagen die Sachbuchbesprechung ersten Grades, die Anzeige der Edition. Dann aber kann er sich dem zuwenden, was dieses Buch an sich wäre, welche Einsichten in eine vergangene Zeit und welchen Wert für die Gegenwart es bietet; auch auf dieser zweiten Ebene ist es zweifellos ein Sachbuch.

Der kritische Grundcharakter von Stücken dieser Art wird zumeist durch Wohlwollen gelindert und durch eine erzählerische Haltung verwandelt sein. Bei Knigge bin ich mit einem kleinen Witz eingestiegen: Herr Knigge erleidet Schiffbruch, klammert sich an eine Planke; da kommt ein Hai daher, Knigge zückt sein Schweizer Armeemesser, um sich zu verteidigen, der Hai aber schüttelt den Kopf und sagt: „Aber Herr Knigge – Fisch mit Messer!" Dieser Witz hat insofern zielführende Funktion, als er dem Leser versichert, er dürfe sich

nunmehr einfach zurücklehnen und es würde ihm in vollem Maß eine Doppel-
ration Belehrung und Unterhaltung verabfolgt, anhand eines Werks, das alle
dem Namen nach und keiner aus eigener Lektüre kennen. Auch hier gilt: So
etwas darf man nur einmal machen (oder frühestens nach einem Jahr wieder,
denn die Tageszeitung ist ein Medium mit kurzem Gedächtnis), dann vermag es
als Überraschung zu wirken; schon beim zweiten Mal käme es als narzisstischer
Tick daher.

f. Auch Sachbuch-Rezensionen brauchen nicht affektneutral zu sein. Vielmehr
gewinnen sie, wenn ein solcher Affekt mit Aufrichtigkeit vorgetragen wird, eine
zusätzliche Dimension. Als Kurt Flasch Dantes *Göttliche Komödie* neu übersetzt
und kommentiert hat, lieferte er dazu auch einen Begleitband, der hieß *Einladung, Dante zu lesen*. Den empfand ich als eine mir schlechterdings unentbehrli-
che Einstiegshilfe für diesen vielleicht schwierigsten Klassiker der Weltliteratur,
und ich hielt es für angemessen, Flasch dafür meine Dankbarkeit auszudrücken.

Sollte man in einem solchen Fall den Satz formulieren „Ich bin dankbar"?
Früher habe ich so etwas öfter getan, weil ich fand, hier müsste der Rezensent
nun doch einmal den Kopf herausstrecken und sich zu erkennen geben, und
damit Anstoß bei den zuständigen Redakteuren erregt. Heute sehe ich, warum
sie mir dieses Ich streichen wollten: Nicht wie ein freimütiges Bekenntnis wirkt
es, sondern wie die unziemliche Betonung einer Subjektivität, die nur als heuristisches Element ihre Berechtigung hat, aber sich gerade darum besser von der
sichtbaren Oberfläche des Textes fernhält. Heute würde ich stattdessen schreiben „Der Rezensent ist dankbar", auf die Gefahr hin, dass die dritte Person, wo
man die erste erwartet hat, sich immer ein bisschen anhört wie Winnetou.

g. Stücke wie das über Dante/Flasch und über Knigge brauchen, um zu funktionieren, erheblichen Raum, 300 Zeitungszeilen oder mehr. Den rückt die Zeitung nur widerstrebend heraus. Lässt man sich auf enge Vorgaben ein, beispielsweise 100 Zeilen für eine neue Edition und Übersetzung von Platons
Symposion, kann es leicht passieren, dass man sich verhebt. In diesen 100 Zeilen
hatte ich also nicht nur grob darzulegen, worum es inhaltlich ging, sondern auch
die Leistung des Herausgebers und Übersetzers Albrecht von Schirnding zu
bewerten. Da blieb Raum eigentlich nur für eine Bemerkung über die ungewohnte neue Fassung des Titels, die nunmehr weder *Symposion* noch *Das Gast-
mahl* lautete, wie es sich eingebürgert hat, sondern *Ein Trinkgelage*. Einem Wort
die Flügel zu brechen, die ihm gewachsen sind, hat Karl Kraus gesagt, das brin-

ge nur ein philologisches Gewissen fertig. Egal wie richtig oder falsch ich damit lag: die bloße Tatsache, dass ich dies, und nur dies über die Arbeit von Schirndings sagte, tat ihr schweren Abbruch; er beschwerte sich zu Recht bei mir und der Redaktion in einem langen Brief. Das Launige kann seinen Ort nur als Zutat haben (wie der einführende Witz zu Knigge), aber sollte nicht Zentrum sein. Auch ein erfahrener Rezensent ist gegen solche gelegentlichen Fehlgriffe nicht gefeit.

h. Man braucht sich als Rezensent nicht zu scheuen, dasselbe wiederholt zu sagen. Selbst wer sich ans letzte Mal erinnert (und diese Wahrscheinlichkeit ist eher gering), wird doch mit der Einsicht belohnt, wie eingefleischt manche Fehler sind und wie stark der Fluch wirken kann, dass spontan immer alle dasselbe falsch machen. Themen, die ich in Rezensionen schon öfter verhandelt habe, wären z.B.: Warum antike Versmaße im Deutschen nicht funktionieren (weil nämlich der deutsche Druckakzent nicht fest auf den Silben haftet, sondern auf Wanderschaft geht und die Verse unberechenbar macht); warum man keine realistischen Romane über Jesus Christus schreiben sollte (weil nämlich der Realismus immer nur den Menschen Jesus und niemals den göttlichen Christus zutage fördert, der doch eigentlich interessiert); und mit welch schlafwandlerischem Irrtumszwang Darstellungen der Evolutionstheorie, die heute zur Erklärung von allem und jedem aufgeboten wird, den Zweck eines Lebensphänomens als dessen Ursache angeben (wie entstand der Rüssel des Elefanten? – er war so praktisch!) – was nach den eigenen Voraussetzungen der Theorie doch die Todsünde des teleologischen Denkens bedeutet.

Das sind also ein paar von den Themen, auf die ich, ohne sie eigentlich zu suchen, doch immer wieder gestoßen bin. So sehr man Spezialisierungen meiden soll: Vielleicht gibt es ja doch so etwas wie ein Kritikerschicksal. Man sollte sich aber, wenn man wiederholt auf derartige Wiederholungen hinweist, sehr davor hüten, unwillkürlich einen seufzenden oder genervten Ton anzuschlagen; der kommt beim Leser als hochmütige Besserwisserei an. Schärfe kann erforderlich werden, wirkt auch oft belebend; Verdrießlichkeit hingegen ist immer fehl am Platze. Der Rezensent sollte seinem Leser unbedingt in frischem und ausgeschlafenem Zustand gegenübertreten, und er sollte dem Buch nicht wie einem leidigen alten Bekannten begegnen, sondern immer wie einem noch fremden Kind, von dessen Begabung er schon viel gehört hat. Solche Frische gehört zu den spätesten Dingen, die man beim Rezensieren lernt.

6

Am besten lässt sich der Rezensent nicht von dem führen, was er weiß (oder gar bloß meint), sondern von seiner Neugier. So ist es mir z.b. mit dem Sammelband *Warum ist überhaupt etwas und nicht vielmehr nichts? Wandel und Variationen einer Frage* ergangen. Bei diesem Band kam es mir wirklich darauf an, etwas zu erfahren, das ich noch nicht wusste: Damit ich nicht immer nur *über* etwas spreche, sondern das Besprochene einmal auch selbst zu Wort kommen lasse (wenngleich es sich wiederum um meine Worte handelt), möchte ich zum Schluss diesen mäßig langen Text vorlegen und kurz kommentieren, was ich und warum ich es gemacht habe.

Ist der Urknall ein Kaninchen?

Ein Buch zur Geschichte der philosophischen Grundfrage par excellence

1. Es scheint das grundlegendste aller philosophischen Probleme und neigt doch auf merkwürdige Art dazu, sich zu entziehen: Warum ist überhaupt etwas und nicht vielmehr nichts? Die Herausgeber Daniel Schubbe, Jens Lemanski und Rico Hauswald haben sich entschieden, es historisch anzugehen und nennen ihren Band *Wandel und Variationen einer Frage.* Damit haben sie zweifellos das Rechte getan; denn da es in solchen Dingen, anders als bei der Naturwissenschaft, weder Konsens noch Forschungsstand noch Fortschritt gibt und es jederzeit passieren kann ist, dass vom halbvergessenen Satz eines alten Griechen plötzlich neues Licht auf das Ganze fällt, waren sie gut beraten, die Frage auf ihrem Weg durch die Jahrtausende zu begleiten, um an wichtigen Knotenpunkten innezuhalten. Der Band zeichnet sich, bei derartigen Projekten mit vielen Mitwirkenden durchaus nicht selbstverständlich, durch hohe Stringenz der Komposition aus und gibt dem Leser das befriedigende Gefühl, sich über dieses doch sehr beunruhigende Thema so weit informiert zu haben, wie es heute überhaupt möglich ist.

2. Die Autoren entledigen sich ihrer Aufgabe in recht unterschiedlicher Weise. Hubertus Busche, der Leibniz bearbeitet (auf ihn geht die Titelfrage in ihrer kanonischen Form zurück), tut es mustergültig. Man hat bei ihm den Eindruck, auf rund dreißig Seiten ein umfassendes und gut verständliches Kompendium des Leibnizschen Denkens überhaupt zu erhalten – was bei diesem Philosophen, dessen Werk sich auf so viele Einzelschriften verteilt, dass die meisten Laien wohl an der Original-Lektüre verzweifeln, einen unschätzbaren Gewinn bedeutet. Ivo De Gennaro und Gino Zaccaria hingegen bleiben in ihrem Beitrag über Heidegger im Orbit von dessen abweisender Diktion gefangen, ja verdichten sie womöglich noch. Sie schreiben Dinge wie: „Die Unterkunft der Ankunft des Ausbleibens ist nicht solches, was für sich irgendwo besteht und zufällig zur Bleibe des Ausbleibens wird." Derartige Sätze sind wohl nur für jemanden begreiflich, der Heidegger bereits gut kennt. Der aber braucht den vermittelnden Text nicht.

3. Zwei Beiträge verdienen besondere Aufmerksamkeit. Josef M. Gaßner, Harald Lesch und Jörn Müller stellen die aktuellen Positionen von Physik und Kosmologie dar. Sie treten der volkstümlichen Fehldeutung entgegen, mit dem Urknall würde das Universum wie das Kaninchen aus dem Hut des Zauberers gezogen. Vielmehr entspringe dieses Ur-Ereignis einer extrem unwahrscheinlichen, aber auf die Länge der Ewigkeit gerechnet unausweichlichen Fluktuation des Nichts. Den Laien lassen sie mit einem Rest von Argwohn zurück: Ist denn ein Nichts, das zu fluktuieren vermag, nicht im strengen Sinn auch schon ein Etwas, so dass die Frage nicht gelöst, sondern bloß noch weiter nach hinten verschoben wäre?

4. Und Christian Weidemann setzt sich mit der Analytischen Philosophie auseinander, die die „L-Frage" (L für Leibniz) mit besonderer Intensität diskutiert hat. Mit Geduld referiert er deren oft lange schlussfolgernde Ketten, mit Scharfsinn spürt er ihre Schwachpunkte auf, die oft dort liegen, wo ein vertrauter irdischer Sachverhalt naiv ins Kosmisch-Universale transponiert wird; durch die Bank sind es Meisterwerke der Selbstüberlistung, die vorgeben, sich Schritt für Schritt nur von den Vorgaben der Logik leiten zu lassen und dabei doch von Trugschluss zu Trugschluss stolpern.

5. Der Rezensent verhehlt nicht, dass ihm persönlich am meisten das Argument von Arthur Schopenhauer (Beitrag von Matthias Koßler) einleuchtet: Die Frage „Warum" habe nur dort einen Sinn, wo sie ein Faktum auf ein anderes zurückführe; sie liefere nie einen letzten Grund, sondern immer nur ein neues Kettenglied; und das Nichts sei im Unterschied zum Etwas eben das, woran man mit dem „Warum" nicht herankomme. Zuletzt gelte: Was ist, ist. (Bei Schopenhauer wäre das letztinstanzlich der Wille, der nicht etwas will, sondern – will.)

6. Für wen ist dieser Band geschrieben? Leichte Kost ist er nicht. Vor kurzem erst hat der gegenwärtige Shooting Star der Philosophie-Szene, Markus Gabriel, in seinem Buch *Warum es die Welt nicht gibt* die überaus sympathische Einladung ausgesprochen, an seiner Hand die großen Menschheitsfragen voraussetzungslos anzugehen. Hier erlebt man denselben Autor, wenn er über Schelling schreibt, auf einem anderen Level: Er startet von einem höheren Punkt aus, das heißt ein bisschen was über Philosophie und Philosophiegeschichte sollte man schon wissen, und die gedankliche Progression verläuft ungleich steiler. Am ehesten profitieren wird der Typ von Leser, den Schiller als „philosophischen Kopf" bezeichnet: der, ohne eigentlich vom Fach zu sein, doch eine erhebliche Neigung zur Philosophie verspürt und darum Bereitschaft zur gedanklichen Anstrengung mitbringt. Die wird ihm auf rund 300 Seiten reichlich vergütet.[1]

Beim Titel meiner Besprechung hatte ich insofern Glück, als die Zeitung ihn genau so übernahm (was sie selten tut, die Titelfindung gehört zu den wichtigsten Prärogativen der Redaktion). Er hat zwei Teile: die Oberzeile dient dazu, eine zunächst noch ungerichtete Aufmerksamkeit zu wecken. Die Unterzeile

---

1   Burkhard Müller: Ist der Urknall ein Kaninchen?. In: *Süddeutsche Zeitung*, 07.09.2013.

lenkt darauf zum Thema hin, ohne es aber zunächst noch explizit zu nennen; wohl aber schreibt sie ihm bereits Bedeutung zu.

Dieser Spannungsaufbau setzt sich mit seinem dritten Glied bis in den ersten Satz des Texts fort, woraufhin der zweite Satz endlich die Katze aus dem Sack lässt. So viel Spannungs-Ökonomie muss auch bei einem harten philosophischen Gegenstand walten. Nunmehr erscheinen wichtige Strukturdaten: Herausgeber, Untertitel und Verfahren des zu besprechenden Bands. Dass es sich um einen Sammelband handelt, darf erst jetzt verraten werden, denn dieses Faktum schreckt schon als solches die ,Laufkundschaft' ab, die man doch auch halten will. Und es wird (das dient demselben Zweck) im Vorgriff das angewandte Verfahren als stringent und umfassend gutgeheißen. Gleichzeitig finden zwei knappe allgemeine Anmerkungen Raum: von der Schwierigkeit, ein Sammelwerk in kohärenter Form anzulegen; und von der Fortschrittlosigkeit philosophischen Denkens. Solche Fußnoten oder Ausblicke darf, ja sollte eine Rezension bieten, um ihre Spurbreite beiläufig etwas zu erweitern.

Sodann haben ab dem zweiten Absatz die Einzelbeiträge des Bandes ihren Auftritt. In den wenigsten Fällen wird man sie bei einer derartigen Sammlung komplett vorstellen können; sehr viel hängt hier von der Auswahl ab. Insgesamt sechs finden Erwähnung (was relativ viel ist). Die ersten beiden werden paarweise gekoppelt als ein geglücktes und ein missglücktes Beispiel dafür, wie das Gesamtdenken eines als schwierig geltenden Philosophen in der Form eines kurzen Aufsatzes dargestellt wird. Beim zweiten Beitrag werden in einer Bewegung, die man als bedenklich ansehen kann, der referierende Philosophie-Historiker und der referierte Philosoph zusammengezogen und sollen mit einem einzigen zitierten Satz, der von jenem stammt, aber von diesem stammen *könnte*, erledigt werden. Gerechtfertigt wird dieser Doppelschlag durch das Argument: Der Referent dürfe sich nicht zu stark stilistisch vom Referierten anstecken lassen, sonst habe keiner etwas davon. Dicht unter der Oberfläche steckt das Ressentiment, das sich freut, diesen beispielhaft entlarvenden Satz im Stile Heideggers als Waffe in die Hand bekommen zu haben; die zeigende Geste genügt ihm, es meint damit, genug getan zu haben, zumal es sich um eine Digression handelt, die knapp gehalten werden muss.

Darum werden die nächsten beiden Beiträge durch die Ankündigung eingeleitet, es gehe nun wieder und zwar erst recht zur Sache, in Kosmologie und Logik. Drei und vier sind die beiden Absätze, die mir am meisten Kopfzerbrechen gemacht haben, denn hier sollte unbedingt auch auf das Inhaltliche eingegangen werden, ohne dafür mehr als ein paar Zeilen aufzuwenden. Was den kosmologischen Diskurs betrifft, so habe ich mich zuletzt auf eine Anmerkung zur „Unechtheit" des Nichts im naturwissenschaftlichen Modell des Urknalls beschränkt. Sie erscheint in Form einer Frage, die nicht so ganz rhetorisch gemeint ist, wie sie sich gibt, denn sie drückt tatsächlich eine gewisse Unsicherheit aus; und auf alle Fälle wollte ich mich gegen Einwände und Leserbriefe sichern. Mein Misstrauen habe ich damit jedenfalls zu Protokoll gegeben. Dass ich den kosmologischen Aspekt als den wichtigsten ansehe, zeigt sich auch darin, dass aus dieser Passage der Titel des Gesamttexts genommen ist. Bei der Analytischen Philosophie in Absatz vier habe ich lebhaft bedauert, nicht genauer darstellen zu können, was geschieht; doch hoffe ich, wenigstens den Eindruck des Frappierenden erfasst zu haben, den es auf mich gemacht hat.

Im Absatz fünf erleben Sie das bereits erwähnte Winnetou-Er in Aktion („Der Rezensent verhehlt nicht..."). Von allen Philosophen, die im Band dargestellt werden, kenne ich allein Schopenhauer genauer. Meine Sympathie für seinen Standpunkt bildet neben meiner Abneigung gegen Heidegger und meine Skepsis gegen das Urknall-Modell die dritte vorgefasste Meinung, der ich im Text Raum gebe. Solche vorgefassten Meinungen sind nicht ungefährlich, denn sie tendieren einerseits dazu, vom Buch, um das es geht, abzulenken, andererseits schleichen sich mit ihnen möglicherweise unausgewiesene Urteils-Maßstäbe ein. Wie steht es mit der Fairness? Ich denke: Bei Schopenhauer und Urknall mache ich den einen Punkt, auf den ich mich beziehe, einigermaßen klar. Bei Heidegger bleibt einiges undeklariert. Ich widerspreche damit meinen früher erhobenen Forderungen der Durchschaubarkeit und Sachlichkeit. Das nehme ich auf meine Kappe. In diesen Dingen kann es keine letzte Konsequenz geben, sie wäre bei dieser so überaus flüssigen Textgattung tödlich.

Der sechste und letzte Absatz beschäftigt sich mit der bei diesem Band wohl besonders wichtigen Frage, für wen er geschrieben ist. Es werden zwei Verkehrszeichen gleichzeitig aufgestellt: Keine leichte Lektüre! Und: Es lohnt sich aber! Also gewissermaßen: Passstraße mit schöner Aussicht. Unterschwellig und für den Leser möglicherweise nicht ohne weiteres zu erkennen, liegt hier die persönlichste Aussage des ganzen Texts: So ist es *mir* ergangen, und indem ich diesen Weg zurücklegte, habe ich meine ‚Vorkoster-Funktion' erfüllt.

Gleichzeitig klingt ein neues Thema an: In welcher Form können und müssen heute philosophische Fragen verhandelt werden? Der Name des Beiträgers Markus Gabriel fällt in diesem Kontext nicht von ungefähr, hat doch gera-

de er in letzter Zeit mit seinem Konzept einer Philosophie, die sich als sokra-
tisch-voraussetzungslos versteht, großen Erfolg gehabt. Kurz zuvor hatte ich,
ebenfalls im Feuilleton der *Süddeutschen Zeitung*, einen Artikel über die *Phil.Cologne*
geschrieben, die populäre Philosophie-Konferenz, wo auch Gabriel aufgetreten
war, und dabei v.a. diesen Punkt ins Auge gefasst. Das muss man nicht wissen,
wenn man den Rezensionstext liest; aber es schadet nicht, und teilweise sind
beide Artikel ja für denselben Interessentenkreis gedacht, so dass ich einen
gewissen Grad der Lektüre-Überschneidung für wahrscheinlich halte. Indem ich
registriere, dass Gabriel im Zusammenhang dieses Buchs deutlich anspruchsvoller schreibt, nenne ich implizit den Befund: Nicht alle philosophischen Fragen
lassen sich sozusagen aus dem Stand lösen, bei etlichen erweist sich historische
Vorbildung als vorteilhaft, wenn nicht unverzichtbar.

Dies habe ich nun meinerseits so zu formulieren versucht, dass man keine
Vorbildung benötigt, um es zu verstehen. Das eben stellt meine Idealforderung
an die Sachbuch-Rezension dar: Wer ,hinein' will, muss nur Interesse mitbringen, weitere Kenntnisse sind entbehrlich. Wahrscheinlich erfüllen meine Texte
diesen Standard letztlich dann doch nicht, denn auch wenn man noch so voraussetzungslos zu schreiben glaubt, sie verlangen insgeheim doch so einiges
vom Leser. Man weist als alter Tibetaner darauf hin, dass die Fläche, auf der
man sich zusammen bewegt, doch ganz plan sei; und allein an der Atemnot der
Anderen merkt man, dass es sich trotzdem um ein ziemliches Hochplateau
handelt. Solche Täuschung und Selbsttäuschung dürfte die größte einzelne Gefahr bei der Sachbuch-Rezension im Speziellen und beim Feuilleton im Allgemeinen darstellen.

Ich habe jetzt ausführlich über die von mir geübte Praxis im Feuilleton
gesprochen. Was diesen Bericht darüber hinaus für universitäre Kurse zum
wissenschaftlichen Schreiben interessant machen könnte, das ist die Eignung
von Rezensionen als Übungsaufgabe für die Studierenden. Es wäre denkbar,
dass alle Kursteilnehmer/innen dasselbe Buch lesen und jeder dann seine eigene
Rezension verfasst. Bespricht man anschließend die verschiedenen Lösungen
im Kurs, so ergibt sich erstens der Vorteil, dass alle das Buch kennen und folglich genau zu beurteilen vermögen, was jeder Einzelne geleistet hat; zweitens,
dass die Rezension, anders als Seminar- oder gar Bachelor-Arbeiten, zu den
wesenhaft kurzen Textsorten gehört, die sich in vollem Umfang vorlegen und
diskutieren lässt; und drittens erzwingt gerade die Einheitlichkeit der Anforderungen den je originellen und darum interessanten Ansatz. So bietet sich den

Studierenden, die bei ihrem Schreiben sonst allzu oft in ein enges Korsett ein-
gezwängt sind, die Möglichkeit des kontrollierten Experiments. Wie so etwas
aussehen könnte, dafür habe ich Beispiele zu geben versucht, ein wenig wahllos
vielleicht, aber doch in der Vielzahl nicht ganz untypisch für das, was sich hier
machen lässt.

Literatur

Alighieri, Dante: Commedia. In deutscher Prosa von Kurt Flasch, Frankfurt a. M. 2011.

Eagleton, Terry: Das Böse, Berlin 2011.

Flasch, Kurt: Einladung, Dante zu lesen, Frankfurt a. M. 2011.

Knigge, Adolph Freiherr von: Ueber den Umgang mit Menschen, In: Werke Bd. 2, hg. von
Michael Rüppel, Göttingen 2010.

Koschorke, Albrecht: Wahrheit und Erfindung. Grundzüge einer allgemeinen Erzähltheorie,
Frankfurt a. M. 2012.

Maus, Christian: Der ordentliche Professor und sein Gehalt, Göttingen 2013.

Platon: Symposion. Ein Trinkgelage. Neu übersetzt und kommentiert von Albert von
Schirnding, München 2012.

Schubbe, Daniel/Lemanski, Jens/Hauswald, Rico (Hgg.): Warum ist überhaupt etwas und
nicht vielmehr nichts? Hamburg 2013.

Simon, Robert J.: Die dunkle Seite der Seele. Psychologie des Bösen, Bern 2011.

Sorg, Eugen: Die Lust am Bösen. Warum Gewalt nicht heilbar ist, München 2011.

Thielmann, Winfried: Deutsche und englische Wissenschaftssprache: Hinführen – Verknüpfen – Benennen, Heidelberg 2009.

Die Klostersimulation *Schreibaschram*
Ein Zauberzirkel für Produktivität

Ingrid Scherübl

1 Wie geht eigentlich Konzentration?

Als ich wissenschaftliche Mitarbeiterin an einer Universität war, kam es mir so vor, als ob die Zeit zum wissenschaftlichen Schreiben im akademischen Alltag immer mehr abhanden käme: Lehre im Bachelortakt, Administration, Gremien, Drittmittelakquise und die jeweils darauf bezogene Email-Kommunikation drängen die Zeiten der Konzentration immer mehr zurück. Gleichzeitig steigt der Publikationsdruck, unter dem angehende wie erfahrene Wissenschaftlerinnen und Wissenschaftler stehen. Wo und wann soll der Output entstehen, an dem jeder gemessen wird? Wie können Wissenschaftler die Quantität in hoher Qualität produzieren?

Der Schreibaschram ist der Versuch einer praxisorientierten Antwort auf diese Frage. Wir weisen eine Zone aus, in der es nur um das wissenschaftliche Schreiben geht, indem wir vorübergehend einen Klosteralltag simulieren. Klöster sind nicht nur institutionell, sondern auch ideell die Wiege der Universität, der Bibliothek und unserer heutigen akademischen Praxis. Sie organisieren einen Lebensvollzug, der die Annäherung an Gott praktiziert, in unserem Kontext aber auch für Wissensarbeit optimal ist.

2 Das Leben im Schreibaschram

Die Teilnehmer/innen des Schreibaschrams leben für zehn Tage zurückgezogen und fern von ihrem Alltag als eine Gruppe mit gleichem Anliegen: Alle wollen – manche müssen – schreiben. Sie folgen einem strikten Tagesplan, der in erster Linie aus Schreibzeiten besteht. In diesen Zeiten gibt es, außer zu schreiben, nichts anderes zu tun. Das Programm enthält außerdem Bewegung, Workshop- und Coaching-Angebote als Impulse für den eigenen Schreibprozess sowie am Ende des Tages eine Meditation.

Tagesplan

07.00	Wecken
07.30 - 08.00	Bewegung
08.30 - 09.00	Frühstück
09.00 - 11.00	Schreiben
11.00 - 11.15	Teepause
11.15 - 13.00	Schreiben
13.00 - 15.00	Mittagspause
15.00 - 16.30	Workshop
16.30 - 17.00	Kaffeepause
17.00 - 19.00	Schreiben
19.00	Abendessen
19.30 - 21.30	Freie Zeit
21.30	Meditation
23.00	Licht aus! :-)

Abb. 1: Der Tag im Schreibaschram

Totale Praxis und Zauberzirkel

In seinem Buch *Religion für Atheisten* (2013) portraitiert der Philosoph Alain de Botton die Weltreligionen als Komplexe methodischer Symbol- und Handlungszusammenhänge, die uns dabei helfen, das Leben besser zu meistern. Ihr Reservoir an Techniken für Lebenssouveränität kann ihm zufolge ganz abseits von persönlicher Überzeugung oder theologischer Wahrheit funktionieren bzw. für die säkulare Nutzung erschlossen werden (vgl. de Botton 2013, 13-19). Der Schreibaschram gibt für diese These ein gutes Praxisbeispiel ab: Wir nutzen ein über Jahrtausende bewährtes Lebenskonzept und wenden es auf das akademische Schreibtraining an. Wir wollen kein Kloster sein, wir simulieren aber eines, um eine völlig auf das Schreiben ausgerichtete Sphäre und einen neuen Raum für wissenschaftliche Vertiefung und Weiterentwicklung zu schaffen. Der Inhalt unseres Trainings ist die Schreibpraxis, und unsere einzige Methode ist die Übung:

Als Übung definiere ich jede Operation, durch welche die Qualifikation des Handelnden zur nächsten Ausführung der gleichen Operation erhalten oder verbessert wird, sei es als Übung deklariert oder nicht. (Sloterdijk 2009, 14)

Die Ausgestaltung der Übung ist dem Klosterleben nachempfunden, weil dieses der Idee eines sog. Zauberzirkels sehr nahe kommt. Der Begriff des Zauberzirkels geht auf die intellektuelle Manufaktur von Johann Wolfgang von Goethe zurück: Stephan Porombka beschreibt als Zauberzirkel Prozesse, in denen Zeit, Orte und Interaktionen so organisiert sind, dass sie das Schreiben verstärken (vgl. Porombka 2012, 17). Dabei greift er die zirkuläre Anordnung von Goethes Wohn- und Arbeitsräumen auf. Diese bestehen aus einer

Ansammlung von unterschiedlichen Funktionsräumen, die so miteinander verbunden sind, dass sich im einen etwas abrufen lässt, was im nächsten Raum genutzt werden kann. Der Autor organisiert in diesen Räumen Menschen, Gegenstände, Reflexionen, Kommunikationen und Schreibhandlungen so, dass sie sich gegenseitig intensivieren (Porombka 2012, 16-17).

Die raum-zeitliche Lebensanordnung im Schreibaschram ist systematisch auf die Vertiefung von Schreibprozessen und die Erhöhung der Produktivität angelegt. Dabei ist nichts Übersinnliches am Werk. Der Zirkel setzt sich aus neun weltlichen Elementen zusammen: Tagesstruktur, Gemeinschaft, Rückzug, Reduktion, Unterstützung, Bewegung, Meditation, Pausen und Reflexion. In ihrem Zusammenwirken und v.a. in der tatsächlichen Praxis ergeben sie jedoch einen ‚magischen‘ Mehrwert: Eine Teilnehmende war beispielsweise erstaunt, welche Konzentration sie hier erreichen könne. Ein anderer berichtete, er habe gefühlt zehnmal mehr geschafft.[1]

Neben den Schreibresultaten, die unmittelbar als Ergebnis der Übung entstehen, ermöglicht es der Schreibaschram, neue Gewohnheiten zu etablieren und durch das Erleben intensiver Produktivität mehr über die ganz individuellen Bedingungen für Schreiberfolg herauszufinden, so dass auch der Alltag – angepasst an die persönlichen Vorlieben und Anforderungen – in Richtung eines eigenen Zauberzirkels organisiert werden kann.

---

1   Die Teilnehmerstimmen entstammen den anonymisierten Feedbackbögen des ersten Schreibaschrams.

3   Der erste Schreibaschram

Der erste Schreibaschram fand vom 17. bis 27. Februar 2014 mit 20 Teilneh-
mer/innen statt. 16 Doktorand/innen und vier Post-Docs aus ganz Deutschland waren in das Gutshaus Sauen gekommen, um mithilfe der Klostersimulation effizient zu schreiben.

Das Seminar wurde von mir und Katja Günther, Coach und Schreibcoach
für Wissenschaftler, konzipiert und durchgeführt. Unterstützt und beraten wurden wir durch Stephan Porombka und Thomas Schildhauer (Universität der
Künste Berlin). Das Schreibtraining wurde einerseits extern von Katrin Klingsieck und Christiane Golombek (Universität Paderborn) evaluiert. Darüber
hinaus haben wir ein qualitatives und ein quantitatives Teilnehmerfeedback über
Fragebögen eingeholt, um nähere Einblicke in die Erfahrungen der Teilnehmer
zu bekommen und die Wirkungen einzelner Seminaraspekte nachzuvollziehen.[2]
Wir haben seither sieben weitere Schreibaschrams durchgeführt und setzen
dieses Angebot als Weiterbildungsseminar für interessierte Hochschulen und
Graduiertenkollegs fort.

4   Zutaten zum Zauberzirkel – die neun Elemente eines
Schreibaschrams

Was nun setzt unser Zauberzirkel in Wechselwirkung zueinander? Wie unterstützt dies den Schreiberfolg der Teilnehmer/innen?

Disziplin durch Tagesstruktur

Kernstück der Klostersimulation ist unser Tagesablauf. Die einzelnen Pro-
grammpunkte werden jeweils durch das Schlagen eines Gongs annonciert. Sein
Ton trägt die Teilnehmer/innen durch ihren Tag, er gibt den Arbeits- und Pau-
senrhythmus vor und entlastet das eigene Zeitmanagement. So werden die
Schreibenden Teil eines organischen Prozesses von Anstrengung und Erholung,
ohne ihn selbst planen und steuern zu müssen.

Die Vormittage laufen folgendermaßen ab: Nach dem Wecken um 7.00
Uhr geht es zuerst nach draußen zu einem halbstündigen Lauf oder Spazier-
gang, um den Körper aufzuwecken. Danach wird gemeinsam gefrühstückt. Um

---

2   Ich danke Roman Rüttinger (Universität Erlangen) für die Unterstützung bei der statis-
tischen Auswertung.

9.00 Uhr sitzen alle Teilnehmenden an ihren Schreibtischen und schreiben für zwei Stunden. Es folgt eine kleine viertelstündige Pause, um eine Tasse Tee zu trinken, durchzuatmen und im Freien kurz zu regenerieren. Die zweite Schreibzeit dauert bis 13.00 Uhr. Anschließend kommt die Schreibgemeinde – in Stille – zusammen und isst zu Mittag. Jeder hat dann vier Stunden mit hochkonzentriertem Arbeiten verbracht.

Nach dem Mittagessen löst sich die ,heilige Vormittagsstimmung' etwas auf. Wir bieten optionale Workshops oder Schreibübungen an, die am jeweiligen Punkt, an dem die Teilnehmer/innen gerade sind, ansetzen. Mit diesen frischen Impulsen geht es dann in die letzte zweistündige Schreibzeit des Tages, an der wieder alle teilnehmen. Nach dem gemeinsamen Abendessen wird freie Zeit eingeräumt, die jeder verbringt, wie er möchte: für sich allein, mit Freizeitaktivitäten oder in der Peer-Coaching-Gruppe. Jeder Tag wird mit einer halbstündigen, angeleiteten Meditation abgeschlossen.

Jeder Tag läuft immer wieder nach dieser Abfolge ab. Die Wiederholung schafft Gewohnheit, aus der Gewohnheit entsteht Disziplin. Das konzentrierte und beständige Arbeiten verläuft dabei immer automatischer. Die große Entdeckung ist dabei: Es existiert ein viel leichterer Weg zu Disziplin als jener durch Härte – nämlich derjenige durch Rhythmus.

Konzentration durch Rückzug

Im Schreibaschram zu sein, bedeutet in ruhiger Umgebung auf dem Land zu sein, um mit voller Konzentration zu arbeiten. Die Teilnehmer/innen melden sich von ihren (anderen) beruflichen Aufgaben ab und befinden sich zudem in monastischer Abgeschiedenheit: Das private Umfeld und die familiären Verpflichtungen ruhen.[3] Eine zweifache Mutter merkte an: „Ich empfand das als sehr befreiend – nur ich und der Text, so ein intensiver Austausch wäre im Alltag niemals möglich!"

Manchmal erfordert der Schreibprozess Stille. Um auch vor Ort den Rückzug zu gewährleisten, gibt es Silence-Buttons. Sie können jederzeit getragen werden und signalisieren, dass man sich nicht an Gesprächen beteiligen möchte.

---

3   Unsere Gruppe des UdK-Schreibaschrams bestand zu drei Vierteln aus Frauen, die zum Großteil Mütter waren. Mein Eindruck ist, dass der Schreibaschram eine besondere Anziehung für Menschen hat, die verantwortungstragend in ein Familienleben eingebunden sind.

Diese Regelung ermöglicht es, sich abzugrenzen, ohne sich erklären zu müssen oder das Gefühl zu bekommen, andere durch ein Abweichen von üblichen Höflichkeitsmustern zu irritieren. Durch den Button kann jeder den Kontakt mit anderen seinen Bedürfnissen entsprechend regulieren und Konzentration sowie das Für-sich-Sein kultivieren.

Autonomie durch Reduktion

Ablenkungen und Störungen werden im Schreibaschram weitestgehend reduziert. Eine wichtige Maßnahme ist dabei die Einschränkung des Internetzugangs. In unseren heutigen Arbeitsumgebungen läuft unser Schreibprozess immer Gefahr, unterbrochen zu werden, weil wir den eigenen Kontaktimpulsen nachgeben und eintreffenden E-Mails oder Kurznachrichten sofort Beachtung schenken. Diese Signale und Reize fehlen im Schreibaschram, denn das Internet bleibt bis auf eine kurze und festgelegte Zeitspanne aus. Die Teilnehmer/innen bringen das für sie wichtige Material, z.B. wissenschaftliche Artikel oder ihre Exzerpte, die sie für ihr konkretes Schreibziel benötigen, mit. Diese Vorbereitung ist bereits fruchtbar für den Schreibprozess. In der internetfreien Zeit vertiefen sie ihre eigene Produktivität ohne Internetrecherche.

Dazu eine Teilnehmerin: „Es hat mich freier gemacht – statt fremde Einflüsse zu recherchieren, habe ich zunächst meine eigenen Ideen zu Papier gebracht und dann nur noch das Relevante recherchiert."

Der phasenweise Verzicht stärkt aber nicht nur die kreative, sondern auch die persönliche Autonomie. Insbesondere Personen mit Kommunikationsgewohnheiten, die dem Schreiben im Weg stehen, haben im Schreibaschram die Chance, mit diesen zu brechen.

Motivation durch Gemeinschaft

Gerade weil Schreiben eine eher einsame Tätigkeit ist, hilft es, nicht allein damit zu sein. Die kooperative Dynamik einer Schreibaschram-Gemeinschaft hat meine Erwartungen beim ersten Mal übertroffen, ebenso die der Teilnehmenden. Die Gemeinschaft war auch in der quantitativen Erhebung derjenige Aspekt, dessen Nutzen im Prätest eher verhalten eingeschätzt wurde, im Posttest dann aber Maximalwerte erzielte. Die Motivation unter den Teilnehmenden wurde als „ansteckend" bezeichnet und habe daher zu einer „sehr produktiven Gruppendynamik" geführt.

Im Unterschied zu wettbewerbsorientierten akademischen Arbeitsformen, wie etwa der Konferenz, wird der Schreibaschram als ein Raum der konkurrenzfreien Begegnung gestaltet. Zentrale Instrumente dafür sind die Workshops und das Peer-Coaching, welche die interdisziplinäre wissenschaftliche Auseinandersetzung anleiten und eine Atmosphäre der Kooperation etablieren. Während der Schreibzeiten arbeitet zwar jeder für sich, aber durch die zeitliche und räumliche Synchronizität ist jeder Teil eines gemeinsamen Strebens. Jeder motiviert die anderen, indem er einfach nur seiner eigenen Schreibpraxis nachgeht.

Darüber hinaus geben die Teilnehmer/innen einander auch inhaltlich konstruktive Anstöße, z.B. durch das Peer-Coaching-Format, in dem Probleme interdisziplinär gelöst wurden. Von einer Peer-Gruppe haben wir erfahren, dass sie ihre Sessions sogar nach dem Schreibaschram via *Skype* fortsetzte. Der wertschätzende interdisziplinäre Austausch und das Experiment einer Klostersimulation, das die Teilnehmer/innen zusammen durchleben, lässt ein Gemeinschaftsgefühl entstehen, das sehr motivierend wirkt und durchaus magische Momente hervorbringen kann.

Abb. 2: Auf Tage der Askese folgen Momente der Ekstase.

Exzellenz durch Unterstützung

Um das eigene Schreiben nicht nur in Gang zu halten, sondern auch zu verbessern, bieten wir am Nachmittag, wenn jeder bereits zwei Schreibzeiten praktiziert hat, einen Workshop oder eine Schreibübung an. Hier geht es darum, das aktuelle Schreiben zu reflektieren, neue Strukturierungsideen zu entwickeln, zum Kern vorzudringen und den eigenen Schreibprozess zu reflektieren. Unsere schreibdidaktischen Formate sind kein festes Programm, sondern eher ein Repertoire, das bedarfsbezogen zum Einsatz kommt:

- *Den Kreis enger ziehen – ein Workshop gegen das Verzetteln*
- *Die Dissertation als Heldenreise*[4]
- *Den Fokus erschreiben*
- *Die Forschungsfrage schärfen*
- *Dranbleiben I – Selbststeuerung im Schreibprozess*
- *Dranbleiben II – ein Workshop für das Zeitmanagement danach*

Die Teilnahme an diesen Angeboten ist bis auf den Workshop zur Etablierung des kursbegleitenden Peer-Coaching-Formats optional. Denn wenn es ohnehin gerade läuft, würde der Schreibprozess durch neuen Input eher gestört. Wenn aber Unterstützung oder kreative Stimulation gewünscht ist, kann man sie bekommen und dann gleich in der nächsten Schreibzeit verarbeiten. Diese Verschränkung von hilfreichen Impulsen im Strom des Tuns ist wesentlich für den Schreibaschram als Zauberzirkel. Die Workshops sind Teil der Schreibpraxis, sie sollen den Verlauf unserer Übung optimieren, sie besser und effizienter gestalten, im Sinne von Exzellenz. Denn mein Begriff von Exzellenz ist die gekonnte und fortwährende Übung – eine Reise, auf der keiner je ankommt. Unsere Workshops unterstützen dabei, in Bewegung zu bleiben.

Balance durch Bewegung

Im Schreibaschram bewegen wir uns jeden Tag mindestens eine halbe Stunde. Der Morgenlauf ist so ein Beitrag zur Erhaltung von Wohlbefinden und Gesundheit. Wir regen aber auch an, Bewegung nicht nur als Ausgleich für die Arbeit im Sitzen zu sehen, sondern sie für die intellektuelle Arbeit zu nutzen und bewegt zu schreiben. Denn beim Spazierengehen, Schwimmen, Longboar-

---

4   Vgl. Heldenprinzip. Das *Heldenprinzip* ist ein Prozessmodell, das sich an der Dramaturgie der „Heldenreise" orientiert. Ich habe es im Rahmen eines BMBF-Projekts an der Universität der Künste Berlin als ein Coaching-Instrument für die moderne Arbeitswelt mitentwickelt. Das Modell und seine kunstbasierten Methoden wurden in drei Unternehmen und einem Kreis von Führungskräften erprobt und evaluiert. In unserem Workshop übertragen wir es auf den Schreibprozess.

den etc. sortieren sich die Gedanken. Auch als Wissenschaftler/innen können wir zusätzlich zur rationalen Kognition aus unseren Sinnen schöpfen. Was ablenkt und was nicht, entscheidet letztlich immer die Intention, die unser Tun begleitet. Hier findet sich wieder eine Analogie zum Kloster, wie sie Giorgio Agamben in seinem Werk *Höchste Armut. Ordensregeln und Lebensform* ausführt: Wenn es dort darum geht, „das Leben als eine ununterbrochene, alles umfassende Liturgie einzurichten" (Agamben 2012, 10), so liegt uns daran, eine ununterbrochene, alles umfassende Schreib*bewegung* zu organisieren, die wir dann *Schreibleben* nennen.

Gelassenheit durch Meditation

Es gibt eine wachsende Zahl von Untersuchungen über die positiven psychischen Auswirkungen von Meditation, neuerdings sogar über ihre interpersonalen Effekte.[5] Die Meditationspraxis bekam einen Platz im Schreibaschram, weil sie zwei sehr wichtige Dinge für gutes Schreiben fördert: Gelassenheit und Klarheit (vgl. Ott 2010). Zudem ist es wichtig, in einem Umfeld, das komplett auf Leistung ausgelegt ist, abends alles Streben bewusst loszulassen. Denn egal, ob man nun einen Tag voll mit zähem Ringen nach Worten oder voller scharfsinniger Höhenflüge hatte – wir nehmen am Abend bewusst Abstand davon und beenden den Tag in Stille. Obwohl viele anfangs eher trotz des Meditierens in den Schreibaschram kamen, scheinen auch hier über die kontinuierliche Übung sehr positive Entwicklungen für das Wohlbefinden der Schreibenden entstanden zu sein. So war in den Feedbackbögen zu lesen:

„Ein sehr schöner Abendabschluss, einzelne Elemente habe ich tagsüber zur Sammlung benutzt. Das Loslassen von Gedanken hat mich auch tagsüber begleitet." „Es hat Ruhe in den Kopf gebracht." „Ich komme runter und lande bei mir." „Ich nehme die Idee des bewussten Atmens mit in meinen Alltag – zur Verbesserung meiner Pausen."

---

5   Am bekanntesten ist wohl das *ReSource* Projekt von Tania Singer, das die Effekte auf Empathie und Mitgefühl erforscht: http://www.resource-project.org/.

Regeneration durch verbindliche Pausen

Es gibt keine Produktivität ohne Regeneration. Bewusste Pausen sind nicht etwa das Aussetzen des Schreibprozesses, sondern ein aktiver Modus desselben. Ein Zauberzirkel, der die Regeneration vernachlässigt, kann gar kein solcher sein, denn irgendwann wäre er erschöpft. Ein Zauberzirkel aber nährt sich aus sich selbst und kreist – der Idee nach – ewig weiter. Dies ist allerdings ein durchaus kritischer Punkt für den Schreibaschram. Denn der stützende Rahmen im Schreibaschram kann nach ein oder zwei Tagen tatsächlich in eine Art ‚Arbeitsrausch' führen, der anfangs die Pausen als zu groß erscheinen lässt. Zehn Tage sind aber eine lange Zeit. Wir halten die Pausendisziplin daher genauso hoch wie die Arbeitsdisziplin. Denn wer sich *in puncto* Regeneration zu wenig gestattet, wird seiner Ambition selten gerecht. Auf Arbeitsexzesse folgt meist Erschöpfung. Bei großen Schreibprojekten wie Doktorarbeiten braucht man aber einen langen Atem, und den behält man leichter durch Stetigkeit und bewusste Regeneration.

Die Übung hat im Übrigen einen sehr interessanten Effekt: Der Flow ‚lernt' nach und nach, wann er ‚dran' ist und passt seine Wirkung mehr und mehr dem Tagesrhythmus an. In der Teilnehmer/innenbefragung wurde deutlich, dass viele der Schreibenden bislang keine gute Pausenkultur gepflegt hatten und eine tatsächliche Trennung von Arbeit und Erholung eine neue Erfahrung war: „Ich habe gemerkt, wie notwendig Pausen ohne weitere Erledigungen sind" meinte ein Teilnehmender, und ein anderer gab an, bewusste Pausen vorher nicht praktiziert, und ihre Wichtigkeit erst hier erkannt zu haben.

Es wurde auch angemerkt, dass durch die sichere Aussicht auf die Pause „man sich im Schreiben fallen lassen konnte", bzw. sich „Schreibzeiten besser durchhalten" ließen.

Selbstorganisation durch Reflexion

Es sind kleine Beobachtungen der Teilnehmer/innen innerhalb unserer geordneten Aschram-Welt, die dann für die Selbstorganisation im unsortierten Alltag große Bedeutung bekommen. Der primäre Antrieb, in den Schreibaschram zu kommen, besteht natürlich darin, zehn Tage lang in einer optimalen Umgebung sehr effektiv zu schreiben. Die Zeit in der Klostersimulation ermöglicht auch ein beiläufiges Studium der eigenen Produktivität: Jede/r Teilnehmer/in erhält ein Journal, welches handschriftlich geführt wird. Damit wird – angeleitet und eigenständig – der eigene Schreibprozess erforscht und dokumentiert. So werden die Bedingungen der persönlichen Produktivität sichtbar, nachvollziehbar und v.a. reproduzierbar. Im Schreibjournal entwickelt jeder nach und nach den Bauplan für seinen eigenen Alltags-Zauberzirkel, um – angepasst an persönliche Vorlieben und Gegebenheiten im Alltag – weiter zu üben.

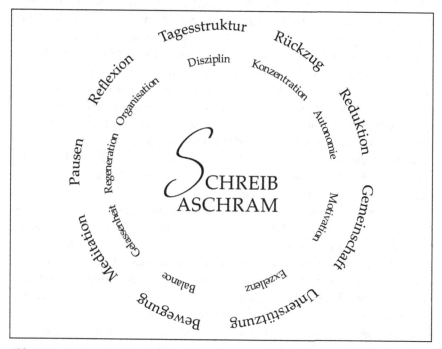

Abb. 3: Der Zauberzirkel *Schreibaschram*

5 Resümee

Diese neun Elemente bilden das Zönobium unserer Klostersimulation. Der Begriff Zönobium bezeichnet die Lebensordnung in einem Orden. Das Wort Kloster steht nur für ein Gebäude. Das Zönobium ist hingegen die Anleitung für das Klosterleben, „ein lückenloser Stundenplan des Daseins: Jedem Augenblick entspricht ein Offizium, sei es das des Gebets, der Lesung oder Handarbeit" (Agamben 2012, 39). Unser Offizium ist das Schreiben. Wir üben es durch

Disziplin, Konzentration, Autonomie, Motivation, Exzellenz, Gelassenheit, Balance, Regeneration und Selbstorganisation. Damit rückt unser Schreibseminar tatsächlich in die Nähe eines umfassenden Science-Life-Trainings.

Dieser Zugriff auf die Herausforderung Schreiben ist ein Stück weit wohl meinem arbeitssoziologischen Forschungshintergrund geschuldet. In einem angewandten Forschungsprojekt an der Universität der Künste Berlin war es meine Aufgabe, Trainings für Führungskräfte unter Heranziehung kultureller Quellen zu konzipieren und zu fundieren.[6] Das Anliegen dieser Drittmittelforschung war es, angewandte Lösungen für die Balance von Flexibilität und Stabilität in einer sich wandelnden Arbeitswelt zu entwickeln. Hochschulen sind natürlich auch Arbeitswelten, angehende Wissenschaftler/innen stehen ebenso wie Corporate Highflyers unter immer höheren Anforderungen. Es wäre daher konsequent, wenn Universitäten innovative Personalförderung nicht nur als Expertise für die Wirtschaft entwickeln, sondern auch selbst umsetzen würden. Der Schreibaschram ist eine konkrete Maßnahme, einsetzbar zur Förderung des wissenschaftlichen Nachwuchses, zur Realisierung von Gleichstellung oder als teaminternes Weiterbildungsseminar.

Ich bemerkte eingangs, dass die Räume für konzentriertes Schreiben an Universitäten schwinden. Dem Verlust tritt aber auch Neues gegenüber: Schreibzentren, Schreibwerkstätten, Schreiblabore und nun auch der Schreibaschram. Sie alle versuchen, dem Schreiben wieder einen Platz zu geben, wie sich an unseren unterschiedlichen Raummetaphern ablesen lässt: Die Schreib*werkstatt* betont den handwerklichen Aspekt des Schreibens. Die Bezeichnung Schreib*labor* steht für einen Ort der Erfindung, der kreativen Schreibexperimente, den ein genaues, methodisches Vorgehen kennzeichnet. Das Schreib*zentrum* betont Neutralität und Fokussierung, die viele Ansätze an einer Stelle bündeln kann.

Unter dem Namen Schreib*aschram* lehren wir das Schreiben durch einen bewusst ausgerichteten Lebensvollzug. Er ist ein Training in wissenschaftlicher Hingabe, bei dem wir nur eine Methode nutzen: die des Übens. Wer in den Schreibaschram kommt, lernt durch die vertiefende Beschäftigung mit dem eigenen Schreiben schnell, was seine individuellen Bedingungen für sein Gelin-

---

6   BMBF-Forschungsprojekt *Innovationsdramaturgie nach dem Heldenprinzip* im Rahmen des
     Förderschwerpunkts: Flexibilität und Stabilität in einer sich wandelnden Arbeitswelt,
     Förderkennzeichen 01FH09159.

gen sind, und wird dazu inspiriert, das eigene Leben für sich produktiver zu ordnen.

Literatur

Agamben, Giogio: Höchste Armut. Ordensregeln und Lebensform, Frankfurt a.M. 2012.

Botton de, Alain: Religion für Atheisten. Vom Nutzen der Religion für das Leben, Frankfurt a.M. 2013.

Ott, Ulrich: Meditation für Skeptiker. Ein Neurowissenschaftler erklärt den Weg zum Selbst, München 2010.

Porombka, Stephan: Experimentieren mit Twitter, Blogs, Facebook & Co, Mannheim 2012.

ReSource Projekt: http://www.resource-project.org/ (20.01.2015)

Sloterdijk, Peter: Du musst Dein Leben ändern. Über Anthropotechnik, Frankfurt a.M. 2012.

Trobisch, Nina/Denisow, Karin/Scherübl, Ingrid/Kraft, Dieter: Heldenprinzip. Kompass für Innnovation und Wandel, Berlin 2012.

Autorinnen und Autoren

Jakob Barth, Dipl.-Ing., wissenschaftlicher Mitarbeiter am Lehrstuhl für Mechanische Verfahrenstechnik der TU Kaiserslautern. Er leitet dort die Studentenlabore Mechanische Verfahrenstechnik I und II und betreut die Laborversuche Filtration bzw. Porometrie, sowie die Übungen zu den Vorlesungen Mechanische Verfahrenstechnik I und Mehrphasenströmungen. Forschungsbereiche: Fest-Flüssig-Trennung, insbesondere statische und dynamische Oberflächenfiltration, sowie Strömungssimulation (CFD).

Beate Bornschein, Dr. rer. nat., Leiterin der Abteilung Tritiumlabor Karlsruhe des Instituts für Technische Physik am Karlsruher Institut für Technologie. Aktuelle Forschungsgebiete: Tritiumanalytik und spektroskopische Methoden zum Nachweis der sechs Wasserstoffisotopologe, Messung der Neutrinomasse aus dem Tritium-Beta-Zerfall und Entwicklungsarbeiten zum Tritiumbrennstoffkreislauf eines zukünftigen Fusionsreaktors. Beteiligung in der Lehre: Vorlesungen (Messmethoden, Fusionstechnologie), Seminare zum wissenschaftlichen Schreiben und Präsentieren für Physiker, Betreuung von Abschlussarbeiten in der Physik; Veröffentlichungen zu den o.g. Themen und zum wissenschaftlichen Schreiben.

Petra Eggensperger, M.A. (Sussex), Mitarbeiterin der Abteilung Schlüsselkompetenzen und Hochschuldidaktik der Universität Heidelberg. Sie ist verantwortlich für die Konzeption und Durchführung des Hochschuldidaktischen Programms mit allen Fakultäten. Besonderer Schwerpunkt ihrer Arbeit ist die Entwicklung von Seminaren rund um das Thema wissenschaftliches Schreiben für Studierende, Graduierte und Lehrende auf Deutsch und Englisch. Veröffentlichungen zu hochschuldidaktischen Themen wie Kompetenzen von Hochschullehrern (2006), expliziter Schreibvermittlung in Lehrveranstaltungen (2011) und Lehrportfolios (2012).

Andrea Frank, Dr. phil., Leiterin des Zentrums für Studium, Lehre, Karriere der Universität Bielefeld. Sie hat 1993 das erste Schreiblabor an einer deutschsprachigen Hochschule gegründet. Veröffentlichungen zu verschiedenen Themen der Studienreform, gemeinsam mit Stefanie Haacke und Swantje Lahm hat sie einen Ratgeber für Studierende verfasst: A. Frank, S. Haacke, S. Lahm: Schlüsselkompetenzen: Schreiben in Studium und Beruf, Stuttgart Weimar: Metzler, 2013, 2. Auflage.

Regina Graßmann, Dr. phil., studierte Germanistische Linguistik und Galloromanistik. Sie arbeitete als Dozentin für Deutsch als Fremdsprache in der studienbegleitenden Fremdsprachenausbildung (FAU-Erlangen-Nürnberg) sowie als Referentin in der Zusatzqualifizierung für Lehrkräfte im Bereich Deutsch als Zweitsprache (BAMF). Ihre Schwerpunkte in Forschung und Lehre sind Schreibforschung, Fachsprachenlinguistik, Mehrsprachigkeitsdidaktik und Interkulturelle Kommunikation. Ihr Aufgabenfeld im BMBF-Projekt *Der Coburger Weg* liegt in den Programmsäulen COnzept und COQualifikation. Seit Oktober 2013 baut sie ein Schreiblabor an der Hochschule Coburg auf.

Christiane Golombek, Dipl.-Psych., Jahrgang 1986; 2005 bis 2012: Studium der Psychologie an der Universität Bielefeld; Titel der Diplomarbeit: *Betrachtung und Erfassung von*

Schreibkompetenz im Studium aus selbstregulatorischer Perspektive. Seit März 2012: wissenschaftliche Mitarbeiterin im Fach Psychologie und im Kompetenzzentrum Schreiben der Universität Paderborn; Forschungsinteressen: Motivationale Faktoren und Strategieeinsatz beim akademischen Schreiben, Evaluation schreibdidaktischer Angebote an der Hochschule

Andreas Hirsch-Weber, M.A., Leiter des Schreiblabors des House of Competence am Karlsruher Institut für Technologie. Er entwickelt dort Lehr- und Forschungskonzepte zum wissenschaftlichen Schreiben in den MINT-Fächern. Medien- und literaturwissenschaftliche Lehraufträge an der Hochschule für Wirtschaft und Technik Karlsruhe und Musikhochschule Karlsruhe.Veröffentlichungen zu Ludwig Tieck (2009), wissenschaftlichen Arbeitstechniken des Germanistikstudiums (2011), Hermann Kinder (2012), Erzählverfahren in Fernsehserien (2014) und zum wissenschaftlichen Schreiben (2015).

Evelin Kessel, B.A., befindet sich im Masterstudium der Germanistik. Seit 2013 ist sie im Team des Schreiblabors des House of Competence am Karlsruher Institut für Technologie (KIT) tätig. Als Peer-Tutorin betreut sie im Rahmen der Präsenzberatung Studierende des KIT und der Hochschule Karlsruhe. Außerdem gibt sie regelmäßig Tutorien zum wissenschaftlichen Schreiben z.B. für die Fächer Chemieingenieurwesen und Verfahrenstechnik und ist an forschungsbasierten Lehrprojekten des Schreiblabors und der KIT-Bibliothek beteiligt.

Katrin B. Klingsieck, Prof. Dr. phil., Jahrgang 1981; 2001 bis 2007: Studium der Psychologie an der Universität Konstanz, der University of Massachusetts Amherst und der Universität Mannheim, Titel der Diplomarbeit: *Probleme beim selbstregulierten Lernen im Studium – Das Wirkungsgefüge von Volition, Trait Procrastination und der Tendenz zur motivationalen Interferenz,* 2011: Promotion zum Dr. phil. an der Universität Bielefeld; Titel der Dissertation: *Differenzierung von Prokrastination: Exploration, Diagnose und Domänenspezifizität.* Seit August 2012 Juniorprofessorin für päd.-psych. Diagnostik und Förderung an der Universität Paderborn Forschungsinteressen: Selbstregulation und selbstreguliertes Lernen an der Hochschule, akademisches und wissenschaftliches Schreiben, professionelle Handlungskompetenz von Lehrkräften, Hochschullehre und deren Evaluation.

Lydia Krott, B.Sc., studiert im Masterstudium Mathematik und ist Peer-Tutorin am Schreiblabor des House of Competence am Karlsruher Institut für Technologie. Sie bietet dort Präsenzberatungen an und unterstützt bei der Durchführung von Lehrveranstaltungen zum wissenschaftlichen Schreiben und Präsentieren in den MINT-Fächern.

Otto Kruse, Prof. Dr. phil., studierte Psychologie und arbeitete in verschiedenen Positionen in der klinischen Psychologie, Beratung und Sozialen Arbeit. Seit 2003 ist er Dozent am Departement Angewandte Linguistik der Zürcher Hochschule für Angewandte Wissenschaften, zuletzt im LCC Language Competence Centre und leitete dort bis vor Kurzem das Centre for Academic Writing. Seine Forschungsschwerpunkte sind: Schreibkulturen, vergleichende Schreibforschung, Schreibdidaktik. Kontakt: kreo@zhaw.ch.

Beatrice Lugger, Dipl.-Chem., stellvertretende Wissenschaftliche Direktorin am Nationalen Institut für Wissenschaftskommunikation (NaWik) in Karlsruhe. Die Diplom-Chemikerin, Wissenschaftsjournalistin und Social-Media-Expertin zeichnet am NaWik für das Dozententeam und die Lehrinhalte verantwortlich und gibt selbst Seminare zu den Themen Schreiben und Soziale Medien. Zudem koordiniert sie diverse Social Media Auftritte, wie etwa des Heidelberg Laureate Forums. Veröffentlichungen u.a. zu *Public Science 2.0 – Back to the Future* (Science, 2013), *Freier Zugang: Open-Access-Journale* (2009), *Blogs – Die puren Stimmen der Wissenschaft* (2009).

Burkhard Müller, Dr. phil., geboren 1959 in Schweinfurt, Studium Deutsch und Latein in Würzburg, Promotion über Karl Kraus; seit 1993 an der Technischen Universität Chemnitz als Dozent für Latein, seit einigen Jahren auch Kurse im wissenschaftlichen Schreiben; arbeitet außerdem als freier Journalist (bes. Buchkritiken) v.a. für die *Süddeutsche Zeitung*; Buchpublikationen u.a.: *Schlussstrich – Kritik des Christentums* 1995; *Das Glück der Tiere – Einspruch gegen die Evolutionstheorie* 2000; *Der König hat geweint – Über die Geschichte der Lebendigen und der Toten* 2006; *B – eine deutsche Reise* 2010; *Verschollene Länder – Eine Weltgeschichte bin Briefmarken* 2013.

Ruth Neubauer-Petzoldt, PD Dr. phil., Privatdozentin für Neuere deutsche Literaturwissenschaft und Komparatistik an der Friedrich Alexander-Universität Erlangen-Nürnberg; Zusatzausbildung Deutsch als Fremdsprache. Seit 2010 übernimmt sie Kurse und Lehraufträge für wissenschaftliches Scheiben, auch und v.a. in den Natur- und Technikwissenschaften, an Graduiertenschulen verschiedener Universitäten, und leitet Workshops zur Betreuung von Projekt- und Abschlussarbeiten etwa für das Fraunhofer Institut IIS sowie zur Philosophischen Gesprächsführung. Veröffentlichungen zum Schreibprozess, zur Bedeutung der Poesie und des kreativen Schreibens im wissenschaftlichen Schreibprozess, zu Neuen Mythen, zum Kriminalroman und zum Hörspiel sowie zu den Forschungsschwerpunkten Raumtheorie und Intertextualität. Weitere Informationen auf der Homepage: www.ruth-neubauer-petzoldt.de und www.schreibzentrum-erlangen-nuern berg.de.

Thorsten Pohl, Prof. Dr. phil., Inhaber des Lehrstuhls für Deutsche Sprache und ihre Didaktik (Schwerpunkt Schriftlichkeit) an der Universität zu Köln. Seine Forschungsschwerpunkte liegen in den Feldern: Schreibentwicklung, Text- und Wissenschaftslinguistik, Epistemisierung, Unterrichtsdiskurs. Veröffentlichungen in Buchform: *Studien zur Ontogenese wissenschaftlichen Schreibens* (2007), *Text-Sorten-Kompetenz* (2007), *Die studentische Hausarbeit* (2009), Herausgabe des Handbuchs: *Schriftlicher Sprachgebrauch/Texte schreiben* (2014).

Frank Rabe, studierte Anglistik und Politikwissenschaft an der Technischen Universität Braunschweig und war dort wissenschaftlicher Mitarbeiter im von der VolkswagenStiftung geförderten Projekt *Publish in Englisch or Perish in German? Wissenschaftliches Schreiben und Publizieren in der Fremdsprache Englisch.* In seinem Promotionsvorhaben untersucht er in einer disziplinspezifisch angelegten Interviewstudie die von deutschsprachigen Wissenschaftlern wahrgenommenen Herausforderungen und Problemlösungsstrategien beim Schreiben und Publizieren auf Englisch, ihre Einstellungen und Sichtweisen zu den Wissenschaftssprachen Englisch und Deutsch sowie die von ihnen vorgeschlagenen Fördermaßnahmen für den wissenschaftlichen Nachwuchs. Seine Arbeitsbereiche sind Englisch als Wissenschaftssprache und das wissenschaftliche Schreiben in der Fremdsprache Englisch. Seit Februar 2015 befindet er sich im Vorbereitungsdienst für das Lehramt.

Kerrin Riewerts, Dr. rer. nat., wissenschaftliche Mitarbeiterin im Zentrum für Studium, Lehre, Karriere und Lehrbeauftragte im Fachbereich Chemie und Chemiedidaktik der Universität Bielefeld.

Siegfried Ripperger, Prof. Dr.-Ing., Leiter des Lehrstuhls für Mechanische Verfahrenstechnik der TU Kaiserslautern. Er arbeitet dort u.a. auf den Gebieten Partikeltechnologie, Separationstechnik und Partikelmesstechnik. Mitglied in mehreren wissenschaftlichen Gesellschaften und deren Fachgremien sowie Herausgeber der Zeitschrift *Filtrieren und Separieren*. Verfasser u.a. des Buchs *Schriftliche Ausarbeitungen in technischen Disziplinen* (2015).

Sita Schanne, Dr. rer. pol., Mitarbeiterin der Abteilung Schlüsselkompetenzen und Hochschuldidaktik der Universität Heidelberg. Sie verantwortet den Bereich Graduiertenkurse und entwickelt Seminar- und Beratungsangebote für Promovierende, u.a. zum Thema wissenschaftliches Schreiben. Darüber hinaus ist sie als Trainerin für hochschuldidaktische Themen und als Lehrbeauftragte im Fach Soziologie tätig. Veröffentlichungen zur berufsfeldorientierten Qualifizierung in den Sozialwissenschaften (2008), praxisorientierten Lehrkonzepten (2008) und Organisationsentwicklung (2010).

Stefan Scherer, Prof. Dr. phil., Professor für Neuere deutsche Literaturwissenschaft am Karlsruher Institut für Technologie, Wissenschaftlicher Leiter des Schreiblabors des House of Competence am KIT; Teilprojektleiter der DFG-Forschergruppe *Ästhetik und Praxis populärer Serialität* (zus. mit Claudia Stockinger). Monographien: *Richard Beer-Hofmann und die Wiener Moderne* (1993), *Witzige Spielgemälde. Tieck und das Drama der Romantik* (2003), *Einführung in die Dramen-Analyse* (2010, 2. Aufl. 2013), *Föderalismus in Serie. Die Einheit der ARD-Reihe Tatort im historischen Verlauf* (2014; zus. mit Christian Hißnauer und Claudia Stockinger); Sammelbände und Handbücher u.a. zur Lyrik im 19. Jahrhundert, zur Epochenkonstruktion ,Synthetische Moderne' (1925-1955), zu Ludwig Tieck, Irmgard Keun, Hans Fallada, Martin Kessel und zu Technikreflexionen in Fernsehserien (zus. mit Andreas Hirsch-Weber). Forschungsschwerpunkte: Mediensozialgeschichte der literarischen Form; Gattungstheorie; Dramatologie; Literatur- und Kulturzeitschriften; ,Verschränkte Kulturen in der Synthetische Moderne'.

Ingrid Scherübl, Dipl.-Mediendramaturgin, Kulturwissenschaftlerin und Trainerin. Als wissenschaftliche Mitarbeiterin an der Universität der Künste Berlin (UdK) gründete ich zusammen mit Schreibcoach Katja Günther den Schreibaschram, als ein Intensivtraining für wissenschaftlich Schreibende. Wir unterrichten weniger theoretische und normative „How-to"-Inhalte. Unser Schwerpunkt sind angeleitete Schreibprozesse, in denen sich Schreibende ihre Schreibkompetenz praktisch erschließen und gleichzeitig ihre Textprojekte voran bringen. „Writing by doing" ist unser schreibdidaktischer Ansatz, der unsere Seminare (z.B. den Schreib-Sweatshop) und Veröffentlichungen (z.B. *Der Schreibimpulsfächer – ein Tool für das Selbstcoaching beim Schreiben*, utb, 2015) kennzeichnet.

Printed in the United States
By Bookmasters